Nadine Hamburger

Glücklich als Trainer

So bleiben Sie kraftvoll selbstständig

managerSeminare Verlags GmbH

Nadine Hamburger
Glücklich als Trainer
So bleiben Sie kraftvoll selbstständig

© 2009 managerSeminare Verlags GmbH

Endenicher Str. 282, D-53121 Bonn
Tel: 0228–9 77 91-0, Fax: 0228–9 77 91-99
shop@managerseminare.de
www.managerseminare.de/shop

ISBN: 978-3-936075-80-9
Lektorat: Ralf Muskatewitz
Cover: istockphoto, Silke Kowalewski
Druck: Kösel GmbH & Co. KG, Krugzell

Für meine Familie und Freunde

Inhalt

Vorwort...11

I. Per Helikopterflug zum kraftvollen Trainerdasein...15

II. Die Basisbausteine des kraftvollen Trainerdaseins..25

Erfolgsfaktor 1: Klar sein 27

▶   Der Fingerabdruck Ihrer Persönlichkeit 34

    Was treibt Sie an? 36

    Was lieben Sie? 42

    Was können und wissen Sie? 44

    Welcher Typ sind Sie? 48

▶   Ihre persönliche Zugrichtung................................... 50

    Aktuelle Situation... 50

    Vision.. 52

    Von der Vision zum Ziel 53

▶   Talente & Co. ertragreich einsetzen 57

    Ihr Ressourcenpool... 57

    Ihre optimalen Arbeitsbedingungen......................... 58

▶   Der Reiz des Neuen – und nun?................................ 60

    Schnell-Check für neue Ideen 60

    Die Landkarte: Alle Aspekte und Auswirkungen im Blick.......... 61

Erfolgsfaktor 2: Klug sein.................................. 65

▶   Zehn Markenzeichen guter Unternehmer................... 68

    1. Gute Unternehmer sind Spürhunde 68

    2. Gute Unternehmer freuen sich an Geld............... 69

[Ihre
Persönlichkeit]

[Ihr
Unternehmertum]

3. Gute Unternehmer denken (und handeln) vorausschauend ... 70

4. Gute Unternehmer wollen wachsen 71

5. Gute Unternehmer lassen andere machen 74

6. Gute Unternehmer sind souverän 74

7. Gute Unternehmer verkaufen sich nie unter Wert 75

8. Gute Unternehmer machen Fehler....................................... 76

9. Gute Unternehmer sind furchtlos... 78

10. Gute Unternehmer haben Spaß an der Sache 79

▶ So entwickeln Sie Ihr unternehmerisches Fundament 81

Zielsetzung für Einzelkämpfer 81

Schlanke strategische Planung... 84

▶ „Geld macht glücklich" – Ihre Einstellung zum Geld 94

Die drei größten Honorarfallen 94

Ihr Handwerkszeug zur Honorarermittlung........................... 98

Die innere Haltung 100

Porträt Hermann Scherer: Groß denken – diszipliniert arbeiten

(Von Giso Weyand) 105

III. Aufbauelemente für kraftvolles Trainerdasein..... 113

[Ihr Netzwerk] **Erfolgsfaktor 3: Verbunden sein** 115

▶ Der alltägliche Wahnsinn: Rollenvielfalt................................. 118

Netzwerken? Nur nach Bedarf!.. 118

▶ Allein oder gemeinsam? Ihr Bedürfnis- und Kompetenz-Mix 121

Wie arbeiten Sie bei dieser Tätigkeit lieber? 121

Wie arbeiten Sie bei dieser Tätigkeit besser? 122

▶ Die häufigsten Stolperfallen bei der Zusammenarbeit.............. 123

Ihre Bedürfnisse im Hinblick auf das Miteinander 123

Die 15 häufigsten Irrtümer über Teamarbeit 126

▶ So wird Ihr Netzwerk stimmig... 135

Gutes erhalten – die Vorzüge des Einzelkämpferdaseins 135

Welche Art von Verbindung brauchen Sie?............................ 136

Checkliste für erfolgreiches Miteinander 139

▶ So kann es gehen.. 141

Beispiel 1: Auftragspotenzial als Einzelkämpfer nutzen.......... 141

Beispiel 2: Fünf eigenständige Berater unter einem Dach 142

Beispiel 3: Perfekte Ergänzung: Das Team aus festen Freien.... 142

Porträt Uwe Böning: Der Grenzgänger

(Von Giso Weyand) 144

Erfolgsfaktor 4: Furchtlos sein...151

▶ Schritt 1: Grundeinstellung „Ich bin ein Meister, der übt." 156

▶ Schritt 2: Den Maßstab höher setzen 162

▶ Schritt 3: Die Realität erfassen 165

Die Landkarte Ihrer aktuellen Situation 166

Fazit per Stärken-Schwächen-Profil 167

Entscheidungsmatrix 169

▶ Schritt 4: (Intuitiv) Entscheiden 173

▶ Schritt 5: Zur Entscheidung stehen 175

▶ Zur rechten Zeit strategisch abbrechen 177

▶ Ihr Friedensvertrag mit der Angst 182

Porträt Rolf H. Ruhleder: Reine Formsache

(Von Giso Weyand) 184

Erfolgsfaktor 5: Gelassen sein...191

▶ Sich sicher managen im Wirbel der Gedanken und Gefühle 194

▶ Wenn Angst & Co. regieren 197

Lähmende und kaum zu zähmende Gefühle –
nützlich und gut? 197

Gefühl erkannt – Gefahr gebannt 198

Warum wir reagieren, wie wir reagieren 200

▶ Wenn Kritik und Zweifel regieren 203

Typische Reaktionsmuster 203

Innerer Kritiker erkannt 204

▶ Wenn Sie das Ruder in die Hand nehmen 207

▶ Drei Hebel zur Gelassenheit

▶ Hebel 1: Emotion und Gedanke = Freund und Helfer............... 211

Das Notfallset – 10 Sofortmaßnahmen für den Ernstfall 211

Kritiker, Angst & Co. – 10 Übungen für eine
lange Freundschaft.. 214

[Proaktives
Handeln]

[Gedanken- &
Gefühlsmanagement]

▶ Hebel 2: Bändigen Sie Ihr inneres Team 216

Äußere Konferenz der inneren Stimmen........................... 216

▶ Hebel 3: Negative Gedanken reduzieren, positive kultivieren.... 219

Der Einfluss der Vergangenheit 220

Optimismus beim Blick in die Zukunft 222

Glück in der Gegenwart... 226

Porträt Sabine Asgodom: „Der schönste Beruf der Welt"

(Von Giso Weyand) 230

[Energie-
management
& Gesundheit]

Erfolgsfaktor 6: Kraftvoll sein..237

Einstiegstest: Wie steht es um Ihre Kraft? 237

Fakten: Wie kraftvoll sind Deutschlands Trainer? 239

Kraft und Gesundheit: Die Säulen Ihres Trainerdaseins........... 240

▶ Ihre Energie-Tankstellen 244

Mögliche Kraftspender 245

▶ Was raubt Ihnen Energie?.. 247

Mögliche Energieräuber.. 249

▶ Wie erkennen Sie Ihren Energie-Level? 250

Häufige Merkmale sinkender Energie 251

Alle Lebensbereiche im Lot? 252

▶ Essen... 255

Sieben Tipps, wie Futter(n) gut tut.................................. 256

▶ Bewegen 260

Bewegung oder Ruhe? Das richtige Maß 262

Der Trainingsplan für Trainer 263

▶ Entspannen 266

Drei Maßnahmen für die schnelle Entspannung

zwischendurch.. 267

Drei Maßnahmen für längere Erholungsphasen.................... 267

Zwei Ansätze für dauerhafte Entspannung 268

▶ Noch mehr Futter... 271

... für den Geist 271

... für das Herz 271

... für die Seele.. 271

▶ Was brauchen Sie?... 273

Schließen Sie Ihren Ich-Pakt! 273

Erfolgsfaktor 7: Beständig sein ....**277**   [Selbst-
- Selbstorganisation im Traineralltag...................................... 281   management]
  - Leichter gesagt als getan: Wichtiges zuerst! 282
  - Wochen- und Tagesplanung mit Flow 285
- Nicht aller Anfang ist schwer!... 288
  - Mikrohandlungen schaffen den ersten Schritt...................... 288
- Aufschieberitis entlarven 290
  - Sechs Ansätze gegen das Aufschieben................................. 290
- Härtetest fürs Marketing.. 292
  - Besteht Ihr Marketing den Traineralltag? 292
- Bestätigen Sie Ihre Vorhaben.. 296
  - Die Absichtserklärung.. 297
  - Aktueller Stand 298
  - Erreichter Stand.. 299
  - Was ist Ihre Absicht? 300
- Stärker sein als Tiefs und die Macht der Gewohnheit 302
  - Widerständen widerstehen 303
  - Gemeinsam sind Sie stärker 303
  - Finden Sie Ihren eigenen Halt 304
  - Erwarten Sie keine Wunder, aber seien Sie auf sie gefasst! 304

Verzeichnisse **307**
- Stichwortverzeichnis 308
- Verzeichnis der Arbeitsblätter und Übungen 311

Liebe Leserin, lieber Leser,

unser Beruf als Trainer, Berater oder Coach bietet uns viele Möglichkeiten: Wir können unsere Termine gestalten, wie wir wollen. Wir können uns aussuchen, mit wem wir arbeiten und wie viel wir reisen, mit welchen Themen wir uns befassen, wie wir diese Themen aufbereiten und vermitteln …

Aber auch diese Medaille hat eine andere Seite: der enorme Anspruch an das eigene Management. So müssen wir tagtäglich unternehmerische Entscheidungen treffen, konsequent das eigene Marketing betreiben, uns selbst organisieren, reflektieren, fortbilden. Wir brauchen inhaltliche Struktur und Klarheit ebenso wie persönliche Stärke, emotionale Hygiene und ein gutes Energiemanagement. Wenn wir das nicht hinbekommen, können wir unsere Freiheiten nicht nutzen und werden stattdessen doch die Sklaven der anderen oder Getriebene des eigenen (Fehl-)Verhaltens.

An mich als Beratercoach wenden sich Trainer, Berater und Coachs mit unterschiedlichsten Motiven. So stellte ein langjähriger Unternehmensberater fest: „Mir fehlt diese Leidenschaft für meinen Beruf, die mich anfangs noch angetrieben hat …" Seine Kollegin, eine Kommunikationstrainerin, fühlte sich fremdbestimmt, sinnbildlich in einen Rahmen gezwängt, aus dem sie zwar ausbrechen wollte, sich aber immer wieder selbst ausbremste. Ein Führungskräftecoach hatte zunehmend gesundheitliche Probleme, die mit seinem angespannten Alltag zusammenhingen: „Zunächst waren es nur Zipperlein, doch inzwischen gelingt es mir nicht mehr, nachts durchzuschlafen – zu sehr macht mir der Rücken zu schaffen. Morgens bin ich wie gerädert, kein idealer Start ins Seminar". Wieder andere kommen, um sich in einem angeleiteten Jahres-Check-up Orientierung zu verschaffen, was künftig besser werden kann und wie sie das kommende Jahr optimal gestalten können.

Eines zieht sich wie ein roter Faden durch die meisten Beratungsgespräche und war schließlich der Anstoß für mich, dieses Buch zu schreiben: der Wunsch nach (mehr) Freiheit, Erfolg und Glück. Dieser ist im Grunde bei jedem vorhanden – nur gibt es immer kleine oder große (aber stets wesentliche) Punkte, die diesem Ziel im Weg stehen.

Wie können wir also Freiheit, Erfolg und Glück erreichen? Gibt es das Patentrezept zum glücklichen Trainerdasein? Nein, eine allgemeine Formel gibt es leider nicht. Denn so individuell wie der Fingerabdruck eines Menschen, so unterschiedlich sind die Konstellationen, die jeden Trainer in seinem Beruf erfolgreich und glücklich machen. Daher gibt es auch Ihre Lösung nur einmal – und die können nur Sie allein finden. Doch für den Lösungsweg gebe ich Ihnen in diesem Buch drei Instrumente an die Hand:

▶ Einen Überblick über die wesentlichen Erfolgsfaktoren des Trainerdaseins und wie diese zusammenhängen. Das hilft zu erkennen, was Sie persönlich zurzeit brauchen, um zu mehr Zufriedenheit, Kraft und Erfolg im Traineralltag zu gelangen.

▶ Wirkungsvolle Methoden für jeden dieser Bereiche, die sich bewährt haben und die Sie direkt in Ihrem Alltag umsetzen können. Wählen Sie einfach die für Sie passenden aus.

▶ Anschauliche Beispiele erfolgreicher und bekannter Persönlichkeiten, die Ihnen Ideen geben und Mut machen, eigene Hindernisse zu überwinden und sich regelmäßig den eigenen Bedürfnissen zu widmen.

Außerdem freue ich mich sehr über die Gastbeiträge von dem Beratermarketing-Experten Giso Weyand. Der Branchenkenner portraitiert in diesem Buch Sabine Asgodom, Uwe Böning, Rolf H. Ruhleder und

Hermann Scherer. In seinem geistreich-provokanten Stil gibt Giso Weyand spannende Einblicke in den Alltag dieser vier großen Namen der
Branche.

Und das wünsche ich Ihnen: Dass Sie gelassen und voller Elan Ihren
eigenen Weg finden, Ihren Alltag nicht nur erfolgreich zu meistern,
sondern dabei auch glücklich zu sein!

NHamburger

Nadine Hamburger
Falkensee im Herbst 2008

P. S.:
Ganz herzlichen Dank, lieber Ralf Muskatewitz, für Ihre versierte
Arbeit und Hilfe, lieber Giso, für Deine Unterstützung in jeglicher
Hinsicht – und natürlich allen Interview-Partnern für die Einblicke in
ihren Alltag!

I

Per Helikopterflug zum kraftvollen Trainerdasein

Per Helikopterflug zum kraftvollen Trainerdasein

In diesem Buch geht es darum, wie Sie Ihren Beruf als Trainer, als Berater oder als Coach gerne, kraftvoll und zufrieden ausüben. Wie Sie es schaffen, den Tag mit dem positiven Gefühl zu beginnen, dass Sie einer spannenden Beschäftigung nachgehen werden, die Sie persönlich zufriedenstellt. Wie Ihnen Dinge leicht fallen, weil Sie in Einklang mit sich persönlich und mit Ihrem Beruf handeln. Kurz: Es geht darum, wie Sie dauerhaft glücklich als Trainer sind.

Glücklich sein ... Das klingt vielleicht etwas übertrieben, trifft die Sache aber im Kern. Denn es bedeutet nicht, lediglich finanziell frei zu werden oder an Macht und Einfluss zu gewinnen, sondern die kommenden zwanzig, dreißig Berufsjahre kraftvoll, engagiert zu agieren und mit Begeisterung zu füllen. Dafür müssen Sie sich und das, was Sie tun, analysieren, entweder selbstständig oder mit fremder Hilfe. Sie müssen genau erkennen, was auf Ihre individuelle Situation passt, was Ihre Energie fördert bzw. was Ihnen die Ressourcen raubt. Diese Nabelschau ist mitunter mühsam, doch die Investition zahlt sich aus, und selbst jeder noch so kleine Schritt bringt Sie dem kraftvollen und glücklichen Trainerdasein ein wenig näher. Dieses Buch wird Sie auf Ihrem Weg dorthin ein Stück begleiten.

Glücklich sein ...

Die Krux im Trainerberuf: Sie haben wenig Zeit, zahlreiche Möglichkeiten, und für jeden ist eine andere Richtung die „richtige" Wahl. Das gilt auch für Ihren Weg zu einem glücklicheren und kraftvolleren Trainerdasein und damit für den Umgang mit diesem Buch. Jeder hat ein anderes Schwerpunktthema: Der eine braucht schnelle Impulse, der andere möchte sich intensiv einem konkreten Thema widmen. Daher ist das Buch modular aufgebaut, so dass Sie bei konkreten Fragen in jedes der Kapitel einsteigen können und gegebenenfalls auf hilfreiche Themen in anderen Kapiteln verwiesen werden.

Oder Sie gehen strukturiert vor und überprüfen dabei, welchem Thema Sie sich zunächst widmen sollten und wollen. Um bei diesem Vorgehen zielsicher die für Sie notwendigen und passenden Elemente auswählen zu können, möchte ich Ihnen an dieser Stelle eine Orientierungshilfe geben. Da hierbei wie so oft der „Blick von oben" sinnvoll ist, lade ich Sie nun ein zu einem Helikopterflug über die sieben Erfolgsfaktoren des kraftvollen und glücklichen Trainerdaseins:

Die Basisbausteine

Startpunkt, also quasi das Basiscamp, sind die ersten beiden Kapitel *Klar sein* und *Klug sein*:

Erfolgsfaktor 1:
Klar sein

Das Kapitel *Klar sein* beschreibt, wie Sie die *Besonderheiten Ihrer Persönlichkeit* erkennen und sich innerlich auf Ihre *Vision und Ziele* ausrichten. Wenn Sie Ihre berufliche Tätigkeit auf dieser Basis aufbauen, also Ihrer „Berufung" folgen, haben Sie bereits ein solides Fundament gelegt. Damit sind Sie in der Lage, Ihre persönlichen Stärken und Besonderheiten voll auszuspielen, Sie wirken authentisch und haben zudem die gewünschte Freude und Motivation bei der Arbeit.

Bereits zu Beginn dieses Kapitels können Sie anhand einer Checkliste überprüfen, wie klar Sie sich Ihrer Werte und Motive, Ihrer Leidenschaften und Interessen, der persönlichen und unternehmerischen Kompetenzen und Erfahrungen, Ihrer Vision und Ziele bewusst sind und ob Sie diese für Ihre Selbstständigkeit schon ausreichend nutzen. Ist dies der Fall, können Sie den Rest des Kapitels überspringen. Haben Sie jedoch an der einen oder anderen Stelle Klärungsbedarf, finden Sie in den jeweiligen Unterkapiteln konkrete Handlungsschritte, zum Beispiel zwei sehr nützliche Werkzeuge zum Überprüfen neuer Ideen oder Projekte im Abschnitt *Reiz des Neuen – und nun?*:

1. Einen *Schnell-Check für neue Ideen*, mit dem Sie umgehend abfragen können, ob Sie sich mit diesem Projekt weiterentwickeln oder eher verzetteln.

18

2. Eine *Landkarte* für Ihre Situation, mit der Sie *alle Aspekte und Aus-*
   wirkungen im Blick haben – egal, ob es ein neues, mit vielen Reisen
   verbundenes Projekt ist, ob Sie die Situation eines Coaching-Klien-
   ten reflektieren oder ob Sie gerade ein neues Training konzipieren.

Im zweiten Kapitel kommt der Erfolgsbaustein *Klug sein* ins Spiel: *Un-*
ternehmertum, sprich das strategische Handwerkszeug zu beherrschen
sowie unternehmerisch zu denken und zu handeln. Auch hier können
Sie zunächst rasch anhand der „Zehn Markenzeichen guter Unternehmer" überprüfen, inwieweit Sie diesen Kriterien bereits entsprechen.
Entdecken Sie Handlungsbedarf, finden Sie gleich ein paar Tipps, die
Sie in Ihren Traineralltag integrieren können, sowie Verweise auf weitere Abschnitte im Buch mit konkreten Schritt-für-Schritt-Anleitungen.

Erfolgsfaktor 2:
Klug sein

Die beiden wichtigsten Aspekte zum Thema Unternehmertum werden
noch innerhalb dieses Kapitels behandelt:
▶ Wie Sie als Einzelkämpfer ohne unnötigen Aufwand die erforderliche *strategische Unternehmensplanung* durchführen (siehe S. 81).
▶ Wie Sie gekonnt mit *Honoraren* umgehen (siehe Seite 94).

Die Elemente in den ersten beiden Kapiteln sind essenziell, um den
Trainerberuf zu meistern. Beherrschen Sie diese, lösen sich andere
„Knoten" oft gleich mit. Wer sich beispielsweise als Einzelkämpfer einsam fühlt, für den kann bereits eine klare Ausrichtung der Tätigkeiten
auf die eigenen Ziele erleichternd wirken, weil ihm schlichtweg wieder
mehr Zeit für einen Plausch mit Kollegen oder für Familienaktivitäten
zur Verfügung steht. Und wer sich nicht im Klaren ist über seine persönlichen Besonderheiten und Unternehmensstrategie, der wird kaum
erfolgreiche und sinnvolle Kooperationen oder Netzwerke knüpfen können. Wem seine Stärken, Besonderheiten und unternehmerischen Ziele
hingegen stets präsent sind, den plagen seltener Selbstzweifel oder die
berüchtigte Unruhe bei Auftragslöchern – und er ist eher bereit, auch
mal ein kalkuliertes Risiko einzugehen. Wer sich körperlich „ausgepowert" fühlt, dem hilft unter Umständen schon die persönliche Klarheit,
um kräftezehrende Aufträge, die ihm nicht liegen, abzulehnen.

Daher lautet meine grundsätzliche Empfehlung: Beginnen Sie mit den Themen der ersten beiden Kapitel, und widmen Sie sich anschließend den Erfolgsfaktoren der Folgekapitel; denn sie sind die Aufbauelemente für kraftvolles Trainerdasein.

Natürlich gibt es auch hier Ausnahmen: Wer beispielsweise viel mit Selbstzweifeln zu kämpfen hat, wen starke Versagensängste geradezu erstarren lassen oder wer gerade körperlich völlig erschöpft ist, wird sich in dieser Verfassung kaum erfolgreich der eigenen Unternehmensplanung widmen können. In einem solchen Fall gilt es, erst in diesem Bereich Lösungen zu finden und sich Erleichterung zu verschaffen, um anschließend zuversichtlich und mit Elan das Geschäft zu planen. Hier ist die zentrale Frage: *„Was brauche ich gerade am Dringendsten, um meine Situation zu verbessern?"* Um die Antwort zu finden, sollten jedoch alle wesentlichen Aspekte berücksichtigt werden: Überfliegen Sie hierzu die Buchkapitel oder orientieren Sie sich auf der *Landkarte Ihrer Situation*, die Sie am Ende des zweiten Kapitels (siehe Seite 62) finden. Falls Sie dennoch den Wald vor lauter Bäumen nicht sehen sollten, hilft der Blick eines Außenstehenden, sei es jemand aus Ihrem persönlichen Umfeld oder ein erfahrener Coach.

Aufbauelemente

Wir verlassen nun das Basiscamp und fliegen zu den umliegenden Bereichen: den fünf aufbauenden Erfolgsfaktoren für kraftvolles und glückliches Trainerdasein, die Sie in beliebiger Reihenfolge besichtigen können.

Erfolgsfaktor 3:
Verbunden sein

Erfolgsfaktor drei, *Verbunden sein*, schließt inhaltlich an die ersten beiden Kapitel an und betrifft eines der häufigsten Leidensthemen des Einzelkämpfers: Sie fühlen sich oft einsam und suchen *ein geeignetes Netzwerk* im ursprünglichen Sinn, sei es die Kooperation, kollegialen Austausch, den unterstützenden Dienstleister oder einfach den alltäglichen Plausch während der Kaffeepause. Ob Sie nun besser alleine oder im Team arbeiten, ob Sie eher Netzwerker oder Eremit sind – als selbstständiger Trainer sollten Sie sich ganz bewusst für oder gegen Kooperationen, Partnerschaften, externe Dienstleister, kollegialen Austausch etc. entscheiden. Nach dem Leitsatz „Verbunden sein – aber sinnvoll" können Sie hier herausfinden, wo es für Sie Sinn macht, sich

mit anderen zusammenzuschließen, wie Sie Stolpersteine vermeiden und was Sie für ein erfolgreiches Miteinander brauchen.

Beim vierten Erfolgsfaktor, *Furchtlos sein*, stehen *proaktives Handeln* und die Herausforderung, auch *mutige Entscheidungen souverän zu treffen*, im Mittelpunkt. In fünf Schritten erfahren Sie hier, wie Sie die Scheu vor „Fehlern" oder Rückschlägen ablegen, den nötigen Mut fassen, Risiken einzugehen, wie Sie sich ein klares Bild von der aktuellen Situation verschaffen, wie Sie Entscheidungen abwägen, bewusst treffen und sie anschließend umsetzen, ohne ins Schwanken zu geraten. Sie erfahren aber auch, wie Sie wachsam bleiben, um aussichtslose Projekte rechtzeitig abzubrechen, und wie Sie angemessen mit auftretenden Bedenken umgehen. Damit sind Sie in der Lage, Ihre Potenziale auszuschöpfen und mutige Entscheidungen mit klar kalkulierten Risiken zu treffen.

Erfolgsfaktor 4: Furchtlos sein

Fliegen wir also weiter zum Erfolgsfaktor Nummer 5: *Gelassen sein*. Gelassenheit erreichen Sie, indem Sie gekonnt Ihre *Gedanken und Gefühle managen*. Sie erfahren, wie Sie hinderliche Gefühle schnell entlarven, geschickt mit ihnen umgehen und förderliche Gedanken ausbauen. Hier gibt es zahlreiche, schnell wirksame Hilfen sowie bewährte Methoden für eine „Grundreinigung" der eigenen Gefühls- und Gedankenwelt. Das Ergebnis: Negatives, destruktives Denken ist reduziert, Zweifel und Ängste belasten weniger, und Sie begegnen Gegenwart wie Zukunft mit entspannter Gelassenheit und Freude.

Erfolgsfaktor 5: Gelassen sein

Jeder der sieben Erfolgsfaktoren vermeidet Energievergeudung; denn unnötige Sorgen oder überkritische Gedanken verpulvern ebenso Energie wie die mangelnde Ausrichtung an den eigenen Zielen. Sie meistern Erfolgsfaktor sechs, *Kraftvoll sein*, wenn Sie Ihrem persönlichen *Energiemanagement, Gesundheit und Fitness* die nötige Aufmerksamkeit schenken. In diesem Kapitel erhalten Sie eine konkrete Anleitung, wie Sie Energieräuber aufdecken und wie Sie am besten Kraft und Energie tanken, und zwar körperlich (Bewegung, Ruhe, Ernährung), geistig (Informationsaufnahme, Lesen/Schreiben/Diskutieren, Gedankenhygiene), seelisch (Selbstentwicklung, Innenschau, Meditation) und auf der Herzensebene (Beziehungen zu anderen, Ausdruck von Gefühlen,

Erfolgsfaktor 6: Kraftvoll sein

Hingabe, Bedürftigen helfen). Natürlich gekoppelt mit konkreten Tipps und Übungen, damit Sie sofort loslegen können.

Erfolgsfaktor 7:
Beständig sein

Viele neue Vorhaben anzugehen ist schön und gut – entscheidend ist aber, diese im richtigen Maß und dauerhaft in den Alltag zu integrieren. Hier setzt Erfolgsfaktor sieben an: *Beständig sein*. Dabei handelt es sich um eine der größten Hürden für Trainer, die Sie aber mit geschickter *Selbstorganisation*, einigen Tricks und etwas Übung überwinden können. In diesem Kapitel erfahren Sie aber auch, wie Sie Ihr Marketing und andere unternehmerische Vorhaben auf Alltagstauglichkeit hin überprüfen, wie Sie selbst im hektischen Traineralltag die einzelnen Lebensbereiche im Blick behalten und wie Sie wichtige Tätigkeiten fest einplanen, ohne dabei Flexibilität oder Spontaneität einzubüßen.

Die Zahlen sprechen eine klare Sprache

Auswahl und Tiefe der Betrachtungen basieren auf den Erfahrungen jahrelanger Arbeit mit selbstständigen Beratern, Trainern und Coachs sowie natürlich auf dem eigenen Erleben in sieben Jahren Selbstständigkeit. Die Herausforderungen für Trainer sind bekannt – auch wenn in den Medien bislang wenig darüber berichtet wird und sich auch Dienstleister bislang kaum dieser wichtigen Materie widmen. Erstaunlich, dass mittlerweile jede Handwerkszeitung Beiträge zu den Aspekten Selbstständigkeit, Stressbewältigung und zu den spezifischen Herausforderungen des Berufs bringt ... Die Fachmedien und Studien der Weiterbildungsbranche hingegen berichten zwar über inhaltliche Themen wie Evaluierung und NLP, Marketing und Trends, vernachlässigen aber, was den Trainer als Mensch beschäftigt. Auch die Trainer selbst behandeln diese Themen oft stiefmütterlich, sie räumen sich wenig Zeit ein für die eigenen Bedürfnisse sowie für die *Arbeit am Unternehmen*, und zu wenige verfolgen konsequent das eigene Marketing.

Erfreulicherweise bestätigen nun auch harte Fakten diese Erfahrungen und Beobachtungen: Im Juni 2007 führte ich in Kooperation mit managerSeminare eine umfassende Studie zu den Herausforderungen des Trainerberufs durch, an der rund 1.000 Trainer, Berater und Coachs teilnahmen. Dabei sind die Herausforderungen für den klassischen

Einzelkämpfer, wie der selbstständige oder freiberufliche Trainer es ist, besonders hoch – und das betrifft immerhin 64 Prozent aller Befragten, auf den deutschen Gesamtmarkt hochgerechnet also etliche tausend Weiterbildner.

Die 80 Seiten umfassende Studie „Was Deutschlands Trainer bewegt" erschien August 2008 im Verlag managerSeminare. Da Sie sich für dieses Buch entschieden haben und die erhobenen Traineraussagen für Sie von besonderer Bedeutung sind, bieten wir Ihnen einen besonderen Leserservice: Als Leser dieses Buches erhalten Sie die vollständige Studie gratis als PDF-Download unter folgendem Link:

Studie: Was Deutschlands Trainer bewegt

Leserservice

Über diese URL erhalten Sie kostenlosen Zugang zum Download der Studie „Was Deutschlands Trainer bewegt".

www.managerseminare.de/pdf/beratercoach

Die Zahlen machen die enormen Belastungen, aber auch die ihnen innewohnenden Chancen deutlich: Durchschnittlich 25 Prozent mehr Energie stünden einem Trainer zur Verfügung, wenn er nur die beiden brennendsten Themen lösen könnte. Was für ein Potenzial!

25 Prozent mehr Energie

Am meisten belastet die Trainer der Umgang mit der Härte und Unsicherheiten ihres Marktes, Marketing und Selbstdarstellung sowie das fehlende kollegiale Umfeld. Entsprechend überzeugend ist der mögliche Gewinn: Neben dem oben erwähnten Energieschub sowie mehr Freude und Elan bei der Arbeit zahlen sich gerade unternehmerisches Handeln (insbesondere konsequentes Eigenmarketing), souveränes Auftreten und das Lösen von Selbstzweifeln vor allem finanziell aus.

Erstaunlicherweise bleiben diese Potenziale bei den meisten Trainern ungenutzt. Entweder weil ihnen die Relevanz dieser Herausforderungen nicht bewusst ist – die Trainer räumen diesen (eigenen) Themen

Nutzen Sie Ihr
Potenzial

nicht genügend Priorität ein – oder weil sie nicht die passenden individuellen Lösungen finden, die sich in ihrem Berufsalltag tatsächlich
realisieren lassen. Ich hoffe allerdings, dass dieses Buch persönliche
Lösungswege eröffnet und dazu beiträgt, ein Mehr an Lebensqualität in
den Traineralltag zu bringen.

 24

II

Die Basisbausteine des kraftvollen Trainerdaseins

Erfolgsfaktor 1: Klar sein **27**

▶ Der Fingerabdruck Ihrer Persönlichkeit 34

▶ Ihre persönliche Zugrichtung... 50

▶ Talente & Co. ertragreich einsetzen 57

▶ Der Reiz des Neuen – und nun?.. 60

Erfolgsfaktor 2: Klug sein... **65**

▶ Zehn Markenzeichen guter Unternehmer.................................... 68

▶ So entwickeln Sie Ihr unternehmerisches Fundament 81

▶ „Geld macht glücklich" – Ihre Einstellung zum Geld 94

Erfolgsfaktor 1: Klar sein

Was den Erfolg ausmacht ...

▶ Sie wissen genau, was Sie persönlich, unternehmerisch und als Trainer ausmacht und was Sie im Leben antreibt.

▶ Sie folgen Ihrem Herzen ebenso konsequent wie Ihren persönlichen und beruflichen Zielen.

▶ Sie gehen Ihren eigenen Weg – authentisch, klar und bestimmt.

Allein als Trainer – Top oder Flop? Kaum eine andere Berufsgruppe hat mehr Freiheiten und Chancen, der eigenen Berufung zu folgen, die Arbeits- und Freizeitbedingungen selber zu gestalten und mit einer erfüllenden Tätigkeit auch noch gutes Geld zu verdienen. Dennoch bleibt es für viele Trainer bislang ein Wunschtraum: Die einen gehen zwar in ihrer „Traumtätigkeit" auf – aber beim Blick auf das Konto schnürt es ihnen regelmäßig die Kehle zu. Andere haben volle Terminkalender, Riesenerfolg, ein gut gefülltes Bankkonto – fühlen sich aber innerlich leer. Oder sie kennen ihre Berufung, folgen ihr auch mit recht gutem Erfolg, verlieren jedoch sich selber und ihre Kraft und brennen nach und nach aus. Sei es, weil sie einfach jeden Auftrag annehmen, gleichgültig, ob er ihnen liegt oder nicht, oder weil sie einen „Bauchladen" mit grundverschiedenen Leistungen anbieten. Das Ergebnis: Sie verpulvern wertvolle Energie und Motivation ...

Eine verschwommene Ausrichtung ist ganz typisch in unserem Berufsstand. Die Ergebnisse der Studie zu den Herausforderungen des Trainerberufs, die ich im Sommer 2007 durchführte, belegen es Schwarz auf Weiß: Jeder vierte der rund 1.000 Trainerinnen und Trainer gab an,

Zahlreiche Trainer sind nicht klar – und brennen aus

sich mit vielen Aufgaben zu beschäftigen, die nicht den eigentlichen Stärken entsprechen. Zudem hat jeder dritte Trainer häufig das Gefühl, sich zu verzetteln oder nicht den eigenen Zielen zu folgen. Widmet sich ein Trainer allerdings zum Beispiel konsequent seinem eigenen Marketing, verfügt er um 34 Prozent höhere Honorare als seine Kollegen. Wenn das keine Motivation ist!

Die Lösung Die Lösung: Wenn Ihr „Unternehmen Trainer" mit Ihnen als Person übereinstimmt (und erst dann), können Ihre Aktivitäten vollständig greifen und Sie Ihre ganze Kraft gezielt einsetzen:

- ▶ Sie handeln konsequent nach dem, was Sie können und was nicht.
- ▶ Sie sind innerlich auf klare, eigene Ziele ausgerichtet.
- ▶ Sie entscheiden bewusst, welche Projekte Sie annehmen und welche nicht.
- ▶ Sie probieren Neues, ohne sich dabei zu verzetteln.
- ▶ Sie treten selbstbewusst auf und wirken authentisch.
- ▶ Die richtigen Kunden fühlen sich angesprochen und erhalten einen glaubwürdigen Eindruck von Ihnen.

Je früher Sie das erreichen und dabei geradlinig Ihrer tatsächlichen Berufung folgen, desto erfolgreicher und zufriedener werden Sie letztendlich sein. Und eben das ist der erste grundlegende Baustein für kraftvolles und glückliches Trainerdasein: Ihre persönlichen Ressourcen.

Welche Möglichkeiten Ihres Berufs entspricht Ihrer Person? Also, welche der unzähligen Möglichkeiten des Berufs entspricht den Facetten Ihrer Person? Betrachten Sie Leidenschaften wie Fähigkeiten; Sinngebung wie Finanzen; persönliche wie unternehmerische Kompetenzen; private wie berufliche Bedürfnisse; Berufung wie Geschäftssinn; Herz wie Verstand ...

Das Ergebnis Je bewusster Sie sich dieser Facetten sind,

- ▶ desto besser können Sie sie umsetzen – und Ihre Kraft auf den Boden bringen.
- ▶ desto größer sind Erfolg *und* Freude.
- ▶ desto mehr positive Resonanz erhalten Sie auf Ihre Person.
- ▶ desto höher ist der Ertrag für Ihre Investitionen – an Zeit, Kraft und Geld.

0-Ton

Kurt Tepperwein, Mental- und Intuitionstrainer, beschäftigt sich seit 1973 mit Ursachenforschung bei Krankheit und Leid. Sein Statement über Job und Glück.

„Die größte emotionale Hürde in meinem Beruf war, dass ich lange Zeit nur versuchte, erfolgreich zu sein – und das nicht immer mit so großem Erfolg, wie ich mir das wünschte, obwohl ich recht erfolgreich war, aber nie richtig glücklich. Als Unternehmensberater habe ich meine Situation gründlich analysiert und erkannt, dass ich auf einem erfolgreichen Weg war, aber nicht auf dem Weg der Erfüllung. Also habe ich mich gefragt, was ich am liebsten tun würde, mit der größten Freude und vor allem, wie ich es am liebsten tun würde. Das habe ich dann konsequent in die Tat umgesetzt und gehe seitdem den ‚Weg der Freude‘, weil das Leben anscheinend auch so gedacht ist. Natürlich lässt seitdem die Motivation nie nach, denn zur Freude muss man sich nicht motivieren."

Im Grunde ist es ganz einfach: Sie erkennen sich selbst, finden den eigenen Weg und Ihre Berufung – und alles läuft wie am Schnürchen. Das hört sich klasse an und scheint auch zu funktionieren, wenn man die Größen der Branche anschaut – es setzt allerdings zwei entscheidende Dinge voraus: *Voraussetzungen*

▶ Sie nehmen sich selbst so an, wie Sie sind, mit allen Ecken und Kanten.

▶ Sie beziehen Position, halten also Gegenwehr, Kritik und Zweifeln von außen stand.

Stellen Sie sich vor, Sie gehen Ihrer Persönlichkeit so sorgfältig auf den Grund wie ein Archäologe einer Ausgrabung: Finden Sie heraus, welcher „Krug" sich in Ihnen verbirgt und wo der passende „Deckel", also Ihre Berufung, dazu liegt. Begeben Sie sich auf eine Expedition, graben Sie den „Krug" aus, befreien Sie ihn von den überflüssigen Erd- und Lehmspuren, die an ihm haften. Einige lassen sich bestimmt leicht

lösen, andere brauchen vielleicht etwas mehr Zeit, um aufzuweichen. Schicht für Schicht werden Sie das eigentliche Gefäß freigeben – bis Sie den prächtigen, einzigartigen Schatz gehoben haben, der Ihre Persönlichkeit ausmacht. Nun können Sie auch bestimmen, nach welchem passenden Deckel Sie forschen müssen – und zugreifen, sobald sie ihn entdecken.

Der Weg Ihrer persönlichen „Ausgrabung"

Gehen Sie bei Ihrer persönlichen Ausgrabung in zwei Schritten vor:

Schritt 1:
Werfen Sie zunächst einen Blick auf Ihr bisheriges Leben: Welche Meilensteine, Verbindungen und Veränderungen können Sie rückblickend erkennen? Schaffen Sie ein intuitives Bild Ihrer Person. Wie hat es sich entwickelt?

Schritt 2:
Mit diesem intuitiven Bild Ihrer Person und seiner Entwicklung fällt es leichter, umfassend und strukturiert festzuhalten,

▶ was Sie ausmacht (persönlich, fachlich, unternehmerisch): Legen Sie *den persönlichen Fingerabdruck Ihrer Persönlichkeit* frei (siehe Seite 34).

▶ wo Sie hinwollen (persönlich, privat, beruflich, gemeinnützig): Definieren Sie *Ihre persönliche Zugrichtung* (siehe Seite 50).

▶ was Sie dafür brauchen: Wie können Sie Ihre *Talente & Co. ertragreich einsetzen*, um Ihr Ziel zu erreichen (siehe Seite 57)?

Wie der Archäologe werden Sie auf verschiedene wunderbare Porzellanteile, Gefäße, Deckel stoßen. Aber können Sie etwas damit anfangen? Passt das neue Fundstück (besser) zu Ihnen? Oder würden Sie sich mit diesen anderen Möglichkeiten, die häufig als spannend erscheinende Geschäftsideen, Projekte oder Anfragen auftauchen, nur verzetteln? Damit Sie auch in dieser Situation Ihrer Persönlichkeit und Ihrer Linie treu bleiben, finden Sie im Abschnitt *Der Reiz des Neuen – und nun?* zwei Instrumente:

▶ Anhand des *Schnell-Checks für neue Ideen* (siehe Seite 60) überprüfen Sie rasch die Passgenauigkeit Ihrer Ideen.

▶ Mit der vielseitig nutzbaren *Landkarte* Ihrer Situation haben Sie bei Ihren Überlegungen alle relevanten Aspekte und Auswirkungen im Blick (siehe Seite 61).

Wie klar sind Sie nach innen und außen?

Sie haben bereits Klarheit in Bezug auf Ihre Persönlichkeit und „Berufung" – möchten aber sichergehen? Dann überprüfen Sie Ihre innere Klarheit und Ihr authentisches Auftreten anhand der folgenden Checkliste. Ihre Antworten werden Ihnen aufzeigen, in welchen Bereichen Sie klarer werden sollten. Konkrete Anleitungen und Empfehlungen erhalten Sie in diesem und im nächsten Kapitel. Meine Empfehlung: durch reines Ankreuzen gewinnen Sie bereits einen ersten Eindruck. Noch klarer werden Sie allerdings, wenn Sie die mit „Ja" angekreuzten Punkte schriftlich präzisieren.

Haben Sie keinen weiteren „Klärungsbedarf" in Bezug auf Ihre Persönlichkeit und Besonderheiten, gehen Sie einfach direkt zum zweiten grundlegenden Erfolgsbaustein: Klug sein. Dort können Sie anhand der *Zehn Markenzeichen guter Unternehmer* (siehe Seite 68) feststellen, wie fit Sie in der unternehmerischen Umsetzung sind.

Überprüfen Sie Ihre innere und äußere Klarheit

CHECK: Wie klar sind Sie nach innen und nach außen?

Ja Nein

Werte und Motive

▶ Ich kenne meine fünf wichtigsten privaten Werte. ❏ ❏
▶ Ich kenne meine fünf wichtigsten beruflichen Werte. ❏ ❏
▶ Mir ist bewusst, inwieweit diese Werte derzeit erfüllt sind. ❏ ❏
▶ Ich weiß, was mich momentan motiviert und was mich demotiviert. ❏ ❏
▶ Meine Kunden und Kollegen erkennen meine wichtigsten Werte, da sie sich in meinem Leben und in meiner Außenwirkung widerspiegeln. ❏ ❏
▶ Ich weiß, was ich noch optimieren kann und will, und plane entsprechende Maßnahmen ein. ❏ ❏

Leidenschaften und Interessen

▶ Ich bin mit Leidenschaft bei meiner Arbeit. ❏ ❏
▶ Meine Kunden können meine Freude und Leidenschaft bei der Arbeit spüren. ❏ ❏

Kompetenz und Erfahrungen

▶ Ich kenne meine fünf Kernkompetenzen (Fähigkeiten/Erfahrungen, die mich wesentlich von meinen Mitbewerbern unterscheiden). ❏ ❏
▶ Ich nutze sie im Privaten/Beruflichen soweit wie möglich. ❏ ❏
▶ Ich kenne meine besonderen Erfahrungs- und Wissensgebiete. ❏ ❏
▶ Ich nutze sie im Privaten/Beruflichen soweit wie möglich. ❏ ❏
▶ Ich kenne die Rahmenbedingungen, unter denen ich Höchstleistungen erziele. ❏ ❏
▶ Ich nutze sie im Privaten/Beruflichen so weit wie möglich. ❏ ❏

Vision

▶ Ich kenne meine persönliche wie berufliche Vision, habe also ein inneres Bild von dem, wie mein „Unternehmen" in Zukunft aussehen soll. ❏ ❏
▶ Meine Vision berührt mich emotional, sie fordert und motiviert mich. ❏ ❏
▶ Meine Vision ist in meinem Alltag verankert, und ich habe sie regelmäßig vor Augen, zum Beispiel dank eines Symbols im Büro oder im Terminplaner. ❏ ❏
▶ Meine täglichen Tätigkeiten bringen mich meiner Vision näher. ❏ ❏

Ziele

Ja Nein

▶ Ich habe schriftlich fixiert, wie mein (Berufs-)Leben in sechs bis sieben Jahren aussehen soll und welche positiven Gefühle ich damit verbinde. ❑ ❑

▶ Ich habe meine persönlichen und beruflichen Ziele für die kommenden 12 Monate schriftlich festgehalten. ❑ ❑

▶ Meine Ziele sind konkret, realistisch, attraktiv, terminiert – und ich habe die Ressourcen, um sie zu erreichen. ❑ ❑

▶ Ich habe Lust, meine Ziele zu erreichen. ❑ ❑

▶ Ich habe bei der Zielplanung mögliche Hindernisse bedacht. ❑ ❑

▶ Bei neuen Ideen und Angeboten fällt es mir leicht zu entscheiden, ob sie mich meinen Zielen näher bringen und ob sie in meine Unternehmensstrategie passen. ❑ ❑

Der Fingerabdruck Ihrer Persönlichkeit

Was ist eigentlich das Besondere an Ihnen als Person? Eine Vielzahl von Faktoren macht Sie zu dem, was Sie sind: Talente und erlernte Fähigkeiten, Lebensmotive, Werte und Interessen, Veranlagung, gesellschaftliche Prägung und Erfahrungen. Doch die eigenen Besonderheiten sind vielen Menschen gar nicht präsent, denn erst der Blick von außen lässt erkennen, was sie in ihrem Leben bereits geschafft haben und worin sie sich von anderen unterscheiden. Das ist nicht ungewöhnlich, da wir unsere herausragenden Fähigkeiten und Eigenschaften in der Regel zunächst als „normal" einschätzen, bis wir im Vergleich mit anderen die zentralen Unterschiede erfassen oder Dritte uns darauf aufmerksam machen.

Der „Lebensrückblick" Eine effektive Methode, um die eigenen Besonderheiten zu reflektieren, ist ein „Lebensrückblick". Der Vorteil ist, dass Sie dabei ganz offen und intuitiv vorgehen. Durch das Aufzeichnen der „Lebenslinie" werden häufig neue Ideen oder verborgene Erinnerungen geweckt. Diese Rückschau fördert einen klaren Blick auf sich selbst und gibt Ihnen Aufschluss über die aktuelle Situation und die eigenen Lebensziele. Also:

a) Schauen Sie auf Ihr bisheriges Leben und schreiben Sie fünf bis sieben Höhepunkte sowie fünf bis sieben Tiefpunkte auf. Notieren Sie zusätzlich besondere Ereignisse wie Ihre Hochzeit, die Geburt des ersten Kindes, den Beginn Ihrer Trainertätigkeit, den ersten Impulsvortrag vor großem Publikum, Ihren ersten Bucherfolg ...

b) Halten Sie diesen „Lebensrückblick" grafisch fest, etwa so wie in dieser Abbildung:

34

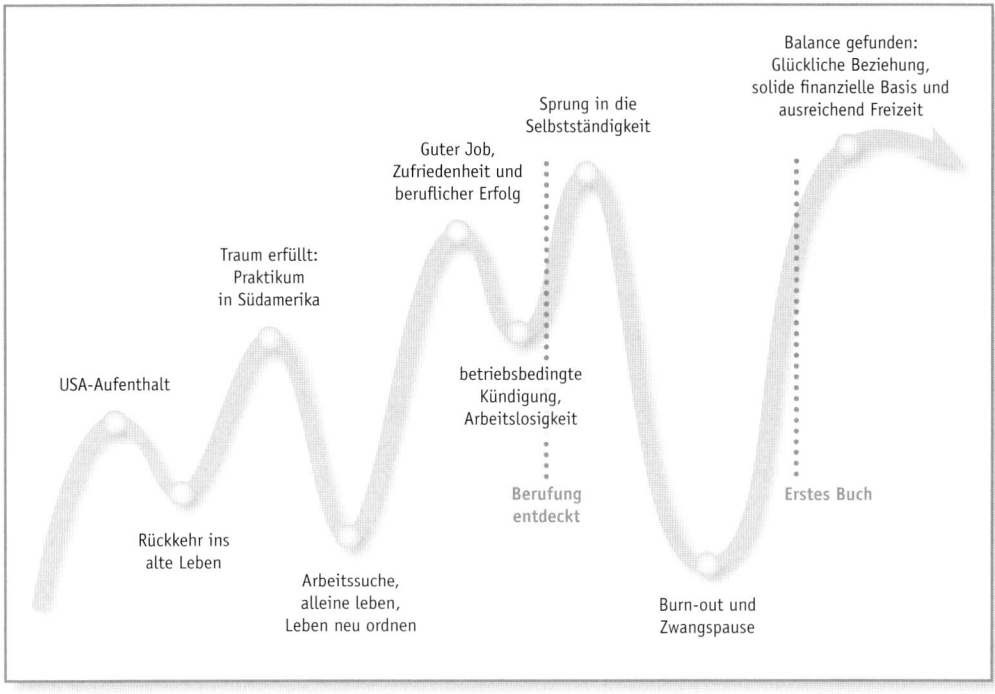

Balance gefunden:
Glückliche Beziehung,
solide finanzielle Basis und
ausreichend Freizeit

Sprung in die
Selbstständigkeit

Guter Job,
Zufriedenheit und
beruflicher Erfolg

Traum erfüllt:
Praktikum
in Südamerika

USA-Aufenthalt

betriebsbedingte
Kündigung,
Arbeitslosigkeit

Berufung
entdeckt

Erstes Buch

Rückkehr ins
alte Leben

Arbeitssuche,
alleine leben,
Leben neu ordnen

Burn-out und
Zwangspause

c) Beantworten Sie folgende Fragen:

▶ Welche Höhen und Tiefen haben Sie erlebt?

▶ Welche Eigenschaften haben zu Ihren Höhepunkten beigetragen,
was hat Sie zu Ihrem Erfolg geführt? Was bedeutete der Erfolg für
Sie?

▶ Was haben Sie aus schwierigen Zeiten gelernt? Was hat Ihnen da
gefehlt?

▶ Welchen roten Faden erkennen Sie in Ihrem Leben?

▶ Was blieb über die Jahre unverändert, und was hat sich verändert?
Wo haben Sie sich weiterentwickelt?

▶ Welche Träume hatten Sie bereits als Kind? Was ist aus den Träumen
geworden? Welche Träume konnten Sie verwirklichen?

▶ Warum sind Sie genau dort, wo Sie heute sind? Wo wollen Sie eigentlich sein?

▶ Wenn Sie Ihre Aufgabe in der Gesellschaft sähen, welche wäre das?

Ein Tipp: Um Ihr Bild von sich selbst zu ergänzen, bringt das Feedback
von Freunden, Bekannten, Familie, Kollegen oder Kunden häufig weitere Facetten zu Tage. Überprüfen Sie dabei jedoch, woran die Befragten

Die Stationen Ihres
Lebensrückblicks

ihre Einschätzungen festmachen, aus welcher Sicht diese erfolgen und in welchen Situationen sie tatsächlich zutreffen. Denn allzu oft sehen Mütter beispielsweise noch die „kleine Tochter", selbst wenn eine längst erwachsene Frau vor ihnen steht, oder haben Väter ihr eigenes Werteraster und projizieren Freunde ihre eigenen Ängste auf Sie, womit sie Ihnen vielleicht Ihre mutige Zukunftsvision vergraulen. Jeder trägt nun mal seine ganz individuelle Brille auf der Nase. Also nehmen Sie den Blick von außen zwar dankend an, beachten Sie aber auch die Situation des Feedback-Gebers.

Vier Facetten Ihrer Persönlichkeit

Nun haben Sie ein erstes intuitives Bild auf Ihr Leben und das, was Sie als Persönlichkeit ausmacht. In dem nächsten Schritt lade ich Sie ein, sich die folgenden Facetten Ihrer Persönlichkeit bewusst zu machen und zu notieren. Wie Sie dabei Schritt für Schritt vorgehen, erfahren Sie in diesem Unterkapitel, im Wesentlichen sind es vier Bereiche:

- ▶ *Was treibt Sie an?* Ihre Werte und Motivatoren
- ▶ *Was lieben Sie?* Ihre Leidenschaften und Interessen
- ▶ *Was können und wissen Sie?* Ihre besonderen Fähigkeiten und Qualitäten, Kenntnisse und Erfahrungen
- ▶ *Welcher Typ sind Sie?* Ihre Persönlichkeitsmerkmale

Was treibt Sie an?

Wenn Ihnen im Traineralltag der Sprit ausgeht, haben Sie kaum die Chance, Ihre Ziele zu erreichen: Selbst Routinearbeiten scheinen immer schwerer von der Hand zu gehen, für einzelne Aufgaben benötigen Sie plötzlich mehr Energie – und scheitern womöglich. Wenn Sie hingegen rechtzeitig wissen, was Sie im Leben antreibt und motiviert, wofür Sie gerade tun, was Sie tun, und Ihr privates und berufliches Leben darauf aufbauen, wird Ihnen das immer neuen Schwung geben.

Ihre Antreiber: Lebensmotive und Werte

Zwei wesentlichen Antreiber sind die eigenen Lebensmotive – der Motivationsforscher und Psychologe Steven Reiss hat diese auf 16 Faktoren verdichtet – und Werte. Lebensmotive geben Antwort auf die Frage „Was treibt mich an?", und Werte beantworten die Frage „Was ist mir wichtig?" Nach Reiss hat jeder ein Set an besonders ausgeprägten Mo-

tiven, das über das Leben hinweg stabil bleibt. Hierzu zählen beispielsweise das Streben nach Macht/Führung, Teamorientierung, Ordnung
oder nach Bewegung, die jeweils in hoher oder niedriger Ausprägung
auftreten. Sie sind Treiber, aber natürlich geben Sie auch der Persönlichkeit eine spezielle Note. Die eigenen Werte hingegen verändern
sich in aller Regel je nach der persönlichen Entwicklung. So kann es in
einer Lebensphase besonders wichtig sein, materiellen Wohlstand zu
erlangen, dann wird es aber immer wichtiger, sich sozial zu engagieren
und sich dem Wohl der Gemeinschaft zu widmen. Das muss aber nicht
für alle Werte gelten – jeder hat meist einige Werte, die auch über
eine lange Zeit stabil bleiben, insbesondere, wenn sie auf den eigenen
grundlegenden Lebensmotiven aufbauen. Bei wem beispielsweise das
Lebensmotiv „Unabhängigkeit" stark ausgeprägt ist, wird wahrscheinlich auch einen hierauf basierenden wichtigen Wert „Freiheit" haben,
der sich durch sein ganzes Leben zieht. Für Motive und Werte gilt gleichermaßen: Je mehr Sie Ihren Alltag – Ihre Tätigkeiten, Ihr räumliches
und soziales Umfeld – nach ihnen ausrichten, desto mehr Energie haben Sie zur Verfügung und desto zufriedener fühlen Sie sich.

Je mehr Ihr Alltag Ihren Werten und Motiven entspricht, desto energievoller und zufriedener sind Sie

Was sind also Ihre persönlichen Antreiber, was Ihre Werte und Motive?
Jeder hat darauf eine andere Antwort: Der eine möchte genug Geld zur
Verfügung haben, um sich den Familienurlaub nach Brasilien leisten zu
können (mögliche Werte dahinter: Familienverbundenheit, Wohlstand,
Abenteuerlust), den anderen treibt der Wunsch, das Bewusstsein für
soziale Verantwortung in Wirtschaftsunternehmen zu erhöhen (mögliche Werte dahinter: persönliche und gesellschaftliche Entwicklung,
anderen helfen, etwas bewegen/verändern).

Die eigenen Werte sind Triebkräfte, der „Treibstoff" Ihres privaten wie
beruflichen Alltags. Je bewusster sie Ihnen sind und je mehr Sie sie
in Ihren Alltag integrieren, desto mehr Treibstoff haben Sie zur Verfügung. Überprüfen Sie anhand der folgenden Auflistung:

▶ Was sind Ihre persönlichen Werte und Motive?
▶ Was bedeuten Ihnen diese im Alltag, woran erkennen Sie sie?

CHECK: Mein persönlicher Werte- und Motivations-Mix

Bitte versuchen Sie einmal, anhand der folgenden Checkliste Ihre bevorzugten persönlichen und beruflichen Werte oder Motive zu sammeln und konkret zu beschreiben. Hier sollten Sie sich nicht einschränken, die Auflistung darf ruhig sieben oder mehr Werte enthalten. Versuchen Sie festzustellen, welche Werte Ihnen ganz besonders wichtig sind. Als Hilfestellung erhalten Sie hier eine Auswahl häufiger Werte und Motive, wobei jeder Mensch seinen ganz eigenen Werte- und Motivations-Mix hat:

Anerkennung	Helfen	Risiko
Beziehungen	Hedonismus	Selbstentwicklung
Ehrlichkeit	Hingabe für eine Idee	Selbsterkenntnis
Eigenständigkeit	Klugheit	Sicherheit
Empathie	Kommunikation	Sinnlichkeit
Familie	Kreativität	Sparsamkeit
Flexibilität	Liebe	Spiritualität
Freude	Macht, Einfluss	Sport und Bewegung
Frieden erleben	materieller Wohlstand	Status
Führen	Mut	Struktur
Fürsorge	Natur erleben	Teamorientierung
Geben	Neugier	Unabhängigkeit
Geführt werden	Nüchternheit	Wachstum
Gutes tun	Ordnung	Wertschätzung
Gesundheit	Pragmatismus	Wettkampf
Genuss	Prinzipientreue	Wissen
Harmonie	Respekt	Zweckorientierung

CHECK: Meine persönlichen Werte

1. Wert: Liebe
Merkmale:
Ich gehe liebevoll, achtsam und wertschätzend mit mir um (ich nehme mich an, wie ich bin, gestatte mir „Fehler" und gebe mir, was ich an Ruhe, Ernährung, Bewegung, Körperpflege brauche) – und mit meinen Mitmenschen (ich betreibe offenes Zuhören, bin nicht urteilend, suche die körperliche Nähe mit meinem Partner). Ich achte und respektiere meine Umgebung und die Natur (ich räume hinter mir auf, pflege meine Wohnung und hebe beim Waldspaziergang Müll auf).

2. Wert: Selbstentwicklung
Merkmale: …

3. Wert: …
Merkmale: …

4. …

CHECK: Meine beruflichen Werte

1. Wert: Verlässlichkeit
Merkmale:
Ich mache meinen Kunden verbindliche Zusagen und halte sie ein. Bei Änderungen informiere ich meine Kunden so früh wie möglich. Meine eigenen Ziele definiere ich realistisch und erreiche sie termingerecht.

2. Wert: Großzügigkeit
Merkmale: …

3. Wert: …
Merkmale: …

4. …

*Überprüfen Sie
Ihre Werte per
Fremdeinschätzung*

Klare, erfüllte Werte haben Ihnen noch mehr zu bieten als Energie für den Alltag und mehr Lebenszufriedenheit … Je mehr auch andere Ihre Werte erkennen können, desto authentischer und anziehender wirken Sie! Überprüfen Sie Ihre Werte also auch per Fremdeinschätzung: Erkennen Ihre Familie, Freunde, Kollegen und Kunden Ihre drei wichtigsten privaten bzw. beruflichen Werte?

Fragen Sie nach:

▶ „Was ist mir Deiner Ansicht nach in meinem Privatleben besonders wichtig? Woran machst Du das fest?"

▶ „Was, meinen Sie, ist mir in meiner Arbeit besonders wichtig? Woran bemerken Sie das?"

Gut, nun haben Sie Ihre Werte klar definiert und wissen, woran Sie sie im Alltag erkennen und wie andere sie wahrnehmen. Solange sie sich in Ihrer täglichen Arbeit widerspiegeln, erlangen Sie Kraft und Motivation, Sie fühlen sich bei der täglichen Arbeit zufriedener und erfüllter und wirken anziehender auf andere. Überprüfen Sie selbst:

*Überprüfen Sie den
Erfüllungsgrad Ihrer
Werte*

Benennen Sie Ihre wichtigsten Werte – und bemessen Sie, inwiefern jeder einzelne erfüllt ist. Das Ziel dieser Übung ist zu erkennen, wo Sie Handlungsbedarf haben. Gehen Sie bei Ihren Einschätzungen möglichst spontan und intuitiv vor. Bei den Werten, die Sie auch nach außen charakterisieren, wie beispielsweise Gelassenheit oder Flexibilität, sollten Sie beim Erfüllungsgrad auch die Wirkung nach außen einbeziehen und gegebenenfalls entsprechenden Handlungsbedarf festlegen. Hier das Beispiel eines Kommunikationstrainers, der begeisterter Bergsportler ist:

Bereich	Werte und Motive (die Wichtigsten zuerst)	Erfüllungsgrad (1 = unerfüllt, 10 = voll erfüllt)	Handlungsbedarf
Persönlich	1. Selbstentwicklung	8	
	2. Natur erleben	5	Mehr spazieren gehen: Mittagspausen nutzen, Hotels mehr außerhalb wählen. Möglichkeit überprüfen, Outdoor-Seminare anzubieten.
	3. Sicherheit	8	
	4. Harmonie	9	
	5. Beziehungen	4	Mehr Zeit mit Freunden einplanen. Neue Kontakte knüpfen über Kletterverein und Tanzpartys.
	6. Verlässlichkeit	10	
	7. Großzügigkeit	9	
Beruflich	1. Verlässlichkeit	6	Nicht nach außen sichtbar, daher: – alle Unterlagen konsequent zwei Tage vor Termin abgeben. – entsprechende Kundenfeedbacks einholen und als Referenzen auf Website integrieren.
	2. Großzügigkeit	9	
	3. Wettkampf	5	Erfolgsbasierte Callcenter Trainings – Steigerung der Erfolgsrate vereinbaren.
	4. Selbstentwicklung	6	Alle zwei Monate Supervision wahrnehmen.
	5. Anderen helfen		
	6. Harmonie	5	Meine Arbeitsbedingungen in die Kundenvereinbarungen aufnehmen.
	7. Anerkennung	8	

41

Visualisieren Sie den Erfüllungsgrad Ihrer Werte

Möchten Sie lieber *sehen*, wie sehr Sie Ihren Werte-Mix derzeit ausfüllen? Dann zeichnen Sie einen Kreis und unterteilen Sie ihn in Kuchenstücke – ein Stück für jeden Wert. Nun malen Sie die Kuchenstücke von innen nach außen aus: Je höher der Wert erfüllt ist, desto weiter ist er nach außen visualisiert. So erkennen Sie auf einen Blick, wo es stimmt, sehen aber auch, wo Sie den größten Handlungsbedarf haben.

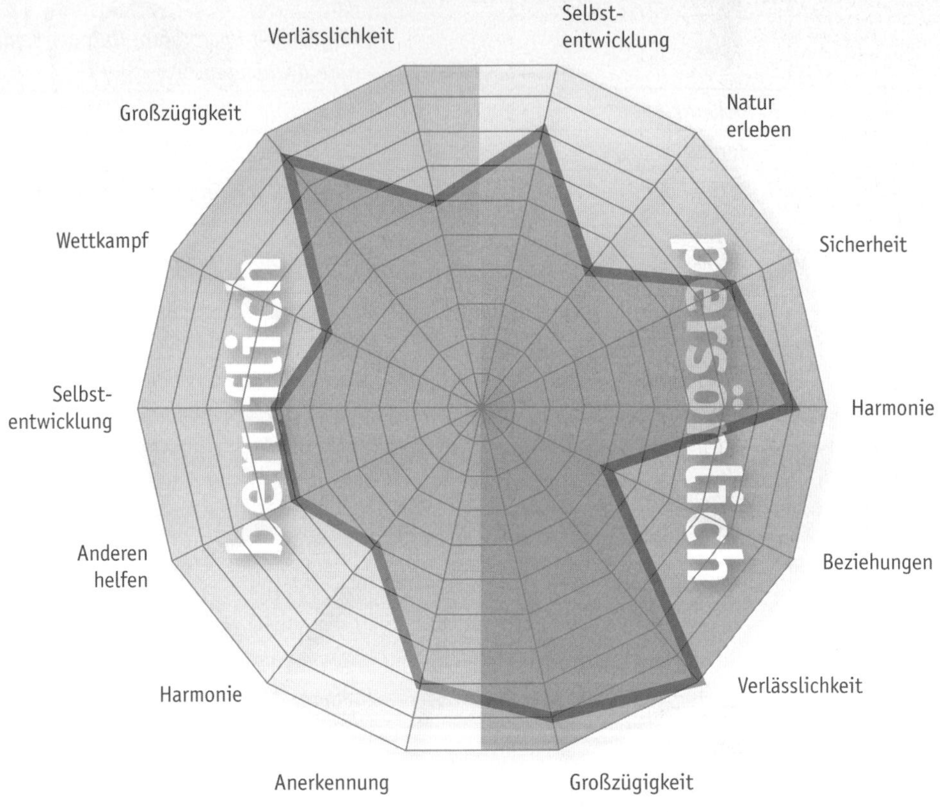

Selbstentwicklung
Verlässlichkeit
Natur erleben
Großzügigkeit
Sicherheit
Wettkampf
Selbstentwicklung
Harmonie
Anderen helfen
Beziehungen
Harmonie
Verlässlichkeit
Anerkennung
Großzügigkeit

beruflich

persönlich

Was lieben Sie?

Wer seinem Beruf mit Leidenschaft nachgeht, kann andere Menschen leicht begeistern. Es macht Freude, mit einem Coach zu arbeiten, der voll in seinem Beruf aufgeht, mit einem Kommunikationstrainer, dessen Herzensanliegen es ist, dass Menschen respekt- und verständnisvoll miteinander umgehen. Wenn er zudem bereits als Kind eine

harmonisierende und verbindende Rolle eingenommen hat, kennt er sicher mehr Tricks als jemand, der sich die entsprechenden Techniken ohne diesen inneren Drang angeeignet hat. Interesse und Leidenschaft verbinden also – nicht nur Sie und Ihre Kunden, sondern auch Sie und Ihren Beruf –, sofern Sie beides miteinander vereinbaren können.

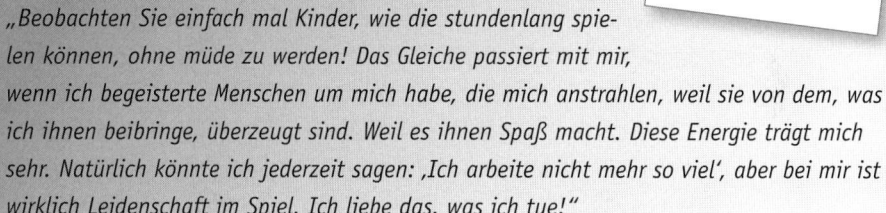

O-Ton

Der schweizer Gedächtnistrainer Gregor Staub über Leidenschaft.

„Beobachten Sie einfach mal Kinder, wie die stundenlang spielen können, ohne müde zu werden! Das Gleiche passiert mit mir, wenn ich begeisterte Menschen um mich habe, die mich anstrahlen, weil sie von dem, was ich ihnen beibringe, überzeugt sind. Weil es ihnen Spaß macht. Diese Energie trägt mich sehr. Natürlich könnte ich jederzeit sagen: ‚Ich arbeite nicht mehr so viel‘, aber bei mir ist wirklich Leidenschaft im Spiel. Ich liebe das, was ich tue!"

Um sich dessen bewusst zu werden, notieren Sie bitte Ihre Antworten auf die folgenden Fragen:

Was sind Ihre Leidenschaften?

- ▶ Was sind Ihre Leidenschaften?
- ▶ Was haben Sie bereits als Kind besonders gerne und intensiv gemacht (Baustellen erobert, Legosteine sortiert, andere Kinder zu Unfug verführt ...)?
- ▶ Bei welchen Tätigkeiten vergessen Sie die Zeit, wann fühlen Sie sich einfach rundum glücklich?
- ▶ Welcher Tätigkeit würde Sie ein Leben lang nachgehen wollen – selbst wenn Sie längst versorgt wären und sich eigentlich zur Ruhe setzen könnten?

Beispiel unseres Bergsportlers

Meine Leidenschaften:

▶ *Klettern und Wandern*
▶ *Radrennen und intensives Training*
▶ *Den anderen beweisen „dass es doch möglich ist"*
▶ *Lesen, mir neues Wissen aneignen*

Was können und wissen Sie?

Was sind Ihre besonderen Kompetenzen?

Die beste Motivation und die größte Leidenschaft nutzen Ihnen wenig, wenn Sie Ihren Trainerjob nicht auch *gut* machen. Das gelingt Ihnen, indem Sie auf Ihre Kompetenzen bauen. Welche besonderen Gaben, Fähigkeiten und Qualitäten haben Sie „mitbekommen" oder erlernt? Auf welche Kenntnisse und Erfahrungen können Sie zurückgreifen? Nutzen Sie diese als berufliche Chancen und setzen Sie sie gezielt ein. Denn Sie vermeiden auf diese Weise unnötigen Energieaufwand, weil Sie keine Schwächen mehr ausgleichen müssen, um mit „natürlichen Stärken" Ihrer Kollegen mitzuhalten. Besinnen Sie sich möglichst auf das, was Sie ohnehin gut können, und bauen Sie das aus.

Natürlich wird es immer Gebiete geben, auf denen wir uns verbessern oder neue Fähigkeiten aneignen können. Vielleicht setzen Sie Ihre fachlichen und persönlichen Kompetenzen mit Bravour ein, doch bereiten Ihnen Dinge wie etwa die Buchhaltung oder die strategische Ausrichtung Ihres Unternehmens Probleme. Sind Ihnen diese „Schwächen" bewusst, können Sie sie ausgleichen, etwa indem Sie sich entsprechende Methoden und Fähigkeiten in einem Seminar aneignen oder bestimmte Arbeiten an Experten auslagern.

Ihr berufliches *Fundament* sollte allerdings auf Ihren *eigenen Stärken* basieren. Wenn wesentliche unternehmerische Fähigkeiten fehlen – etwa der Mut, etwas Neues oder Außergewöhnliches zu wagen, unternehmerisches Handeln, das dicke „Einzelkämpferfell", also ein ge-

ses Maß an Eigenmotivation und Durchhaltevermögen –, dann ist zu überlegen, inwieweit die Tätigkeit als Alleinunternehmer wirklich das Richtige für Sie ist. Denn auch mit Ihrem Finanz- oder Strategieberater müssen Sie auf gleicher Augenhöhe sprechen und in der Lage sein, dessen Rat abzuwägen. Ganz ohne ein Gespür für Chancen und Risiken des Marktes oder für die Zahlen, die Sie erwirtschaften, kann Ihnen Ihr eigenes Unternehmen leicht durch die Finger rinnen. Schauen Sie genau, ob Ihr Fundament stabil genug ist, und ziehen Sie gegebenenfalls Alternativen in Betracht. Für manchen kann es sinnvoller sein, angestellt für ein Weiterbildungsunternehmen zu arbeiten oder mit einem strategischen Partner zu kooperieren, dessen Fähigkeiten die eigenen gut zu ergänzen vermögen (siehe Kapitel *Verbunden sein* ab Seite 115).

Um dies für sich zu klären, hat sich bewährt, die folgenden Fragen möglichst genau zu beantworten:

Überprüfen Sie sich: Was können Sie besonders gut?

▶ Was können Sie besonders gut? Was ist Ihnen bereits als Kind leicht gefallen? Zu welchen Aktivitäten fühlen Sie sich hingezogen? Welche Aktivitäten lernen Sie schnell?
▶ Welche fünf Dinge haben Sie bisher in Ihrem Leben erreicht, auf die Sie besonders stolz sind?
▶ Welche Herausforderungen (beruflich und privat) hatten Sie in Ihrem Leben zu meistern? Wie sind Sie damit umgegangen? Was haben Sie daraus gelernt?
▶ Was sind Ihre spezifischen Interessens- und Wissensgebiete (Oldtimer, Segeln, Frauen im Management etc.)?

Notieren Sie nun Ihre Kompetenzen für die drei Bereiche:
▶ persönlich (was Sie im Miteinander auszeichnet),
▶ fachlich (bezogen auf Ihre Trainer- oder Beratertätigkeit) und
▶ unternehmerisch.

Beispiele von möglichen Stärken sowie eine Auflistung von besonderen Eigenschaften (dargestellt am Beispiel eines Kommunikationstrainers) finden Sie auf den folgenden Seiten:

Ihre Stärken im Miteinander (Beispiele)	Ihre Stärken auf Ihrem Fachgebiet (Beispiele)	Ihre Stärken als Unternehmer (Beispiele)
Einfühlungsvermögen	Projektmanagement	Marktkenntnis
Empathie	Vertriebskenntnis	Strategisches Gespür
Humor	Branchenkenntnis	Analytisches Denken
	Produktkenntnis	Umgang mit Finanzen
Kommunikation		
Provokation	Innovatives Denken und Han-	Strukturiertes Arbeiten
Konfliktfähigkeit	deln	Selbstmotivation
	Systematik	Zeitmanagement
Einsatzbereitschaft	Planen	Zielsetzung
Genauigkeit		
Flexibilität	Führung	Risikobereitschaft
	Teamentwicklung	Urteilsvermögen
Lernfreude	Potenzialermittlung	
Selbstreflexion		Akquise
Belastbarkeit	Präsentation	Networking
Lebenserfahrung	Moderation	Überzeugungskraft
	Führungserfahrung	Geschäftsführererfahrung

Schritt 1: Meine stärksten Fähigkeiten und Qualitäten
(Beispiel des Kommunikationstrainers)

1. Beziehung zu anderen Menschen aufbauen	1. Wissensvermittlung über das eigene Erleben	1. Konzeptionelles Arbeiten
2. Verlässlichkeit	2. Methodenvielfalt	2. Neue Strategien entwickeln
3. Durchhaltevermögen	3. Kommunikation	3. Diese (auch gegen Widerstände) durchsetzen, Überzeugungskraft
4. eigene Überzeugung	4. fundierte Kenntnisse über verschiedenste Persönlichkeitsmodelle	4. Marktgespür und neue Ideen
5. Selbstreflexion	5. Trainingsystematik und hohe Flexibilität in der Umsetzung	5. Keine Angst vor Risiken

Besondere Erfahrungen und Wissensgebiete:

1. Erfahrungen und Kenntnis der Erfolgsfaktoren aus dem Bergsport	1. Alle meine Methoden sind lange mit meinen Teilnehmern erprobt	1. Zehn Jahre erfolgreich selbstständig
2. Zahlreiche Extremsituationen erlebt	2. Seit über 25 Jahren beschäftige ich mich mit dem Thema Kommunikation und zwischenmenschliche Beziehungen	2. Zwei innovative Trainingsmethoden erfolgreich eingeführt
3. ...	3. Anschauliche Praxisbeispiele aus dem Bergsport	3. ...

Schritt 2: Ich markiere nun die Aspekte, bei denen ich erfahrungsgemäß *wesentlich besser* bin als meine Kollegen

Schritt 3: Folgende nach meiner Einschätzung *erfolgskritischen* Eigenschaften fehlen mir oder sind bei mir nur sehr schwach ausgeprägt

		Professionelle Finanz- und Unternehmensplanung fallen mir schwer

Welcher Typ sind Sie?

Welche Eigenschaften beschreiben Sie am besten?

Provokant, harmonisierend, ruhig, liebevoll, introvertiert, extravertiert, teamorientiert, gefühlsbetont, kopfgesteuert, sachlich, intuitiv, analytisch, sinnlich, kreativ, eitel, kritisch, offen, hingebungsvoll, selbstbezogen, typisch männlich, typisch weiblich, aktiv, gelassen, pragmatisch, nüchtern, emotional, aufgeschlossen ...? Es gibt unzählige Attribute, die in ihrer Mischung eine Person einzigartig machen.

Welche sieben Eigenschaften beschreiben *Sie* am besten?

Sie können diese selbst einschätzen oder mithilfe von (den am Markt so zahlreichen) Persönlichkeitstests und -typologien auf strukturierte Weise mehr über Ihre „Eigenarten" erfahren. Sicher kennen Sie das eine oder andere Verfahren bereits oder haben davon gehört.

Drei Typologien, die sich in meiner Arbeit sehr bewährt haben, beschreiben die Persönlichkeit eines Menschen auf unterschiedlichen Ebenen: So bildet der „MBTI" (der Myers-Briggs Typenindikator, benannt nach den Psychologinnen Isabel Briggs Myers und Katherine Cook Briggs) in erster Linie das Verhalten des Menschen selbst ab. Das „Reiss Profil" (das nach dem Motivationsforscher und Psychologen Prof. Dr. Steven Reiss benannte Persönlichkeits- und Motivationsmodell auf Basis 16 grundlegender Lebensmotive) fußt auf den das Verhalten beeinflussenden Grundmotivationen. Und das komplexere „Enneagramm" nach dem Esoteriker Georges I. Gurdjieff (vgl. „Neun Portraits der Seele" von Sandra Maitri) betrachtet die Fundamente der Persönlichkeit, also eine individuelle Prägung aus neun Persönlichkeitsprototypen, die von Geburt an besteht und sich im Laufe des Lebens weiterentwickelt.

Eine der Typologien anzuwenden und für sich zu nutzen, lohnt sich in jedem Fall. Denn so bekommen Sie ein Gespür dafür, wie unterschiedlich Menschen denken und handeln und welche Eigenschaften Sie persönlich charakterisieren. Denn Ihre Persönlichkeitsmerkmale sind wesentlicher Teil dessen, was Sie als Einzelkämpfer in Ihrer Arbeit ausmacht. Sie sind ein Teil Ihres Fingerabdrucks. Kunden und Kollegen wollen entweder jemanden, dessen Denken und Handeln mit dem eigenen übereinstimmt – oder gerade eine Eigenschaft „einkaufen", die sie noch brauchen. In jedem Fall ist zu empfehlen, die eigenen Charak-

teristika offen zu zeigen und bewusst zu nutzen. Sie sind das Salz in der Suppe: So kann ein provokanter Vortragsstil zum Markenzeichen werden, manche Frauen bevorzugen einen weiblich-intuitiven Coach, und der Personalleiter weiß, dass er als Seminarleiter für seine Außen-dienst-Crew einen vertriebserfahrenen, knallharten Analytiker braucht.

Fazit: Tragen Sie Ihre Besonderheiten nach außen, dann wirken Sie authentischer; spielen Sie Ihre natürlichen Stärken aus – und Ihre Kunden wissen gleich, woran sie sind.

Tragen Sie Ihre Besonderheiten nach außen

Ihre persönliche Zugrichtung

Sie wissen, was Sie ausmacht – persönlich, unternehmerisch, als Trainer. Aber was wollen Sie in Zukunft erreichen? Wo stehen Sie gerade mit all Ihren Eigenschaften und Kompetenzen – und wo wollen Sie hin? Vision und Ziele bilden die Zugrichtung für Ihre Kräfte, die in Ihnen stecken. Eine Menge Energie und Potenzial, die Frage ist nur, wie Sie diese konkret einsetzen: In welche Richtung soll es gehen? Wenn Ihnen das nicht klar ist, verzetteln Sie sich möglicherweise, Sie nehmen Aufträge an, die Sie nicht voranbringen, oder vergeuden Zeit und Kraft mit unwesentlichen Dingen. Ein häufiges Phänomen, das jeden Dritten trifft, wie die Studie zeigt, aber dagegen lässt sich etwas unternehmen.

Um eine Richtung zu bestimmen, sind immer zwei Bezugspunkte nötig: der aktuelle Standort und der Zielpunkt. Also beginnen wir mit der Momentaufnahme Ihrer aktuellen Situation. Im nächsten Schritt geht es um Ihre Lebensvorstellung in weiterer Zukunft, Ihre Vision. Aus dieser werden schließlich langfristige wie kurzfristige Ziele abgeleitet, die konkret und realistisch beschreiben, was Sie bis wann erreicht haben wollen.

Aktuelle Situation

Erfassen Sie möglichst intuitiv Ihre aktuelle Lage

Ihre aktuelle Situation

Hierzu setzen Sie eine Kreativtechnik ein und malen ein Bild Ihrer derzeitigen Situation. Nehmen Sie sich hierfür ca. 20 Minuten Zeit. Sie können Ihre berufliche und private Situation in einem oder in zwei Bildern malen. Kümmern Sie sich nicht darum, ob Sie sich für einen guten Zeichner halten oder nicht. Schließlich sollen Sie hier keinen Preis gewinnen. Es kommt vor allem darauf an, dass Sie Ihre Gedanken und Gefühle in eine Bildsprache übertragen.

Notieren Sie anschließend stichpunktartig Ihre Ideen zu folgenden vier Punkten:

▶ Ihre besonderen Fähigkeiten
▶ Ihre wichtigsten Erfahrungen
▶ Verborgene Ziele und Wünsche
▶ Ihre bisher ungenutzten Ressourcen (Kompetenzen, Erfahrungen, Qualitäten, Kontakte, Finanzen etc.)

Meine besonderen Fähigkeiten:

▶ Durchsetzungsvermögen, gepaart mit Empathie und Kommunikationsgeschick
▶ hohe Risikobereitschaft
▶ andere mit Ideen „infizieren"

Meine wichtigsten Erfahrungen:

▶ immer wieder musste ich neu anfangen, mich neu beweisen
▶ zehn Jahre eigene Führungserfahrung

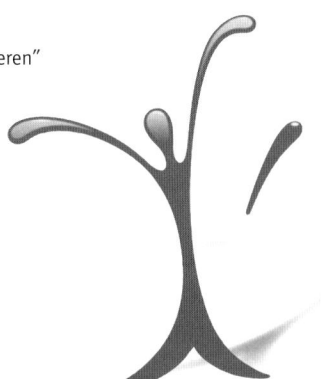

Verborgene Ziele und Wünsche:

▶ andere Frauen in ihre Kraft bringen
▶ mich stärker mit anderen vernetzen
▶ ein eigenes Segelboot besitzen

Bislang ungenutzte Ressourcen:

▶ meine Stärken als Frau
▶ mein Wissen und meine Erfahrungen über die Herausforderungen von Frauen in Führungspositionen

Vergleichen Sie nun Ihre Notizen mit dem Bild

▶ Was fällt Ihnen auf? Wie passen Notizen und Bild zusammen?
▶ Wie sieht das Gesamtbild Ihrer Situation aus?
▶ Welche Ideen oder Erkenntnisse haben Sie?

Immer wieder erlebe ich, dass mit dieser Technik ganz neue Facetten bewusst werden. Das spontan gezeichnete Bild einer Klientin brachte sie auf die Idee, dass sie ihre Erfahrungen als dreifache Mutter in ihrer Arbeit nutzen könnte. Später entschied sie sich, spezielle Konflikttrainings für Eltern anzubieten. Bei dem im Bild beschriebenen Beispiel wurden der Klientin ihre Stärken und das Bedürfnis klar, speziell mit Frauen zu arbeiten. Der visuelle und kreative Aspekt hilft, Verborgenes zu entdecken und einen neuen Blickwinkel auf Bekanntes zu erhalten.

Vision

Ihre Wunschsituation

Stellen Sie sich nun vor, Sie dürften sich alles wünschen – und all Ihre Wünsche gingen in Erfüllung. Was täten Sie dann, und was hätten Sie erreicht? Hier geht es um Ihr großes Ziel im Leben, um Ihre Vision.

Was ist Ihre private, was Ihre berufliche Vision? Träumen Sie hier ruhig mal und lassen Sie alle inneren und äußeren Begrenzungen los. Eine Vision liefert Ihnen innere Ausrichtung – und immense Kraft. Sie ist Ihr Zugpferd.

Wenn Sie Ihre Vision noch nicht kennen, gehen Sie einfach mal auf (Visions-)Entdeckungsreise:

Visionsreise

1) Nehmen Sie sich etwas Zeit. Setzen oder legen Sie sich bequem an einen ruhigen Ort. Entspannen Sie sich mit einigen tiefen Atemzügen. Schließen Sie die Augen und lassen Sie Ihre alltäglichen Gedanken los. Reisen Sie nun gedanklich in die Zukunft – schauen Sie, wie weit Sie kommen: 7 Jahre, 10 Jahre, 15 Jahre ...
2) Verweilen Sie dort, tauchen Sie einfach ab und nehmen Sie wahr,
   – wo Sie sind,
   – was Sie sehen und hören,
   – was Sie riechen oder schmecken,
   – welche Gefühle auftauchen,
   – was Sie tun,
   – welche Menschen Sie umgeben oder ob Sie alleine sind,
   – was Sie alles erreicht haben.
3) Kosten Sie dieses innere Erleben so richtig aus.
4) Erscheint Ihnen für diese Situation ein Symbol, ein Bild oder ein Wort?

5) Nehmen Sie es aus Ihrer Visionsreise mit und kehren Sie langsam zurück in den Raum, in dem Sie sich hier und jetzt befinden.

6) Verankern Sie das Symbol oder den Begriff Ihrer Vision in Ihrem Alltag, zum Beispiel mit einer Postkarte am Kühlschrank, einer Muschel in Ihrem Portemonnaie, als Bildschirmschoner ...

Hier eine Vision am Beispiel des Kommunikationstrainers:
„Ich stehe auf einem Berggipfel, sehe die Sonne aufgehen und spüre, wie ich voll in dem Moment aufgehe. Mein Kletterpartner ist in der Nähe, und doch gehört dieser wunderschöne Moment nur mir. Zwei Tage haben wir gebraucht, um diese Wand zu ersteigen. Es gab für jeden von uns Momente, an denen wir nur noch umkehren wollten. Trotzdem haben wir es immer wieder geschafft, den anderen zu motivieren, aufzufangen und zum Weitermachen zu bewegen. Trotz der Erschöpfung bin ich rundum glücklich und euphorisiert von dem Erfolg. In Gedanken teile ich das wunderschöne Bild mit meiner Familie. Genau diese Erlebnisse sind das, was ich auch in meinen Seminaren vermittle, ich infiziere sie mit dem Gefühl des Gipfelstürmers und lasse sie Extremsituationen erleben. Diese Erfahrung verändert sie zutiefst. In 10 Jahren mache ich die Hälfte meiner Seminare und Coachings direkt in den Bergen.“

Von der Vision zum Ziel

Die höchste Vision bringt allerdings nichts, wenn Sie ihre Energie nicht auch auf den Boden der Gegenwart bringen. Entscheidend ist, dass Sie die Kraft Ihrer Vision in den Alltag mitnehmen und als konkrete und realistische Ziele formulieren. So erhalten Ihre Ziele nicht nur quantitative Aspekte (die viele Menschen nur bedingt anspornen), sondern auch motivierende qualitative Aspekte wie das *Gefühl*, beispielsweise mit der Partnerin ein Wochenende auf dem Segelboot zu verbringen, Wind und Wellen zu spüren.

Formulieren Sie herausfordernde und gleichzeitig realistische Ziele

Ziele sind wie ein Gummiband: Sind sie zu hoch, dann spannt es unangenehm und reißt. Ist es zu niedrig, hat es keine Zugkraft und labbert vor sich hin. Wählen Sie also Ziele mit einer angenehmen Spannung: Es sollte besonders attraktiv, belohnend und herausfordernd sein – darf Sie aber nicht überfordern. So konkret Ziele bekanntlich sein sollten, so wenig Sinn machen sie, wenn sie nicht mit qualitativen Faktoren, insbesondere mit Gefühlen verbunden sind.

Quantitative und qualitative Ziele

Während Ihnen die quantitativen, messbaren Aspekte Ihrer Ziele ermöglichen zu überprüfen, wie weit Sie Ihre Ziele erreicht haben oder ob Sie sich ihnen überhaupt nähern, sind die qualitativen Aspekte Ihrer Ziele meist jene, auf die es wirklich ankommt, denn Sie vermitteln Ihnen die Freiheit, Ihre Ziele flexibel anzupassen.

Ein Beispiel: In sieben Jahren wollen Sie ein eigenes Segelboot an der Ostsee haben. Das Gefühl dahinter ist, dass Sie sich finanziell sicher fühlen, Ihre Freizeit frei gestalten können, häufig Meer und Wind spüren. Wenn Sie sich nun nur auf das hinter dem Ziel liegende Gefühl fokussieren, eröffnen sich zahlreiche neue Möglichkeiten, zu diesem Gefühl zu gelangen – auch wenn Sie beispielsweise nach Süddeutschland ziehen mussten und den Traum vom Boot nicht realisieren konnten, oder wenn Sie einen Teil Ihres Geldes in Aktiengeschäften verloren haben. Sie beziehen eine kleinere, gemütliche Wohnung, verzichten auf das zweite Auto und fliegen alle sechs Monate für eine Woche zum Segeln auf die Kanaren. Sie sehen, Ihre qualitativen Ziele können Sie also auch über Alternativen erreichen (auch wenn das mit den quantitativen nicht mehr der Fall ist). Und diese sind es letztlich, die Sie glücklich machen.

Private und berufliche Ziele

Haben Sie Ihre privaten Ziele definiert, können Sie daraus die beruflichen ableiten:

▶ Welche persönlichen Werte und Visionen verwirklichen Sie in Ihrer Berufstätigkeit?
▶ Welchen persönlichen Vorteil ziehen Sie aus Ihrem Beruf?
▶ Wie viel Geld brauchen Sie, um Ihr persönliches Lebensmodell zu realisieren?
▶ Welchen Gewinn müssen Sie dafür erwirtschaften?
▶ Wie viel müssen Sie sparen?

An dieser Stelle sollten Sie lediglich Ihre groben, langfristigen Ziele festhalten, die Sie im Privaten wie im Beruflichen haben. Im Kapitel *Klug sein* (auf Seite 65) geht es dann um die regelmäßige Zielplanung, die hauptsächlich auf Ihr Geschäft ausgerichtet ist (aber natürlich auch immer persönliche Aspekte enthält).

Was wollen Sie in sieben bis zehn Jahren erreicht haben? Bitte legen
Sie ein konkretes Jahr fest, das Ihnen passend erscheint. Dazu können
Sie sich eine Matrix anlegen wie die folgende Tabelle:

	Quantitative Ziele	**Qualitative Ziele**
Privat	*Ich habe mein eigenes Haus im Grünen.* *Ich habe mein Idealgewicht von x Kilogramm und laufe Marathon.* *Ich mache 6 Wochen Urlaub im Jahr und habe 80 Prozent meiner Wochenenden frei.* *Ich unternehme einmal jährlich alleine eine 14-tägige Bergtour.* *Ich habe ein Vermögen/eine Altersvorsorge von 500.000 Euro.*	*Ich fühle mich wohl in meinem Zuhause, habe eine Oase zum Auftanken.* *Ich fühle mich gesund, fit und wohl in meinem Körper.* *Ich fühle mich finanziell abgesichert und kann meine Freizeit frei gestalten.* *Ich fühle mich frei, mir berufliche Freiräume zu schaffen, die ich brauche.* *Ich fühle mich frei, Dinge zu verfolgen, die mir wichtig sind.*
Beruflich	*Ich mache einen Gewinn von 150.000 Euro im Jahr.* *Ich bin gefragter Experte auf meinem Gebiet; die Kunden kommen eigenständig auf mich zu.* *Ich habe zwei Bücher veröffentlicht.* *Ich habe ein gut funktionierendes Team aus vier Dienstleistern und drei freien Trainern, das mein Seminarkonzept durchführt.*	*Ich arbeite, weil mir die Arbeit Spaß macht und ich etwas bewegen kann.* *Das Geld fließt mir „glücklicherweise" zu.* *Ich gebe mein Wissen und meine Erfahrungen an andere weiter.*

O-Ton

Coach und Organisationsberaterin Dr. Petra Bock erklärt, warum wir uns unsere Kunden ruhig mutiger aussuchen sollten.

„Ich bin davon überzeugt, dass eine gute Kundenbeziehung eine Form von optimalem Energieaustausch bringt. Man gibt eine Menge, bekommt aber auch eine ganze Menge zurück. Nicht nur, was die Bezahlung betrifft. Genauso wichtig ist es, dass man ein Gefühl von gegenseitiger Wertschätzung und Freude bei der Zusammenarbeit mit Kunden und Klienten hat. Das ist kein einseitiger Gebe-Prozess unsererseits. Ich glaube, wir Trainer und Coachs dürfen uns unsere Kunden ruhig mutiger aussuchen. Und wir dürfen uns dafür einsetzen, dass eine Zusammenarbeit auf vielen Ebenen ein Gewinn für beide Seiten ist und uns auch als Persönlichkeit erfüllt. Wir sprechen in Deutschland so oft vom Kunden als König. Und was die Aspekte Service und Qualität betrifft, finde ich das auch richtig. Aber wir dürfen uns nicht unter Wert verkaufen und unsere Ressourcen schonungslos ausbeuten. Denn wenn eine Kundenbeziehung zu einer dauerhaften Energiefalle wird, schadet sie uns mehr, als sie nützt. Dann ist es manchmal sinnvoller, einen Auftrag von diesem Kunden an einen Kollegen abzugeben oder ein Grundsatzgespräch zu suchen und einen Richtungswechsel hin zu Freude und Spaß bei der Zusammenarbeit zu unternehmen. Denn sonst wird selbst eine echte Berufung zur Belastung.“

Talente & Co. ertragreich einsetzen

Nun lautet die entscheidende Frage: Wie können Sie Ihre eigenen Ressourcen optimal einsetzen, um Ihre Ziele zu erreichen und Ihre Visionen zu verwirklichen – und welche Rahmenbedingung brauchen Sie dafür?

Ihr Ressourcenpool

Motivation und Leidenschaften reichen ebenso wenig aus, um ein erfolgreiches Geschäft aufzubauen, wie ausschließlich das fachliche Know-how. Erst, wenn Sie die Schnittmenge zu Ihren besonderen Kompetenzen und Erfahrungen, Werten und Motiven sowie Leidenschaften ermitteln, haben Sie das Spielfeld Ihrer Berufung eingekreist. Überprüfen Sie für sich:

Die Schnittmenge macht´s

▶ Welche Schnittmenge der drei Bereiche sehen Sie bei sich?
▶ Welche Ideen kommen Ihnen?

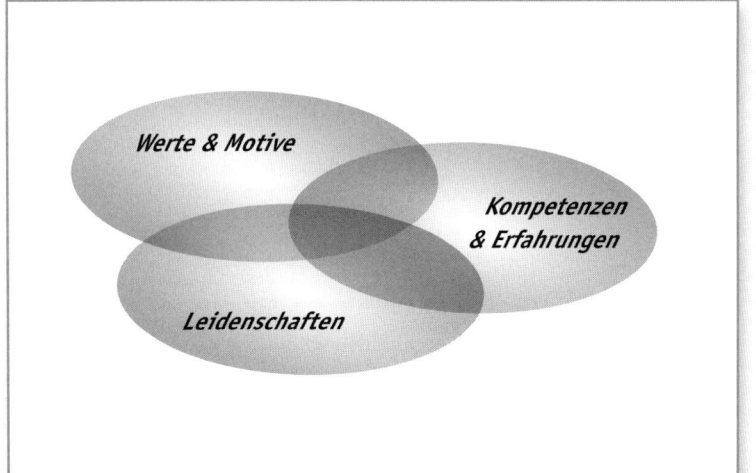

Alternativ können Sie auch Ihre jeweils sieben größten Stärken, Leidenschaften und Persönlichkeitsmerkmale auf Moderationskarten schreiben und sie in verschiedenen Varianten kombinieren: Welche Querverbindungen können Sie ziehen? Aus welchen Kombinationen können Sie (neue) Dienstleistungen oder Tätigkeiten entwickeln?

Für unseren sportbegeisterten Kommunikationstrainer ist die Schnittmenge groß: Seine Leidenschaft und Erfahrungen des Bergsteigens kann er auf menschliche Beziehungen und Kommunikation übertragen. Seine Werte Verlässlichkeit, Wettkampf, Selbstentwicklung etc. entsprechen sehr stark den Erfolgsfaktoren dieses Sports und seines Tätigkeitsfelds. Wenn er es nun noch schafft, Outdoor-Seminare zu etablieren, kann er auch seinen persönlichen Wert „Natur erleben" wesentlich stärker in seinen Traineralltag integrieren.

Nutzen Sie derzeit die Schnittmenge Ihrer Ressourcen? Dieses Vorgehen eignet sich ebenfalls dafür, Ihre derzeitige Tätigkeit zu überprüfen – indem Sie sie durch die folgenden Fragestellungen ergänzen:

- ▶ Nutzen Sie Ihre Schnittmenge aus den drei Bereichen?
- ▶ Welche Ressourcen können Sie stärker einsetzen?
- ▶ Was können Sie verbessern?
- ▶ Welche weiteren (externen) Ressourcen können Sie nutzen, um Ihre Ziele zu erreichen?

Ihre optimalen Arbeitsbedingungen

Welche Rahmenbedingungen benötigen Sie? Unter welchen Arbeitsbedingungen erzielen Sie Höchstleistungen? Um nun Ihre Arbeitsumgebung (sofern möglich) optimal zu gestalten, sollten Sie sich bewusst machen, welche Rahmenbedingungen Sie dringend benötigen und was Ihnen gut tut.

Legen Sie hier den optimalen Rahmen für Ihre Arbeit fest – und schaffen Sie damit die Basis, um Ihr Potenzial im Alltag voll auszunutzen!

- ▶ In welchen Situationen sind Sie bislang zu Höchstleistungen aufgelaufen? Wie können Sie sich die damaligen Rahmenbedingungen dauerhaft schaffen? In welcher Arbeitsatmosphäre arbeiten Sie besonders gerne und gut? Brauchen Sie eher Ruhe oder Abwechslung?

▶ Welche Infrastruktur ist Ihnen wichtig?

▶ Zu welchen Tageszeiten arbeiten Sie am besten? Was sind Ihre optimalen Arbeitseinheiten und -zeiten, was Ihre optimalen Pauseneinheiten und -zeiten?

▶ Wie verbringen Sie Ihre Pausen am effektivsten, mit Entspannung/Meditation, Bewegung/Sport, Ruhe, Einkaufsbummel, alleine/mit anderen?

▶ Wie ist Ihr optimales Verhältnis verteilt zwischen
  – Arbeitszeit (Wochenstunden/Blöcke, Strategiearbeit, Arbeit mit Kunden)
  – Freizeit (Feierabend, Wochenenden, freie Stunden am Tag)
  – Urlaub (Jahresurlaub, Abstand und Dauer der Urlaube)

▶ Diese Rahmenbedingungen sind für Sie außerdem wichtig:

Fünf Tipps für bessere Arbeitsbedingungen

▶ Nehmen Sie Ihre Rahmenbedingungen in Ihr Angebot auf, zum Beispiel dass Sie ab einer Entfernung von 150 km immer am Vorabend des Seminars anreisen und für konkretes Arbeitsmaterial gesorgt sein muss.

▶ Planen Sie pro Stunde fünf Minuten Bewegungspause ein – sei es am Bürotag oder im Seminar, indem Sie entsprechende Übungen mit den Teilnehmern einbauen oder sich mehr am Flipchart/der Moderationswand bewegen.

▶ Bewegen Sie sich ein- bis zweimal täglich 30 Minuten – dies kann eine Einheit auf dem Fitnessrad im Hotel, die Joggingrunde am Abend, der Verzicht auf das Taxi oder ein Spaziergang in der Mittagspause sein.

▶ Stellen Sie zweimal wöchentlich zwei Stunden am Tag das Telefon leise, und rufen Sie keine E-Mails ab.

▶ Erledigen Sie jede Woche eine Sache, die Sie in Ihrem Arbeitsumfeld unnötig Nerven kostet wie die unsortierte Ablage Ihrer E-Mails.

Der Reiz des Neuen – und nun?

Eine neue Idee überprüfen – per Schnell-Check

Nun haben Sie ein authentisches Bild von sich, wissen, wo Sie hinwollen und wie Sie Ihren Weg dorthin finden. Aber was machen Sie, wenn Ihnen eine neue Idee kommt, die nicht in Ihr bisheriges Konzept zu passen scheint? Wie können Sie Ihrer Intuition und neuen Impulsen folgen, ohne sich dabei zu verzetteln? Indem Sie auf Ihre innere Stimme hören – und gleichzeitig die unternehmerische und emotionale Seite dieser Option überprüfen. Im Folgenden lernen Sie zwei Methoden zur Überprüfung kennen: den *Schnell-Check für neue Ideen* und die *Landkarte*. Weitere Anregungen finden Sie im Kapitel *Furchtlos sein* (ab Seite 173).

Schnell-Check für neue Ideen

Anhand des folgenden Fragenkatalogs können Sie eine neue Idee zügig überprüfen, lohnt es sich, sie weiter zu verfolgen oder sollten Sie sich besser wieder von ihr trennen, zumindest vorläufig?

- ▶ Entspricht das Projekt meinen Werten und meinen Motivatoren – oder erliege ich schlichtweg dem Reiz des Neuen?
- ▶ Brenne ich für dieses Thema? Würde ich dafür alles andere stehen und liegen lassen?
- ▶ Entspricht die Idee meinen Fähigkeiten? Kann ich ausreichend kompetent auftreten oder mir in einem realistischen Zeitrahmen entsprechende Fähigkeiten aneignen?
- ▶ Wie kann ich meine Kenntnisse und Erfahrungen einsetzen?
- ▶ Lässt sich das neue Projekt in einem Arbeitsumfeld realisieren, in dem ich gute Leistung erzielen kann?
- ▶ Ist es mit meiner Vision verbunden?
- ▶ Komme ich damit meinen qualitativen und/oder quantitativen, beruflichen/privaten Zielen näher? Will und kann ich meine Ziele der neuen Idee sinnvoll anpassen?

Die Landkarte:
Alle Aspekte und Auswirkungen im Blick

Neue Ideen können faszinieren, infizieren und verlocken, sie bieten Chancen – bergen aber auch das Risiko, seine Energie zu vergeuden oder wichtige Ziele zu vernachlässigen. Wer die entscheidenden Aspekte im Auge behält, wird schnell zwischen hinderlicher Verlockung und echtem Potenzial unterscheiden können ...

Üblicherweise richtet jeder – je nach persönlicher oder professioneller Ausrichtung – sein Augenmerk beim Betrachten einer Idee oder Situation auf einen bestimmten Punkt. So betrachtet der klassische Präsentationstrainer vornehmlich das Verhalten einer Person und der klassische Schulmediziner den körperlichen Aspekt – beide nehmen also das Äußere einer Person ins Visier. Der Psychotherapeut richtet seinen Blick in erster Linie auf individuelle innere Prozesse des Menschen wie Ängste, Gedanken und gespeicherte Erinnerungen. Der systemische Coach betrachtet vorwiegend das „systemische Umfeld", also die soziale Umgebung seiner Klienten, und arbeitet damit. Der klassische Unternehmensberater analysiert vor allem das offensichtliche (Unternehmens-)Umfeld wie Strukturen, Abläufe und Finanzen.

Betrachten Sie potenzielle Chancen aus unterschiedlichen Perspektiven

Die Gefahr liegt auf der Hand: Wer eine Situation einseitig beleuchtet, lässt zu schnell andere, vielleicht entscheidende Aspekte außer Acht.

Vergegenwärtigen Sie sich daher immer alle vier Perspektiven:
▶ das Innere (nicht sichtbare) *und*
▶ das Äußere (sichtbare),
▶ das Individuelle *und*
▶ das Gemeinschaftliche/Umgebende
– sowie die jeweiligen Wechselwirkungen. So haben Sie alle wichtigen Faktoren im Blick.

Lernen Sie im Folgenden eine bewährte Visualisierungshilfe kennen: Die Landkarte einer Situation (oder einer neuen Idee).

	Innerlich (nicht sicht- oder messbar)	**Äußerlich** (sicht- oder messbar)
Individuell „Ich"	**Wer bin ich?** **Was will ich?** ▶ Werte ▶ Vision, Ziele ▶ Gedanken ▶ Bedürfnisse, Gefühle ▶ Glaube	**Wie wirke ich?** **Wie verhalte ich mich?** ▶ Wirkung und Signale ▶ Körper, Verhalten ▶ Energie, Gesundheit ▶ Kommunikation ▶ Wissen, Kompetenzen

Kollektiv
„Wir"
	Wie wurde ich, was ich bin?
	Wie soll das Miteinander sein?
	
	▶ Unternehmenshistorie
	▶ persönlicher/familiärer
	  Hintergrund
	▶ Interessen des Miteinanders
	▶ kulturelle Normen
	▶ gemeinsame Vision, Werte
		Wie lebe und arbeite ich?
		Wo will ich hin?
		
		▶ Berufs- und Familiensituation
		▶ Umfeld (Arbeitsplatz, Wohnung,
		  Natur)
		▶ Strukturen, Prozesse
		▶ Finanzen
		▶ Wachstum

Die Landkarte
einer Situation

Dieses Modell entstammt dem Integralen Ansatz des Mitbegründers und US-amerikanischen Philosophen Ken Wilber. Sie wird auch als „Landkarte" bezeichnet, denn auf diese Weise können Sie sich selbst in komplexen Situationen schnell einen Überblick über Ihre Situation oder eine neue Geschäftsidee verschaffen und abschätzen, welche anderen Bereiche betroffen sind, wenn Sie beispielsweise ein langfristiges Projekt mit mehr Reisetätigkeit annehmen.

Mit der „Landkarte einer Situation" haben Sie ein universelles Instrument, das Ihnen bei jeglicher Art der Reflexion helfen kann: von der Gestaltung Ihres Trainings über das Erfassen einer Problemsituation bis hin zur Entscheidungsfindung – egal, ob sich die Matrix auf ein Unternehmen oder auf Sie als Einzelperson bezieht.

Nehmen wir einmal an, der Bergsteiger überprüft die Option, Outdoor-Seminare anzubieten. Folgendermaßen würde er die wichtigsten Aspekte der Situation erfassen.

	Innerlich (nicht sicht- oder messbar)	**Äußerlich** (sicht- oder messbar)
Individuell „Ich"	**Wer bin ich?** **Was will ich?** ▶ *Meiner Vision komme ich damit näher.* ▶ *Es wäre für mich ein wesentlicher Schritt, um mich selber noch mehr zu verwirklichen.* ▶ *Ich bin extrem motiviert.* ▶ *Ich habe Bedenken, dass mich die aufwendige Organisation, Finanzplanung und das Marketing nerven werden.* ▶ *Nichtsdestotrotz bin ich zuversichtlich: Ich habe immer alles erreicht, was ich wollte.*	**Wie wirke ich?** **Wie verhalte ich mich?** ▶ *Mehr Bewegung und Naturerleben würde mir mehr Energie im Alltag verschaffen.* ▶ *Höherer Zeitaufwand (gerade zu Beginn) zusätzlich zum bestehenden Tagesgeschäft könnte mich ausbrennen.* ▶ *Wissen und Kompetenzen passen perfekt. Ich wäre voll in meinem Element.*
Kollektiv „Wir"	**Wie wurde ich, was ich bin?** **Wie soll das Miteinander sein?** ▶ *Die Intensität des Miteinanders im Training wäre enorm erhöht.* ▶ *Für meine bisherigen Auftraggeber kamen Outdoor-Trainings kaum in Frage.*	**Wie lebe und arbeite ich?** **Wo will ich hin?** ▶ *Den Aspekt Natur könnte ich optimal in meinen Beruf integrieren.* ▶ *Kritisch könnte sein, dass ich häufiger und länger von meiner Familie weg bin.* ▶ *Die Organisation von Outdoor-Seminaren ist sehr aufwendig und kostet viel Zeit. Hier müsste ich ein Organisationsteam aufbauen.* ▶ *Ich kann noch nicht abschätzen, ob das Geschäft lukrativ wäre und welche Umsätze ich erreichen müsste.*

Im nächsten Kapitel erfahren Sie, wie Sie mit diesem klaren Blick professionell und klug Ihren eigenen Weg gehen und wie Sie die kleinen und großen Schritte festlegen.

Literaturtipps

► Hendrik Backerra/Gerhard Huhn: „Selbstmotivation. FLOW – statt Stress oder Langeweile". Hanser, 2007.
► Richard N. Bolles: „Durchstarten zum Traumjob. Das ultimative Handbuch für Ein-, Um- und Aufsteiger". Campus, 2002.
► Sylvia Englert: „Das ist mein Job. Selbstständigkeit oder Festanstellung, Teilzeit oder Zeitarbeit. So finden Sie Ihr persönliches Jobmodell". Econ, 2003.
► Nadine Hamburger: „Was Deutschlands Trainer bewegt. Erste deutschsprachige Studie zu den Herausforderungen des Trainerberufs". managerSeminare, 2008.
► Harriet Rubin: „Soloing. Die Macht des Glaubens an sich selbst". Fischer, 2003.
► Ken Wilber: „Ganzheitlich handeln. Eine integrale Vision für Wirtschaft, Politik, Wissenschaft und Spiritualität". Arbor, 2001.

Erfolgsfaktor 2: Klug sein

Was den Erfolg ausmacht ...

▶ Sie stellen Ihren Beruf auf ein festes unternehmerisches Fundament: das nüchtern kalkulierte Geschäftsmodell.

▶ Sie denken und handeln mit klarem Blick auf Ihre persönlichen und unternehmerischen Ziele und überprüfen sie regelmäßig.

▶ Sie gehen sicher und selbstbewusst mit Geld um und meistern die eigene Kalkulation ebenso wie Honorarverhandlungen mit Kunden.

An sich liegt es auf der Hand: Fachkompetenz, Berufung und Vision nutzen in der Selbstständigkeit wenig ohne ein unternehmerisches Fundament, also ein vernünftig kalkuliertes Geschäftsmodell und dessen wirtschaftliche Umsetzung. Die beste Voraussetzung für ein erfolgreiches Weiterbildungsunternehmen ist sicher zunächst, ein guter Berater oder Coach zu sein. Doch sollte man sich nicht täuschen lassen: Wer etwas gut kann und gerne macht, ist nicht automatisch auch sofort ein guter Unternehmer, der das verkauft, was er gut kann oder gerne macht. Unternehmertum ist den wenigsten in die Wiege gelegt – das gilt auch für Trainer. Allzu oft vernachlässigen sie diesen tragenden Unterbau ihres Geschäfts und haben darunter zu leiden. Die Ergebnisse der Trainerbefragung (2007) zeigen auch hier eindrucksvoll, wie sehr die Trainer an genau dieser Stelle der Schuh drückt (s. Studie „Was Deutschlands Trainer bewegt"):

Ein guter Trainer ist nicht automatisch auch ein guter Unternehmer

▶ Nur jeder zweite Trainer verfolgt konsequent sein Marketing.

▶ Etwa drei von vier Trainer empfinden Wettbewerb und Preiskampf als ausgesprochen hart und knapp 60 Prozent aller Befragten beunruhigen Auftragsflauten.

▶ Jeder Vierte beschäftigt sich mit vielen Aufgaben, die eigentlich nicht seinen Stärken entsprechen.

▶ Jeder zweite Trainer fühlt sich in Honorarverhandlungen unwohl.

▶ Noch nicht einmal jeder Dritte behauptet von sich, seinen Kunden in Akquisegesprächen auf gleicher Augenhöhe zu begegnen.

▶ Und beinahe jeder Dritte hat das Gefühl, sich zu verzetteln und nicht seine eigenen Ziele zu verfolgen.

Tatsächlich sind selbst starke Trainer allzu häufig schwache Unternehmer – und das hat knallharte (nicht nur finanzielle!) Folgen. Denn auch das belegen die Studienergebnisse, kaum etwas ist so entscheidend für die Höhe des erzielten Trainerhonorars wie konsequentes Marketing und eine klare unternehmerische Ausrichtung:

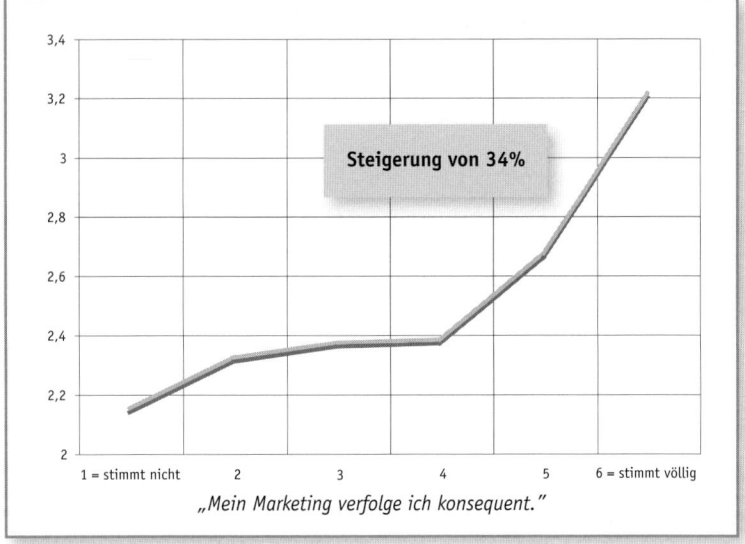

Betrachtung des Einflusses von konsequentem Marketing auf den durchschn. Tagessatz. Je größer der Mittelwert, desto höher ist die Zustimmung zu der Aussage bzw. der Tagessatz.

Wer unternehmerisches Handeln erlernt – und dadurch Berufung und Geschäft in Einklang bringt und bewusst in seinen Alltag integriert –, spürt die Vorteile unmittelbar: Wenn der Kunde plötzlich ohne Bedingungen zu stellen den Auftrag erteilt. Wenn Sie Ihre Ressourcen klar und fokussiert auf die eigenen Ziele verwenden und es sich leisten können, auch mal „Nein" zu sagen. Wenn die Akquise entspannt abläuft, weil Sie sich mit Ihrem potenziellen Kunden auf Augenhöhe unterhalten, statt sich wie ein Bittsteller zu fühlen. Wenn mit dem richtigen

Handwerkszeug auch das lästige Controlling auf einmal leicht von der Hand geht.

Stellen wir uns daher die Frage: Was macht einen guten Unternehmer eigentlich aus? Welche Eigenschaften braucht der selbstständig arbeitende Trainer? Machen Sie hier Ihre Unternehmer-Bestandsaufnahme. Für jede der folgenden zehn typischen Eigenschaften finden Sie gleich ein paar Tipps zur schnellen Umsetzung sowie Hinweise auf die Buchkapitel, in denen Sie detaillierte Anleitungen zu deren Bearbeitung erhalten. Die beiden wichtigsten Themenkomplexe zum Unternehmertum finden Sie gleich in diesem Kapitel: Der Abschnitt *So entwickeln Sie Ihr unternehmerisches Fundament* (ab Seite 81) liefert Ihnen praktikable Vorlagen und Anweisungen für eine schlanke strategische Planung. Im anschließenden Abschnitt *Geld macht glücklich – Ihre Einstellung zu Geld* (ab Seite 94) erhalten Sie die wichtigsten Tipps und Tricks für einen pragmatischen Umgang mit den Finanzen.

Machen Sie Ihre Unternehmer-Bestandsaufnahme

Zehn Markenzeichen guter Unternehmer

Was Einzelunternehmer auszeichnet

Hier die zehn wichtigsten Denk- und Handlungsweisen erfolgreicher Unternehmer im Trainerberuf – und erste Tipps, um sie zu kultivieren. Sie sind im Wesentlichen auf die Mehrheit der Leserschaft (also Einzelunternehmer) ausgerichtet, sie erschließen sich aus jahrelanger Erfahrung im Trainermarkt und zahlreichen Interviews mit erfolgreichen Trainerpersönlichkeiten und spiegeln sich schlussendlich auch in den eigenen Studienergebnissen wider. Die ersten fünf Markenzeichen kennzeichnen unternehmerisches Denken und Handeln, dann folgen zwei zum Auftreten nach außen, und die letzten drei Markenzeichen charakterisieren die innere Einstellung des guten Unternehmers.

Sie fragen sich vielleicht, welches nun die wichtigsten sind. Diese Frage lässt sich nicht pauschal beantworten. Je nach Ihrem Marktsegment, Ihrer Unternehmensstrategie, Ihrer Arbeitsweise und Ihrem Geschäftsmodell sind die einzelnen Elemente unterschiedlich bedeutend. Sie sollten wie so oft auch hier auf Ihre Stärken bauen. Weitere unternehmerische Fähigkeiten, die Ihnen nicht so sehr liegen, lassen sich durchaus erlernen oder trainieren (etwa über die *Sofort-Tipps* oder mithilfe der Querverweise auf weitere Buchkapitel) – andere schlichtweg kompensieren, indem Sie beispielsweise benötigte Fähigkeiten als externe Dienstleistung „einkaufen" oder eine „symbiotische" Kooperation eingehen, in der zwar eine gewisse Abhängigkeit entsteht, bei der Sie sich aber hinsichtlich Ihrer Fähigkeiten mit Ihrem Partner optimal ergänzen.

1. Gute Unternehmer sind Spürhunde

Gute Unternehmer wittern ein Geschäft 100 Meter gegen den Wind, denn sie wissen: Neue Aufträge sind das Elixier des Unternehmens. Sie

konzentrieren sich auf einen konkreten Markt, kennen ihn genau und denken aus der Sicht ihrer Kunden. Sie helfen ihren Kunden, persönlich und unternehmerisch zu wachsen, und entwickeln immer wieder neue Ideen.

Sofort-Tipps

▶ Machen Sie ein 3x2-minütiges Brainstorming:
  – Was brauchen Ihre Kunden derzeit am dringendsten?
  – Was wünschen sie sich?
  – Welche neue Lösung können Sie ihnen bieten?

*Brainstorming:
Was brauchen Ihre
Kunden?*

▶ Schalten Sie einmal pro Woche Ihre Spürnase ein und lassen Sie sich fünf Minuten lang für Ihr Geschäft inspirieren: beim Einkaufsbummel, am eigenen Bücherregal, beim Plausch mit dem Nachbarn, im Zeitungsladen, beim TV-Zappen ... Halten Sie Ihre Gedanken, Beobachtungen sowie Hinweise von Kollegen oder Kunden in einem Ideenbuch fest: Wo wittern Sie ein Geschäft? Welche Innovationen fallen Ihnen zu Ihren Leistungen, Ihrem Marketing, Ihren Kundenbeziehungen, Ihren Prozessen ein?

▶ Organisieren Sie ein lockeres Treffen mit einem oder mehreren Kunden und tauschen Sie sich über den Markt sowie seine Probleme, Herausforderungen und Bedürfnisse aus.

2. Gute Unternehmer freuen sich an Geld

Unternehmer genießen es, Geld zu haben, es auszugeben – und es an der richtigen Stelle zu investieren. Geld ist ein Zeichen der Wertschätzung und Ausdruck des eigenen Erfolgs. Für den einen bedeutet es Sicherheit, für den anderen persönliche Freiheit, für den dritten Status. In jedem Fall ist Geld die Basis seines Geschäfts, daher betrachtet der gute Unternehmer neue Ideen und Aspekte immer auch im Hinblick auf seine Unternehmensstrategie. Er kann mit Zahlen jonglieren und schätzt realistisch ein, was sie für seinen Alltag bedeuten. Er kennt seine aktuelle Auftragslage, weiß, wo er sich auf seiner persönlichen Zielgeraden befindet, welche Kosten und Zeit er einspart und wo er sie einsetzt.

Sofort-Tipps

Paketangebote erstellen und alle Zahlen im Blick behalten

▶ Erstellen Sie Paketangebote mit einer klaren Preisstruktur: Das „Einsteigerpaket", zum Beispiel ein Kurz-Workshop, dann das „Standard-Training" über zwei Tage sowie das „Premium-Paket" mit individueller Vorbereitung und Nachbetreuung der Teilnehmer oder anderen Serviceleistungen.

▶ Erstellen Sie eine Controlling-Datei, mit der Sie alle Zahlen im Blick haben. Eine Excel-Vorlage finden Sie unter *www.brennglasberater-marketing.de.*

▶ Schreiben Sie spontan auf: Was assoziieren Sie mit dem Begriff „Geld"? Welche dieser Assoziationen sind förderlich? Was hindert Sie beim Umgang mit Geld? Ändern Sie Ihre gedankliche Verknüpfung! Wie? Das erfahren Sie im Kapitel *Geld macht glücklich*, ab Seite 94.

3. Gute Unternehmer denken (und handeln) vorausschauend

Sie setzen ihre Ziele besonders langfristig, denken und handeln strategisch – ohne sich in endlosen, detaillierten Planungen zu verlieren. Auf diese Weise haben sie die wesentlichen Erfolgsfaktoren und Risiken im Blick und lösen die meisten Probleme, bevor sie entstehen. Gute Unternehmer sind klar an Ihren Zielen ausgerichtet, bleiben in ihrer Taktik flexibel, aber ihrer grundsätzlichen Linie über lange Zeit treu.

Sofort-Tipps

Strategiezeit und Zielklarheit

▶ Planen Sie in Ihren Kalender *Strategiezeit* ein: Kurzchecks in der Wochenplanung, quartalsweise Zielüberprüfung, (halb-)jährliche Strategieklausur. Anregungen zu effizienter strategischer Planung finden Sie ab Seite 84.

▶ Sorgen Sie für *Zielklarheit*: Mit welchen drei Dingen haben Sie sich letzte Woche beruflich beschäftigt, die nichts mit Ihren Zielen zu tun hatten? Was machen Sie, um das in Zukunft zu verhindern?

70

▶ Machen Sie den *Hürdencheck*: Welche Hindernisse könnten Ihrer Planung entgegenstehen? Was können Sie vorbeugend unternehmen?

0-Ton

Sabine Piarry (zuvor Dennerlein), Inhaberin des Netzwerks Ganzheitlichkeit, erläutert, wie sie ihre Ziele an die Umstände flexibel anpasst.

„Ich habe die Vision eines europäischen Netzwerks, und ich habe Ziele. Aber die Ziele dürfen heutzutage ein bisschen flexibler sein, als es früher der Fall war. Ein Beispiel: Im Netzwerk Ganzheitlichkeit hatte ich ein neues Service-Paket für Firmen angedacht, das ich eigentlich schon seit einem Jahr online haben wollte. Alles war vorbereitet, aber laufend kamen weitere gute Ideen und Impulse dazu, die mir ganz klar sagten: ‚Okay, ich habe es zeitlich einfach falsch eingeplant.' Ich habe einfach gewartet, bis es sich stimmig anfühlte. Gut ein Jahr später als geplant war die Idee dann wirklich ausgereift, und ich realisierte sie. Die Zwischenzeit nutzte ich für mein neues Buchprojekt."

4. Gute Unternehmer wollen wachsen

Sie stecken sich – auf Basis Ihrer Werte und Vision – ambitionierte Ziele und denken in Wachstumsstrategien. Sie beschäftigen sich ständig mit den entsprechenden Fragen: „Wodurch kann ich meine Umsätze erhöhen? Wie kann ich bessere Ergebnisse erzielen mit weniger Ressourcen? Wie lässt sich die Qualität meiner Leistungen steigern? Wie kann ich mich selbst weiterentwickeln? Welche weiteren Produkte unterstützen mein Kerngeschäft? Wo kann ich externe Unterstützung einsetzen, wo feste Kooperationen oder Mitarbeiter?"

Dabei setzen gute Unternehmer ihrem Denken keine Grenzen. Sie denken groß und wissen: Gesund wachsen ist nur auf einem soliden Fundament möglich, also einem reibungslos und gut laufenden Basisgeschäft.

Sofort-Tipps

Was brauchen Sie für Ihren nächsten Wachstumsschritt?

▶ Was braucht Ihr Unternehmen gerade am dringendsten für den nächsten Wachstumsschritt (bessere interne Abläufe, Expertenhilfe, Unterstützung im Tagesgeschäft, eigene Entwicklung, Ergänzung eines „Massenprodukts" wie Trainingswerkzeug/-medien)? Legen Sie einen ersten Schritt fest und beginnen Sie damit innerhalb der nächsten 72 Stunden. Aber seien Sie achtsam: Geschäftliches Wachstum im Sinne von „Vergrößern" ist kein Allheilmittel. Es funktioniert nur, wenn das Kerngeschäft gut läuft. Daher kann „Wachstum" auch bedeuten, erst einmal das Kerngeschäft zu stabilisieren oder ein bestehendes Problem zu lösen.

▶ Überprüfen Sie: Sind Ihre Ziele herausfordernd, so dass Sie das Gefühl haben, jeden Tag ein wenig über sich hinauszuwachsen? Was ist Ihre Wohlfühl-Spannung in Bezug auf Ihre Ziele? Nutzen Sie sie aus?

▶ Durchbrechen Sie Denkbarrieren mit dem weiten Blick. Hierzu eine spielerische Methode: Halten Sie Ihre aufgerichteten

▶ mit ausgestreckten Armen vor sich zusammen. Behalten Sie nun beide Daumen im Blick, während Sie Ihre Arme langsam zu den Seiten bewegen, so dass sie immer noch beide Daumen gleichzeitig im Blickfeld haben, ohne Kopf oder Augen zu bewegen. Eine Übung, um eingefahrenes oder stark fokussiertes Denken und Sehen wieder zu weiten. Seien Sie gespannt auf neue Hinweise und Ideen, die Ihnen in der nächsten Zeit kommen. Weitere Tipps gegen „Denkhemmer" finden Sie im Kapitel *Furchtlos sein*, ab Seite 151.

O-Ton

Gedächtnistrainer Gregor Staub erläutert mit einem Zwinkern seinen „Führungsstil": management by „falling on your nose".

„Die Hauptaufgabe, die ich mir im Augenblick als Ziel setze, ist, dass wir im bestehenden Schulsystem einen Weg finden, damit Mnemotechniken und Lehrmethoden an allen Schulen – und zwar nicht nur irgendwie und zufällig – angewendet werden. Beim Richtigmachen gibt es nicht viele Wege. Wenn Lehrer meine Lerntechniken mit ihren Schülern üben, dann müssen sie die Methodik beherrschen. Denn wenn sie es falsch machen, dann sagen diese Schüler ein Leben lang: ‚Ich habe es probiert, bei mir geht es nicht.' Das ist in jedem einzelnen Fall eine echt verpasste Chance!

Die große Herausforderung für mich besteht darin, die Kultusministerien davon zu überzeugen, dass Gedächtnistraining als flächendeckendes Fach an allen Schulen ein sehr ernst zu nehmendes Thema ist und dass es sich mehr als lohnen würde, es für alle und jeden zuzulassen. Leider habe ich immer wieder erfahren müssen: Die zuständigen Behörden haben gar nicht den Fokus, dem Schüler das Lernen zu vereinfachen. Das ist kein Thema auf der Agenda. Dort wird nur geregelt, WAS die Schüler lernen, aber nicht WIE.

Mein Traum ist es, den zuständigen Behörden klarzumachen, dass es ein enorm wichtiger Schritt wäre, den man im Übrigen kostengünstig und schnell umsetzen könnte. Für die Schule wäre das ein unglaublicher Qualitätsgewinn. Sie glauben nicht, was ich zum Teil für Argumente höre. Es gibt leider immer noch sehr viele Lehrer, die selbst nichts Neues mehr dazulernen wollen, und dann die seltsamsten Argumente bringen. Ich stehe jedes Jahr vor einigen tausend Lehrern. Ich weiß nicht immer, was mich erwartet. Es ist ein Herausfinden, ein lebenslanges ‚management by falling on your nose'. ‚So – wollen wir doch mal gucken: Wo bist Du heute auf die Nase gefallen? Wo bist Du gestolpert? Wo brauchst Du was? Wo machst Du weiter?'"

5. Gute Unternehmer lassen andere machen

Die guten Unternehmer wissen genau, was sie selber erledigen können und was sie lieber anderen überlassen. Was sie nicht können bzw.
jemand anders besser beherrscht, zum Beispiel das handwerkliche
Marketing, Seminarorganisation, kaufen sie sich ein. So weben und
pflegen gute Unternehmer ihr individuelles Netz aus Dienstleistern,
Kollegen und den richtigen Geschäftsbeziehungen. Sie „netzwerken"
authentisch, integer und konstruktiv. Dabei achten sie auf Geben
und Nehmen – sie haben Freude daran, andere in ihrem Wachstum zu
unterstützen, ohne eine direkte Gegenleistung zu erwarten. Denn sie
wissen: Auch sie profitieren von der (selbst- oder erwartungslosen)
Unterstützung anderer. Wichtig ist, dass die „Gesamtrechnung" stimmt
und sie sich nicht nur noch um die Angelegenheiten anderer kümmern,
sondern ebenso um sich selbst. So dient ihr Netzwerk gleichzeitig der
sozialen Selbstkontrolle ihrer Tätigkeiten und neuer Ideen.

Sofort-Tipps

Netzwerken Sie
– aber gezielt

▶ Gehen Sie jeden Monat zu einem für Sie passenden Netzwerktreffen.

▶ Stellen Sie sich vor, Sie hätten 100.000 Euro: Was würden Sie in
Ihrer Arbeit anders machen, welche Arbeiten würden Sie abgeben?
Welche zwei Dinge können Sie bereits jetzt realisieren? Beachten Sie
mögliche Stolperfallen (siehe Kapitel *Verbunden sein*, ab Seite 123).

▶ Sagen Sie konsequent alle Treffen und Kooperationen ab, die Ihnen
und Ihrem Unternehmen nicht gut tun.

6. Gute Unternehmer sind souverän

Sie stehen zu dem, wer sie sind, was sie anbieten – und bleiben dabei
authentisch und ehrlich. Auch in heiklen Verhandlungen bewahren sie
Augenhöhe mit Ihren Kunden. Sie kennen ihre Wirkung auf andere und
wissen, wie weit sie sich aus dem Fenster lehnen dürfen – und wann
sie sich lieber etwas zurücknehmen. Dennoch erlauben sie es sich auch
mal, „erst zu behaupten, dann zu sein" – vorausgesetzt natürlich, dass
sie ihre Behauptungen und Kundenversprechen auch einhalten.

Sofort-Tipps

▶ Verhalten Sie sich in einer schwierigen Situationen mit dem Kunden möglichst auch dann souverän, wenn Sie sich mal nicht so wohl in Ihrer Haut fühlen: Tun Sie so als ob, und begegnen Sie ihm – jetzt erst recht – mit der inneren Haltung eines Experten auf Augenhöhe. Wie Ihnen das gelingt, lesen Sie ab Seite 100.

Begegnen Sie Ihren Kunden auf Augenhöhe

▶ Fragen Sie andere, was sie an Ihnen schätzen und wie Sie auf sie wirken. Sammeln Sie die Antworten zusammen mit weiteren positiven Kunden-Feedbacks an einem Ort (siehe dazu das Interview mit Nicola Fritze, Seite 246). Wenn Sie sich das nächste Mal niedergeschlagen fühlen oder unsicher sind, was Ihre Arbeit den Kunden bedeutet, öffnen Sie einfach Ihre „Schatzkiste" und lesen Sie es nach.

▶ Legen Sie Ihren optimalen Souveränitätsspielraum fest: Wo und wann tendieren Sie zur Untertreibung? Und wie weit können Sie sich aus dem Fenster lehnen, ohne dabei unglaubwürdig zu sein? Definieren Sie Ihren persönlichen Toleranzbereich, in dem Sie sich als unternehmerischer Trainer bewegen sollten.

7. Gute Unternehmer verkaufen sich nie unter Wert

Sie kennen und kommunizieren ihren Wert, ihre Leistung, ihre Besonderheiten, ihren Nutzen für den Kunden, ihr Honorar – und zwar voller Überzeugung und guten Gewissens. Gute Unternehmer stellen sich spannend dar, sie „inszenieren" ihre Person und ihre Leistungen, ohne zu übertreiben oder angeberisch zu wirken. Ihrem Marketing widmen sie sich konsequent, es basiert auf klar herausgearbeiteten Besonderheiten, die sie immer weiter ausbauen.

Sofort-Tipps

▶ Wo befinden Sie sich derzeit auf Ihrer Inszenierungsskala zwischen gähnender Langeweile und Übertreibung? Wo auf dieser Skala sollten Sie sich befinden, um von Ihren Kunden als interessant und angenehm empfunden werden? Bewerten Sie alle Bereiche Ihrer Außenkommunikation: beim ersten Kennenlernen, in Trainings/Beratungen, auf Ihrer Internetseite, in der Korrespondenz, in Fachartikeln etc.

Stellen Sie sich spannend dar

▶ Akzeptieren Sie: Verkaufen ist ein notwendiger Teil des Geschäfts!

▶ Blocken Sie sich jede Woche mindestens zwei Stunden für Marketingaktivitäten wie Telefonate mit ehemaligen Kunden, das nächste Fachartikel-Exposé, gezielte Kontaktpflege. Nach unserer Erfahrung im Beratermarketing des Teams Giso Weyand investieren erfolgreiche Trainer im Schnitt 20 Prozent ihrer Wochenarbeitszeit in Marketing, PR, Vertrieb und Kontaktpflege. Erfolgsfaktoren für konsequentes Marketing überprüfen Sie am besten mit dem *Härtetest fürs Marketing*, ab Seite 292.

8. Gute Unternehmer machen Fehler

Gute Unternehmer betreiben „management by falling on your nose", wie Gregor Staub es so schön ausdrückt. Sie gehen aktiv ihren Weg, treffen bewusste Entscheidungen und wissen, dass Fehler nicht nur Teil des Geschäfts sind, sondern oft auch wichtige Erfahrungen auf dem unternehmerischen Weg. Das besondere Geschick erfolgreicher Unternehmer liegt darin, sowohl zu den getroffenen Entscheidungen zu stehen als auch im richtigen Moment eine nicht funktionierende Maßnahme abzubrechen, außerdem aus Fehlern zu lernen und schließlich zu erkennen, welche Strategien etwas länger oder eine gewisse Anpassung brauchen, um erfolgreich zu sein.

Sofort-Tipps

▶ Streichen Sie das Wort „Fehler" aus Ihrem Wortschatz und ersetzen Sie es durch „Erfahrungen", das heißt, Sie machen keine Fehler mehr, sondern Erfahrungen. Wenn Sie entsprechende Konsequenzen aus den Erfahrungen ziehen, waren diese lehrreich auf Ihrem Weg. Also: Fleißig weitersammeln!

Sie machen Erfahrungen – keine Fehler

▶ Die Folgen einer möglichen „Fehl-Entscheidung" sind oft weniger schlimm, als gar keine Entscheidung zu treffen. Welche ausstehenden Entscheidungen sollten Sie lieber gleich treffen? Tun Sie es. Jetzt. Mehr zum Entscheiden und wie Sie ein Vorhaben im richtigen Moment abbrechen, erfahren Sie im Kapitel *Furchtlos sein*, ab Seite 173 und Seite 177.

76

▶ Hilfe für Entscheidungsmuffel: Eigentlich ist alles durchdacht, aber Sie können sich trotzdem nicht entscheiden? Dann werfen Sie eine Münze. Und wenn Ihnen die Münzantwort nicht zusagt, dann machen Sie einfach das Gegenteil!

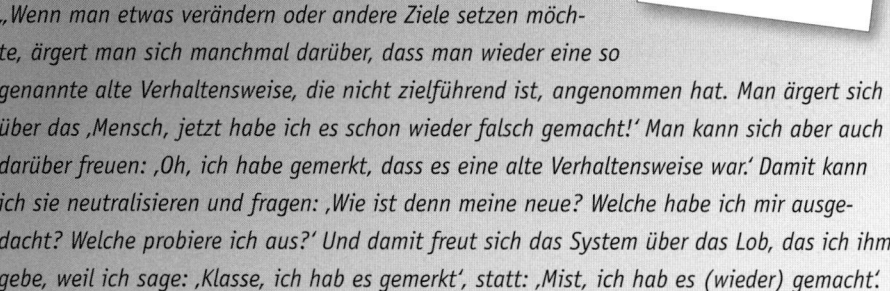

O-Ton

Coach für Führungskräfte Manfred Mäntele über die Chance, die im Treffen von (Fehl-)Entscheidungen liegt.

„Wenn man etwas verändern oder andere Ziele setzen möchte, ärgert man sich manchmal darüber, dass man wieder eine so genannte alte Verhaltensweise, die nicht zielführend ist, angenommen hat. Man ärgert sich über das ‚Mensch, jetzt habe ich es schon wieder falsch gemacht!' Man kann sich aber auch darüber freuen: ‚Oh, ich habe gemerkt, dass es eine alte Verhaltensweise war.' Damit kann ich sie neutralisieren und fragen: ‚Wie ist denn meine neue? Welche habe ich mir ausgedacht? Welche probiere ich aus?' Und damit freut sich das System über das Lob, das ich ihm gebe, weil ich sage: ‚Klasse, ich hab es gemerkt', statt: ‚Mist, ich hab es (wieder) gemacht'.

Wenn ich es merke, habe ich nicht nur die Freude, sondern ich kann auch sagen: ‚Ah, das ist die Situation, wie ich sie anders haben möchte'. Ich kann mir Perspektiven aufstellen, kann mir eine auswählen. Ich gehe meinen Weg, um zu schauen, ob er mich da hinführt. Ich kann stolz sein auf das, was ich erreiche – und ich kann die Verantwortung für die Resultate und die Konsequenzen tragen. Damit bin ich in dem kraftvollsten Leben, das ich mir vorstellen kann, weil ich mich belohne und die 100-prozentige Verantwortung für das übernehme, was passiert. Das ist der beste Zugang zu meinem Energiepotenzial, den ich habe."

9. Gute Unternehmer sind furchtlos

Gute Unternehmer sind keine waghalsigen Glücksspieler, die alles auf eine Karte setzen. Es geht weniger um Mut zum Risiko als um Furchtlosigkeit: Sie haben weniger Ängste und Befürchtungen als andere. Sie kennen oder verschaffen sich die wesentlichen Informationen für ihre Entscheidungssituation und treffen dann ihre Entscheidung, häufig nach dem Bauchgefühl. Gute Unternehmer übernehmen dabei Verantwortung, für sich, ihr Unternehmen, ihre Leistungen, ihre Umwelt bis hin zu sozialer Verantwortung.

Sofort-Tipps

Was ist das Schlimmste, was passieren kann?

▶ Risikoentscheidung? Was ist das Schlimmste, was passieren kann? Wie groß ist die Wahrscheinlichkeit, dass diese Variante eintritt? Was ist der Gewinn, der Sie auf der anderen Seite erwartet? Beleuchten Sie erst die Fakten – und treffen Sie dann Ihre (Bauch-)Entscheidung. (Mehr dazu im Kapitel *Furchtlos sein*, ab Seite 173)

▶ Lösen Sie sich von Ängsten und Befürchtungen: Gehen Sie erst gedanklich in einen Raum, wo Sie beides hinter sich lassen, und durchdenken Sie die Situation. Das ist Ihr „Raum der Furchtlosigkeit". Anschließend gehen Sie in den nächsten Raum und lassen dort Ängste und Befürchtungen wieder zu. Überprüfen Sie: Welche sind tatsächlich relevant? Weitere Tipps dazu lesen Sie ebenfalls im Kapitel *Furchtlos sein*, Seite 156.

▶ Wenn Sie ein neues Vorhaben umsetzen wollen, zum Beispiel eine neue Geschäftsidee auf ihren Gehalt hin abzuklopfen, beginnen Sie damit innerhalb von 72 Stunden – und sei es nur das Einplanen im Kalender entsprechender Freiräume im kommenden Monat. Damit nutzen Sie Ihren Anfangsschwung und erhöhen die Wahrscheinlichkeit, dass Sie dranbleiben.

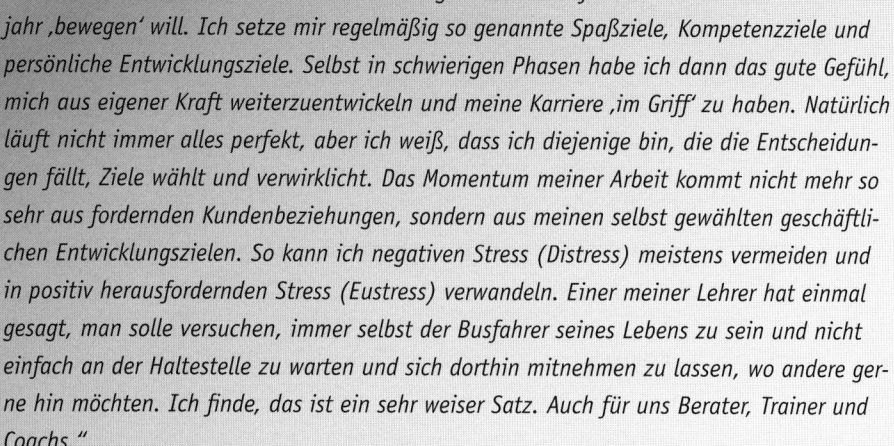

O-Ton

Organisationsentwicklerin Dr. Petra Bock über die Kraft selbst gewählter Entwicklungsziele.

„Ich achte sehr genau auf meine beruflichen Ziele und die Themen und Kunden, die ich in einem strategischen Geschäfts-jahr ‚bewegen' will. Ich setze mir regelmäßig so genannte Spaßziele, Kompetenzziele und persönliche Entwicklungsziele. Selbst in schwierigen Phasen habe ich dann das gute Gefühl, mich aus eigener Kraft weiterzuentwickeln und meine Karriere ‚im Griff' zu haben. Natürlich läuft nicht immer alles perfekt, aber ich weiß, dass ich diejenige bin, die die Entscheidungen fällt, Ziele wählt und verwirklicht. Das Momentum meiner Arbeit kommt nicht mehr so sehr aus fordernden Kundenbeziehungen, sondern aus meinen selbst gewählten geschäftlichen Entwicklungszielen. So kann ich negativen Stress (Distress) meistens vermeiden und in positiv herausfordernden Stress (Eustress) verwandeln. Einer meiner Lehrer hat einmal gesagt, man solle versuchen, immer selbst der Busfahrer seines Lebens zu sein und nicht einfach an der Haltestelle zu warten und sich dorthin mitnehmen zu lassen, wo andere gerne hin möchten. Ich finde, das ist ein sehr weiser Satz. Auch für uns Berater, Trainer und Coachs."

10. Gute Unternehmer haben Spaß an der Sache

Anstatt ihr Unternehmen allzu ernst und sich selbst zu wichtig zu nehmen, können sie über sich selbst lachen und verfügen eher über die Haltung, das Leben „als Spiel" zu sehen. Gute Unternehmer lieben, was sie tun, motivieren sich selber bzw. sind durch ihre Ziele und den höheren Sinn hinter der Aufgabe motiviert. Und das spüren auch ihre Kunden. Gelegentliche (Motivations-)Tiefs sind Teil des Geschäfts, aus denen sie sich leicht wieder herausziehen oder sich einfach mal durch-beißen, ohne in Selbstmitleid oder Verzweiflung zu stürzen.

Sofort-Tipps

Sinnvolles Tun – statt Arbeit

▶ Ersetzen Sie in Ihrem Alltag das Wort „Arbeit" durch „sinnvolles Tun". Schreiben Sie nach einer Woche auf, wie es Ihnen damit ergangen ist.

▶ Bringen Sie mehr Leichtigkeit in Ihren Alltag: Spielen Sie mit Kindern, mit Ihrem Hund oder veranstalten Sie mal wieder einen Spieleabend mit Freunden.

▶ Freuen Sie sich über Kleinigkeiten: ein zufälliges nettes Gespräch mit einem Kollegen, ein turtelndes Spatzenpaar, eine glückliche Fügung, die Ihnen in Ihrem Terminplan eine unerwartete Verschnaufpause schenkt (siehe auch Kapitel *Kraftvoll sein*, ab Seite 237).

Fazit

Unternehmertum ist eine Mischung aus Handwerk und innerer Haltung. Handwerk können Sie sich aneignen oder einkaufen, die richtige innere Haltung zu gewinnen ist mitunter ein Prozess, da sie aus Ihrem Inneren entsteht. Zwei der wichtigsten und gleichzeitig größten Herausforderungen für den selbstständigen Trainer folgen daher in diesem Kapitel:

▶ *So entwickeln Sie Ihr unternehmerisches Fundament – die strategische Planung* (siehe Seite 81)

▶ *„Geld macht glücklich" – Ihre Einstellung zum Geld* (siehe Seite 94)

So entwickeln Sie Ihr unternehmerisches Fundament

Die unternehmerische Planung beginnt mit Ihren Zielen. Sie sind der Motor für Ihr Unternehmen. Dabei haben *festgelegte* Ziele zwei Effekte: Wenn Sie sie erreichen, fühlen Sie sich bestätigt und damit neu motiviert. Wenn Sie sie nicht erreichen wie erwartet, können Sie das schnell feststellen, Ihre Planung anpassen oder einen anderen Weg einschlagen, um Ihr Ziel dennoch zu erreichen. Ohne konkrete Ziele hingegen spüren Sie weder den Erfolg, noch können Sie bei Misserfolgen rechtzeitig einlenken bzw. aus ihnen lernen.

Die Effekte festgelegter Ziele

Das folgende Bild veranschaulicht die Bedeutung klarer Ziele: Wenn Sie nicht festlegen, dass Sie mit einem Pfeil einen Apfel treffen wollen, werden Sie auch nicht realisieren, dass Sie Ihr Ziel verfehlt haben, wenn der Pfeil stattdessen im Baum steckt – und es folglich nicht nochmals probieren, um beim nächsten Schuss die Haltung Ihres Bogens zu korrigieren. Schließlich geht es nicht darum, den Pfeil in einem schönen Bogen fliegen zu lassen, sondern ihn an einem konkreten Punkt zu platzieren.

Zielsetzung für Einzelkämpfer

Als Einzelkämpfer sind Sie selbst Ihr wichtigstes Kapital. Wenn Sie ausfallen, fließt kein Geld. Wenn Sie in Ihrem Leben unzufrieden sind, wirken Sie auf Ihre Kundschaft weniger attraktiv. Sind Sie ausgelaugt oder zu gestresst, zeigt sich das früher oder später in ihrer Arbeitsleistung. Daher umfasst die strategische Planung für Einzelunternehmer auch immer das persönliche Wohlergehen: Familie, Gesundheit und Lebensfreude gehören ebenso dazu wie Umsatz und Zufriedenheit beim Kunden. So empfiehlt es sich, private und berufliche Ziele immer zusammen zu notieren – und gleichermaßen im Blick zu behalten. Ein weiterer Vorteil: Das hilft zudem, falls auch bei Ihnen (wie bei den meisten Alleinunternehmern) Privates zu oft hintenansteht. Zudem müssen Sie natürlich auch Ihren privaten Finanzbedarf kennen, um festlegen zu können, wie viel Gewinn Sie mit Ihrem Beruf erwirtschaften müssen.

Work-Life-Balance Räumen Sie Privatleben und Beruf also den gleichen Stellenwert ein, und schreiben Sie die Ziele für beide Bereiche parallel auf. So haben Sie immer beide Bereiche vor Augen: sowohl Ihren Lebensauftrag im Namen des Kunden als auch Ihr kostbarstes Kapital – sich selbst.

Die wesentlichen Bereiche der Zielplanung sehen Sie auf dieser „Landkarte der Zielplanung". All diese Elemente sollten Sie bei Ihrer nachfolgenden Planung berücksichtigen.

Eine Muster-Matrix mit typischen Fragestellungen sehen Sie auf der nächsten Seite.

	Innerlich (nicht sicht- oder messbar)	**Äußerlich** (sicht- oder messbar)
Individuell „Ich"	**Was will ich für mich?** ▶ Persönliche Entwicklung (Was tue ich für mich, z.B. lesen, Seminare besuchen, Yoga/Meditation?) ▶ Persönliche Bedürfnisse (Sind meine Werte ausreichend erfüllt?) ▶ Empfundener Zustand (Wie fühlt es sich an, z.B. Flow, Freude, Ausgeglichenheit, innere Ruhe?) ▶ Freizeit/Hobbys (Wie viel Urlaub, freie Wochenenden etc. möchte ich? Für welche Hobbys brauche ich genügend Zeit?)	**Was will ich für mein Verhalten und meine Wirkung tun?** ▶ Gesundheit und Fitness (Wie ernähre ich mich? Wie bewege ich mich/Sport? Wie viel Zeit der Ruhe gönne ich mir?) ▶ Weiterbildung (Wo entwickele ich meine unternehmerischen Qualitäten, wo meine fachlichen, wo meine persönlichen?) ▶ Image (In welchen Medien wäre ich gerne? Was sollen Kunden von mir sagen, wie sehen die mich? Was sagen Kollegen und die Fachwelt über mich?)
Kollektiv „Wir"	**Wie soll das Miteinander sein?** ▶ Familie/Freunde (Welche Beziehungen will ich pflegen? Wie will ich das machen?) ▶ Partnerschaft (Wie soll sich meine Partnerschaft/-suche gestalten?) ▶ Kunden (Welche und wie viele Kunden möchte/brauche ich? Wie viele Neukunden? Wie steht es um die Pflege der bestehenden Kunden?) ▶ Kooperationen/Netzwerk (Welche geschäftliche, fachliche, soziale Einbindung und welcher Austausch sind notwendig?)	**Wie lebe und arbeite ich?** **Wo will ich hin?** ▶ Umgebung (Welches Wohnumfeld; Haus/Natur?) ▶ Persönliches Einkommen (monatliche Kosten, Spar-/Vermögensziele, Luxusaufschlag, Geld für Unvorhergesehenes?) ▶ Wirtschaftliche Ziele (Höhe des Umsatzes, Gewinn?) ▶ Prozesse und Abläufe (Beantwortung von Kundenanfragen, Angebote, Rechnungen, Betreuung von Stammkunden, Öffentlichkeitsarbeit, Außenauftritt und Inszenierung) ▶ Leistungen (Welche Dienstleistungen oder Produkte möchte ich anbieten? Welche Qualitätsstandards in Trainings/Coachings strebe ich an?)

Schlanke strategische Planung

Die Relevanz von konkreter Zielsetzung und adäquater Planung leuchtet zwar vielen ein – allerdings bleibt bei den meisten beides auf der Strecke. Warum? Möglicherweise, weil Planungen häufig unzweckmäßig ausfallen: Die eine ist zu kompliziert, die andere greift zu kurz oder trifft nicht die wesentlichen Elemente. Folgende Planungseinheiten haben sich in meiner Arbeit mit Trainern als Einzelunternehmer bewährt:

Bewährte Planungseinheiten

Jährliche Planung

▶ *Blicken Sie auf die vergangenen 12 Monate zurück*, um Ihre Erfolge zu honorieren, Erfahrungen zu reflektieren und Ihre Erkenntnisse in die neue Jahresplanung aufzunehmen (siehe Seite 85).

▶ *Legen Sie die Periodenziele für die nächsten drei bis fünf Jahre* (nach den oben aufgeführten Bereichen) fest oder überprüfen Sie diese, um ggf. Kursänderungen im Hinblick auf Ihre langfristigen Ziele vorzunehmen (siehe Seite 87).

▶ *Bestimmen Sie Ziele für die kommenden 12 Monate*, um auf dieser Basis die konkreten Maßnahmen zu entwickeln (siehe Seite 89).

▶ *Planen Sie das Budget für die kommenden 12 Monate*, um eine realistische Finanzierung zu gewährleisten und den laufenden Finanzfluss überprüfen zu können (eine Checkliste für die eigene Budgetplanung finden Sie unter www.beratercoach.info).

Quartalsweise Planung

▶ *Überprüfen Sie die erreichten Ziele* (Umsätze, Auftragslage etc.) als Standortbestimmung auf Ihrem Weg zum Jahresziel.

▶ *Überprüfen Sie den Cash-Flow* für eventuelle Korrekturmaßnahmen.

▶ *Machen Sie eine konkrete Drei-Monats-Planung* als Basis für Ihre täglichen Aufgaben (siehe Seite 92).

Eine Excel-Vorlage für effizientes Berater-Controlling finden Sie auf: www.brennglas-beratermarketing.de

Die aufgeführten Planungshilfen sind lediglich eine grobe Richtschnur, Ihre individuelle Planung sollte natürlich Ihren persönlichen Werten wie Ihrer Arbeitsweise entsprechen.

Für weniger Erfahrene ist es oft nicht so leicht, sich das erste Mal gezielt der Planung zu widmen, konkret zu benennen, was sie erreichen wollen, und es auch realistisch einzuschätzen. Mein Tipp: Learning

by doing! Probieren Sie es aus, ohne gleich eine Wissenschaft daraus machen zu wollen. Wenn Sie zu lange an der einen oder anderen Stelle grübeln, hören Sie getrost auf Ihr Bauchgefühl und tragen Sie einfach eine Schätzung ein. Beim nächsten Überprüfen Ihrer Ziele werden Sie ohnehin schnell genug merken, ob Ihre Einschätzung realistisch war oder ob Sie nachjustieren müssen. So entgehen Sie auch dem Risiko, sich in zu detaillierten Planungen und Zahlen zu verlieren. Schließlich sind Strategie und Planung dafür da, das Tun an einem konkreten Ziel auszurichten. Die Ergebnisse kommen dagegen nur mit dem Tun.

Für die oben genannten Planungseinheiten habe ich Ihnen hier einige exemplarische Vorlagen zusammengestellt, die sich für eine schlanke strategische Planung bewährt haben. (Spezielle weitere Planungshilfen, unter anderem für eine detailliertere Unternehmens- und Marketingplanung, finden Sie in Giso Weyands Buch „Die 250 besten Checklisten für Berater, Trainer und Coaches". Moderne Industrie, 2008.)

Exemplarische Vorlagen

Rückblick auf das Jahr *2008*

Meine Themen und Erfolge (Passen Sie die folgenden Bereiche individuell an.)

Persönliche Entwicklung	*Autogenes Training erstmals regelmäßig (1x pro Woche) geübt. Dadurch war ich im Alltag viel entspannter.*
Persönliche Balance	*Mehr Sport auf Reisen eingebaut als im Vorjahr.*
Freunde/Familie	*4 von 5 geplanten Familienwochenenden umgesetzt.*
Beruflich – Geschäftsentwicklung	*Überarbeitung Internetseite abgeschlossen, Basismaterial ist vollständig. Neue Trainingskonzepte sind nun etabliert und werden häufig weiterempfohlen. Buchkonzept erstellt und beim Verlag untergebracht.*
Beruflich – Kunden	*Ein Nachfragesog ist deutlich spürbar. Neben Bestandskunden jetzt auch jährliche Zahl an Neukunden um 30 Prozent gestiegen.*

(Blanko-Formular unter www.beratercoach.info)

Beruflich – Kooperationen	*Neuer Steuerberater & Buchhalter. Einige Netzwerktreffen ausgelotet. Einzelne interessante Kontakte angebahnt.*
Schöne Momente?	*Buchvertrag unterschrieben. Wanderwochenende allein mit meinem Sohn. 4. Platz im Volkstriathlon.*
Was fehlte?	*Noch mehr Entspannung im Alltag. Zeit für mich (Bergsteigen, Nichtstun). Treffen mit Freunden.*

Meine Lebensbereiche von 1 (sehr gut) bis 6 (ungenügend)

Beruf/ Karriere	Freunde/ Familie	Partner/ Beziehung	Persönliche Entwicklung	Hobbys	Gesundheit/ Fitness	Umwelt/ Lebensraum	Geld
2	4	2	2	4	3	3	3+

Lernerfahrungen?	*Präsentation beim Kunden xy war ein Flop. Demnächst vorab detailliertere Infos einholen, mehr Vorbereitungszeit einplanen.*

Finanzen

Umsatz	Gewinn	Nettoeinkommen	private Rücklagen/ Sparen
13.000 Euro	*6.500 Euro*	*4.300 Euro*	*500 Euro*

Fazit	*Geschäftlicher Durchbruch. Persönlich gelungener Richtungswechsel.*

Hinweis: Wenn Sie die zurückliegenden Jahre noch nicht reflektiert haben, sollten Sie sich sowohl die Zeit nehmen als auch die Arbeit machen, anhand dieser Vorlage zu resümieren. Eine Investition, die sich lohnt!

Periodenziele für die nächsten drei bis fünf Jahre
(Zeitraum je nach Komplexität des Geschäfts festlegen)

Private Ziele (Lebensbereiche ggf. anpassen)

Persönliche Entwicklung   *Meditation ist ein fester Bestandteil meines Alltags.*
Ich besuche einmal pro Jahr ein Seminar oder nutze ein
Coaching für meine persönliche Entwicklung.

Freizeit/Hobbys   *Ich mache jedes zweite Jahr eine Bergtour und nehme mir Zeit*
für meinen wöchentlichen Trainingsplan.

Gesundheit und Fitness   *Ich halte meine Entspannung auch an stressigen Tagen,*
mein Tinnitus tritt nicht mehr auf.

Familie und Freunde   *Ich treffe wöchentlich meine Freunde oder nehme mir Zeit für*
Telefonate.

Partnerschaft   *Meine Beziehung ist ausgewogen und stabil.*

Umfeld   *Ich bin mindestens jeden zweiten Tag in der Natur.*
Ich weiß, an welchem Ort ich mein Haus bauen möchte.

Berufliche Ziele

Image   *Ich bin ein gefragter Experte für Kommunikation und*
Miteinander im Unternehmen.

Leistungen   *50 Prozent Inhouse-Trainings, 20 Prozent Coachings,*
30 Prozent Outdoor-Trainings.

Kunden   *Mittelständische und große Unternehmen,*
vorwiegend Kundenservice und Vertrieb.

Kooperationen/Netzwerk   *Ich habe verlässliche Kooperationspartner für Outdoor-Trainings.*

Weiterbildung   *Regelmäßige Supervison für Coachings und 2-3 Seminare pro Jahre (Themen nach Bedarf).*

Prozesse und Abläufe   *Sparringspartner für die Unternehmensplanung. Festes Team für Koordination der Outdoortrainings.*

Privates Wohlfühlziel

Private Ausgaben (Miete, Lebensmittel...)	*2.000 Euro*
Vorsorge und Versicherungen	*1.000 Euro*
Persönliche Rücklagen	*500 Euro*
Luxuszuschlag	*1.000 Euro*
Sicherheitspuffer	*500 Euro*
Summe	*5.000 Euro*

Benötigter Umsatz

Privater Monatsbedarf (siehe oben)	*5.000 Euro*
+ Steuern (geschätzte Einkommenssteuer)	*+ 2.500 Euro*
+ Firmenkosten (ca.; in Höhe des Gewinns vor Steuern)	*+ 7.500 Euro*
= Benötigter Monatsumsatz	*= 15.000 Euro*
x 12 = Benötigter Jahresumsatz	*180.000 Euro*

(Blanko-Formular unter www.beratercoach.info)

Meine jährliche Zielplanung für das Jahr *2009*

So soll mein Leben in sechs bis sieben Jahren aussehen (qualitative Ziele)
Ich fühle mich fit, ausgeglichen und gesund, verbringe schöne und intensive Zeit mit meiner Familie und Freunden. Ich wohne in einem ruhigen Haus im Grünen und bin regelmäßig auf Klettertouren. Beruflich bin ich ein gefragter Experte, ich fühle mich souverän in dem, was ich tue, und gehe meiner Tätigkeit voller Freude und Elan nach.

Private Ziele (quantitativ und qualitativ)

Persönliche Entwicklung   *Ich mache 3-4 x pro Woche Entspannungsübungen (Progressive Muskelentspannung, Meditation, Waldspaziergang). Für die persönliche Entwicklung im Rahmen meiner Arbeit lasse ich mich alle 2 Monate supervidieren.*

Persönliche Balance   *Urlaub 1x3 Wochen, 2x1 Woche, mind. 2 freie Wochenenden pro Monat – so fühle ich mich immer wieder erholt und kann mich auch an hoher Arbeitsbelastung freuen. Hotels häufiger außerhalb wählen und Spaziergänge in der Mittagspause einhalten – und die Natur genießen.*

Freunde/Familie   *Kontakte zu Freunden auffrischen (Telefonate, Treffen alle 2 Wochen planen – auch weiter im Voraus oder bei Seminaren außerhalb gleich eine Übernachtung mehr einplanen).*

Berufliche Ziele (quantitativ und qualitativ)

Geschäftsentwicklung   *Mein Wert „Verlässlichkeit" ist für meine Kunden spür- und sichtbar. Meine Abläufe sind optimiert, sie fühlen sich leicht und stimmig an. Outdoor-Seminarkonzept überprüfen, ggf. konkrete Umsetzungsschritte festlegen – damit könnte meine Vision bald Wirklichkeit werden!!*

(Blanko-Formular unter www.beratercoach.info)

Kunden

Ich gewinne 5 Neukunden mit einem Umsatz von 20.000 Euro. Ich empfinde mich als gefragt und mit eleganten Maßnahmen forciere ich leicht Empfehlungen meiner bestehenden Kunden. Kunden auswählen, denen ich testweise erste erfolgsbasierte Trainings anbieten könnte – das spornt mich an!

Meine Arbeitsbedingungen in die Kundenvereinbarungen aufnehmen – so kann ich mich entspannt auf das Wesentliche konzentrieren, und lästige Abstimmungen fallen weg!

Kooperationen

Ich habe einen strategischen Sparringspartner für meine Unternehmensplanung und die Überprüfung neuer Geschäftsideen. Damit fühle ich mich sicherer und klarer für meine eigene Planung.

Finanzziele

Privates Wohlfühlziel

Private Ausgaben (Miete, Lebensmittel …)	*1.800 Euro*
Vorsorge und Versicherungen	*800 Euro*
Persönliche Rücklagen	*200 Euro*
Luxuszuschlag	*300 Euro*
Sicherheitspuffer	*200 Euro*
Summe	*3.300 Euro*

Benötigter Umsatz

Privater Monatsbedarf (siehe oben)	*3.300 Euro*
+ Steuern (geschätzte Einkommenssteuer)	*+ 1.700 Euro*
+ Firmenkosten (ca.; in Höhe des Gewinns vor Steuern)	*+ 5.000 Euro*
= Benötigter Monatsumsatz	*= 10.000 Euro*
x 12 = Benötigter Jahresumsatz	*120.000 Euro*

Umsatzbereich	Rot	Gelb	Grün	Supertoll
2009	*< 90.000 Euro*	*100.000 Euro*	*120.000 Euro*	*> 130.000 Euro*
2010	...	...	*140.000 Euro*	...
2011	...	...	*160.000 Euro*	...

90

Konkreter Ziel- und Maßnahmenplan für die nächsten 12 Monate

Ziele und Maßnahmen für 2009

Bereich	Jahresziel	Maßnahmen	Meilenstein & Belohnung	Prio	1. Vj.	2. Vj.	3. Vj.	4. Vj.
				Umgesetzt bis Ende				
Umsatz	Jahresumsatz von 120.000 Euro	... aufgeteilt auf die Quartale wie folgt:			25 T Euro	30 T Euro	35 T Euro	30 T Euro
	60 Prozent akquiriert bis 1.5. 80 Prozent akquiriert bis 1.7. 100 Prozent akquiriert bis 1.9.	Ich führe mit 5 Kunden bei Trainingsende Gespräche über Anschlussaufträge.	60 Prozent akquiriert: Gartenparty		2	2	1	
		Ich vereinbare mit 2 Stammkunden Rahmenverträge.	100 Prozent akquiriert: Wellness-Wochenende			1	1	
Neukunden	Ich gewinne 5 neue Kunden mit einem Umsatz von 20.000 Euro. Zielgruppe: ...	Ich bemühe mich, mindestens drei Empfehlungen von bestehenden Kunden zu erhalten. ...			1	1	1	
		Ich besuche jeden Monat eine Veranstaltung, um mit potenziellen Kunden in Kontakt zu kommen.			3	3	3	3
		Ich veranstalte ein Event für Kunden u. Geschäftsfreunde (Thema: ...)						
Leistungen/Prozesse	Mein Wert „Verlässlichkeit" ist für meine Kunden spür- und sichtbar. Meine Abläufe sind optimiert, sie fühlen sich leicht und stimmig an.	Ich optimiere meine Vorbereitungsfragen für die Trainings. ...						
Kooperationen	...							
...								

(Eine Dateivorlage finden Sie unter www.beratercoach.info)

Meine Ziele für die nächsten drei Monate
(Ist für jedes Ihrer Ziele auszufüllen, zum Beispiel auf Moderationskarte.)

Lebensbereich:	Geschäftsentwicklung	
1. Ziel:	*Mein Wert „Verlässlichkeit" ist für meine Kunden spür- und sichtbar.*	
Daran erkenne ich, dass ich das Ziel erreicht habe:	*Umsetzung der u.g. Punkte und positives Feedback meiner Kunden.*	
Dieser Zustand oder dieses Gefühl ist damit verbunden:	*Meine Abläufe gelingen reibungslos, sie fühlen sich leicht und stimmig an.*	
Meilenstein(e): *5 positive Kunden-Feedbacks auf meiner Internetseite!*	**Feier/Belohnung:** *Besuch des „Police"-Konzerts im Juni 2009 in Hamburg.*	
Die nächsten Schritte	**Ressourcen**	**Termin**
1. Schritt: *Unterlagen überarbeiten*	*Ca. 3 Stunden + Lektorat*	*Bis 15.1.2009*
2. Schritt *Konsequent feste Termine mit Kunden vereinbaren und eigene Zeiten so planen, dass Abgabe 2 Tage früher erfolgt.*	*Kein extra Aufwand*	*Ab sofort*
3. Schritt *Reaktionen der Kunden einholen, ggf. schriftlich und inkl. Einverständniserklärung.*	*Jeweils 10-15 Min.*	*Innerhalb 7 Tagen nach Termin*
4. Schritt *Umsetzung auf Internetseite.*	*Ca. 2 Std. + Lektorat + Webdesigner*	*1.5.2009*
Mögliche Hürden:	*Ich nutze doch die 2 Tage Puffer, da das Tagesgeschäft drängt. Vorsichtsmaßnahme: sehr konsequent bleiben und mir den Stellenwert für meine Außenwirkung bewusst machen. Im Zweifel lieber ein oder zwei weitere „Puffertage" einbauen!*	

(Eine Dateivorlage finden Sie unter www.beratercoach.info.)

Geschafft! Besiegeln Sie Ihren Jahres-/Quartalsplan mit einem Ritual, um ihm noch mehr persönliche Verbindlichkeit zu verleihen!

▶ Drucken Sie ihn auf schönem Papier und unterschreiben Sie ihn mit Füller.

▶ Erzählen Sie Freunden oder Kollegen, welche Ziele Sie sich vorgenommen haben.

▶ Gönnen Sie sich einen feierlichen Abend bei leckerem Wein ...

Verleihen Sie Ihrer Planung noch mehr persönliche Verbindlichkeit

Im Hinterkopf taucht immer wieder die Frage auf, ob Sie Ihre Ziele tatsächlich erreichen werden? Wenn Sie sich realistische Ziele gesetzt und dabei alle wesentlichen Facetten im Blick hatten, ist die Chance auf jeden Fall sehr hoch. Und wenn Sie sich zudem um mögliche äußere Hürden und innere Hindernisse kümmern, liegt die Wahrscheinlichkeit sogar bei fast 100 Prozent.

Umsetzungswahrscheinlichkeiten

Laut einer Veröffentlichung der *American Society of Training and Development* (ASTD) aus dem Jahr 2005 (www.astd.org) liegt die Wahrscheinlichkeit, dass Sie Ihre Vorhaben umsetzen, bei ...

10 Prozent,	wenn Sie eine Idee hören,
25 Prozent,	wenn Sie bewusst entscheiden, diese anzunehmen,
40 Prozent,	wenn Sie sich entscheiden, diese umzusetzen,
50 Prozent,	wenn Sie planen, wie Sie sie umsetzen werden,
65 Prozent,	wenn Sie sich gegenüber jemand anderem verpflichten, sie umzusetzen,
95 Prozent,	wenn Sie sich ihm gegenüber auf einen konkreten Zeitpunkt festlegen.

„Geld macht glücklich" – Ihre Einstellung zum Geld

Macht Geld glücklich? Das gut gefüllte Portemonnaie bringt den wenigsten vor Glück strahlende Augen. Genauso selten ist derjenige zufrieden, der jeden Monat mit Ach und Krach seine Miete überweist. Der Schlüssel zum Wohlfühlen liegt für die meisten – wie so oft – dazwischen: Damit wir in Deutschland „gut leben", brauchen wir schon ein recht ordentliches Grundeinkommen. Und wenn wir als Selbstständige zudem ausreichend für Familie, Urlaub und das eigene Alter sorgen wollen, benötigen wir eine ganze Stange Geld, um es mal salopp auszudrücken.

Kalkulieren Sie Ihre Finanzsituation

Eine klare Kalkulation der eigenen Finanzsituation, wie oben skizziert, zeigt Ihnen schnell, wo Sie stehen – und was Sie für ein Leben in Ihrem Sinne benötigen. Mit den finanziellen Zielen vor Augen fällt es bereits leichter, ein entsprechendes Honorar zu verlangen. Aber das ist nicht das Einzige, was Sie tun können, um Ihr Wunschhonorar zu erhalten. Erfahren Sie hier,

- ▶ wie Sie den *drei größten Honorarfallen* entgehen,
- ▶ mit welchem *Handwerkszeug* Sie Ihr Honorar ermitteln,
- ▶ wie Sie Ihre *innere Haltung* beim Umgang mit Geld und Honoraren festigen.

Die drei größten Honorarfallen

Bei weit mehr als der Hälfte meiner Kunden nehme ich deutlich Unmut oder Unwohlsein wahr, sobald es um die Honorarfrage geht. Dies äußert sich dann in „Kann ich wirklich so viel für meine Leistungen verlangen?", „Der Kunde drückt die Preise immer weiter, der zahlt nicht mehr!" oder in generellem Unbehagen bei Gesprächen rund ums Geld

94

... aber das Ergebnis ist dasselbe: In aller Regel erhalten sie weniger für ihre Leistungen, als sie erzielen könnten.

Die drei größten Honorarfallen sind:

Honorar: Wieviel sind Ihre Leistungen wert?

▶ Sie *meinen*, dass Kunden nicht bereit sind, mehr für Ihre Leistungen zu zahlen.
▶ Sie gehen mit dem Gefühl in das Gespräch, etwas verkaufen zu müssen, und begegnen dem Kunden nicht auf Augenhöhe.
▶ Sie glauben nicht wirklich daran, dass Ihre Leistung mehr wert ist.

Warum viele Trainer so große Schwierigkeiten haben, vernünftige Honorare durchzusetzen, hat verschiedene Ursachen. Auch hierzu hat die schon mehrfach zitierte Erhebung zur Arbeitszufriedenheit von Trainern aussagekräftige Ergebnisse gebracht. Demnach sind die drei wesentlichen Ursachen für niedrige Honorare:

▶ Es wird kein konsequentes *Eigenmarketing* verfolgt.
▶ Den Honorarverhandlungen fehlen *Souveränität* und *Verhandlungsgeschick*.
▶ *Selbstzweifel* wie „Kann ich das?" – „Darf ich das?" – „Tue ich das Richtige?" – „Bin ich das überhaupt wert?" öffnen die Schere im Kopf.

Das *eigene Marketing* spielt eine entscheidende Rolle und zahlt sich in barer Münze aus. Laut der Studienergebnisse ist die Korrelation zwischen Marketing und Tagessatz enorm: Trainer, die ihr Marketing nach eigenen Angaben „völlig konsequent" verfolgen, hatten einen um fast 35 Prozent höheren Tagessatz als die, die angaben, ihr Marketing „eher konsequent" zu verfolgen. Dieses Buch ist zwar kein Marketingratgeber, aber ich lege Ihnen ans Herz: Beschäftigen Sie sich damit. Die Korrelation zwischen Marketing und Tagessatz hat sogar noch eine zweite positive Nebenwirkung: Je mehr Geld Sie zur Verfügung haben, desto mehr können Sie wiederum in Ihr eigenes Marketing investieren.

Eigenmarketing

Wie hoch ist Ihr Investitionsanteil fürs Marketing?

Bei Trainern sollte er erfahrungsgemäß zwischen 5 und 20 Prozent des Jahresumsatzes liegen. So lässt sich die entsprechende Unterstützung für die geeignete Strategie, Internetseite, pfiffiges Marketingmaterial, Fachartikel und Buch finanzieren. Ist das bei Ihnen der Fall?

Insbesondere Trainer, Berater und Coachs machen es sich oft (vermeintlich) leicht beim Berufseinstieg: Schließlich müssen sie bei Gründung ihres Unternehmens in der Regel keine hohen Fixkosten für Geräte, Räume und Personal aufbringen. Ein Arzt nimmt für die Praxisgründung ohne Weiteres Kredite in Höhe von 60.000 bis 100.000 Euro auf und zahlt sie über Jahre hinweg ab. Zu viele Trainer hingegen können oft kaum die ersten Jahre eines niedrigen Einkommens überbrücken – geschweige denn entsprechend in professionelles Marketing investieren. So bewegen sich die „Niedrigeinsteiger" lange im Bereich der Niedrighonorare – sofern sie es mit ihrem erst zu erwerbenden Ruf und dem ständigen finanziellen Druck ohne Investitionsspielraum überhaupt schaffen, sich daraus zu befreien.

Verkaufen Sie sich nicht unter Preis

Je weniger Sie sich einer klaren Marktpositionierung widmen, desto schwerer wird es Ihnen fallen, sich auch beim Kunden zu positionieren, und desto mehr Zeit müssen Sie investieren, um die gleiche Anzahl von Kunden für sich zu gewinnen. Das führt viele in den Teufelskreis aus zahlreichen Stunden Trainertätigkeit zu geringen Tagessätzen und noch weniger Zeit für die Arbeit am eigenen Unternehmen und das eigene Marketing.

Betrachtung des Einflusses von konsequentem Marketing auf den durchschn. Tagessatz. Je größer der Mittelwert, desto höher ist die Zustimmung zu der Aussage bzw. der Tagessatz.

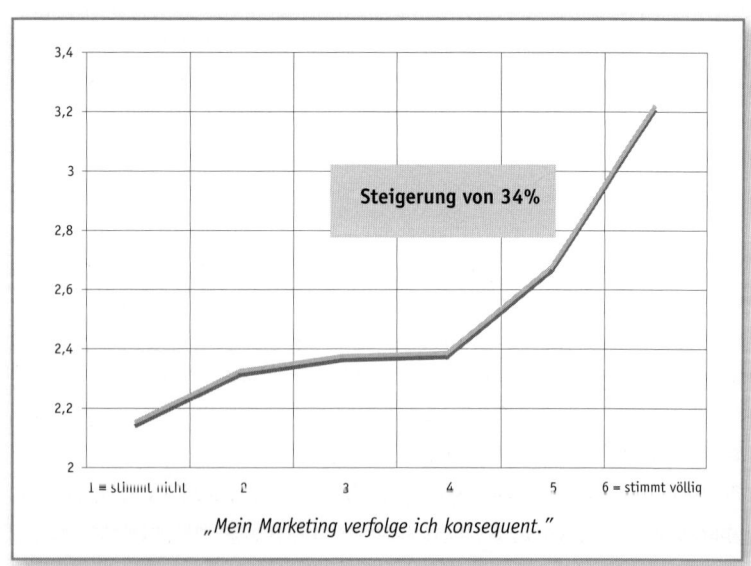

Die zwei folgenden Fallen für niedriges Trainereinkommen – *mangelnde Souveränität in Verhandlungen und Selbstzweifel* – drücken gleichzeitig auch wesentliche Ursachen für das Honorargefälle zwischen den Geschlechtern aus: Trainerinnen verdienen im Schnitt bis zu 20 Prozent weniger als ihre männlichen Kollegen.

Verbessern Sie Ihre innere Haltung

In puncto *Souveränität und Verhandlungsgeschick* tendieren insbesondere Frauen dazu, ihr Licht unter den Scheffel zu stellen und mehr unnötige Zugeständnisse zu machen als Männer. Glücklicherweise lässt sich das ändern, denn souveränes Auftreten erlangen Sie durch zweierlei: durch Handwerk im Sinne von Positionierung und Preisgestaltung sowie durch die Verbesserung Ihrer inneren Haltung (siehe Seite 100). Wer diesen Knoten für sich löst, hat die Aussicht auf ein um 35 Prozent höheres Tageshonorar!

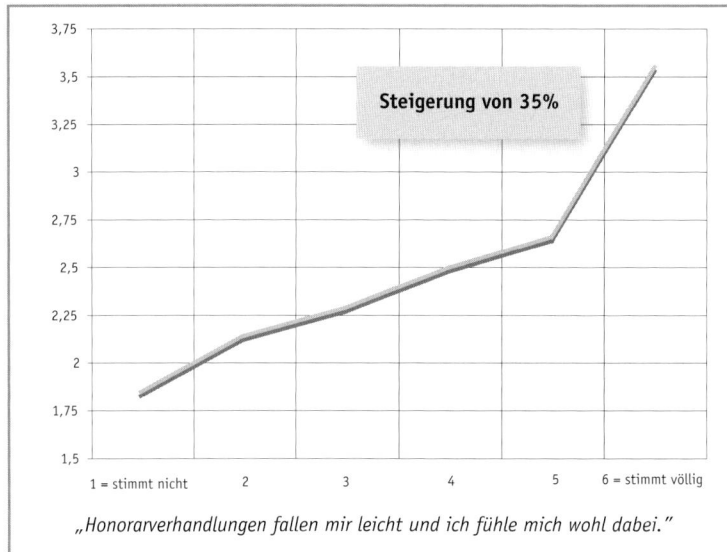

Betrachtung des Einflusses der Sicherheit bei Honorarverhandlungen auf den Tagessatz.

„Honorarverhandlungen fallen mir leicht und ich fühle mich wohl dabei."

Ein bedeutender (finanzieller) Erfolgsfaktor ist das Vertrauen in sich selbst und die eigenen Leistungen. *Selbstzweifel* und eine hinderliche Einstellung zu Geld wirken sich negativ auf den Tagessatz aus, den ein Trainer erzielt, denn sie untergraben dessen Standfestigkeit und damit seinen Wert aus Kundensicht. Glücklicherweise gibt auch in diesem Bereich praktikable Möglichkeiten, wie Sie mit Zweifeln und erschwe-

renden Glaubenssätzen aufräumen (siehe Seite 102). Die Zahlen weisen deutlich darauf hin, dass schon das Ausmerzen geringer Zweifel erhebliche positive Effekte erzielt. Also: Räumen Sie hemmende Gedanken beiseite, nehmen Sie Haltung an und stärken Sie Strategie wie Selbstwertgefühl. Ihr Konto wird es Ihnen danken – und Ihre Arbeits- und Lebensfreude auch.

Betrachtung des Einflusses von Selbstzweifeln auf den durchschnittlichen Tagessatz.
Lesebeispiel: Trainer mit erheblichen Selbstzweifeln (Wert = 5 und 6) erzielen den niedrigsten Tagessatz.

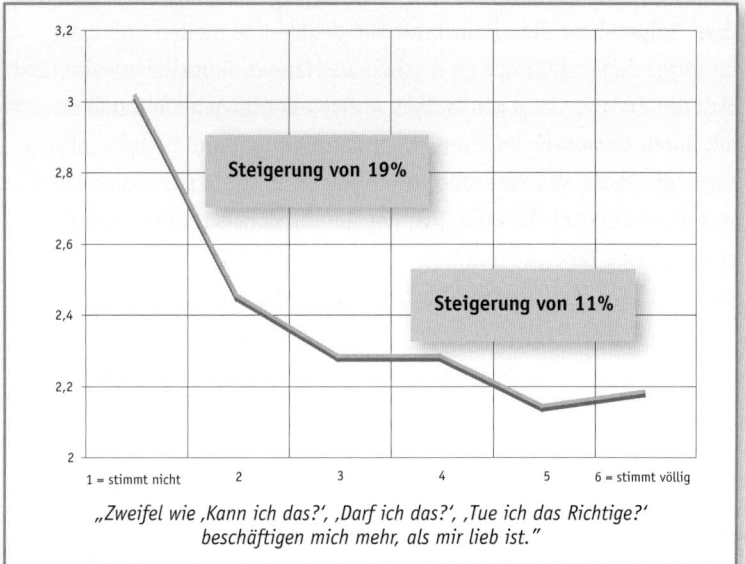

"Zweifel wie ‚Kann ich das?', ‚Darf ich das?', ‚Tue ich das Richtige?' beschäftigen mich mehr, als mir lieb ist."

Ihr Handwerkszeug zur Honorarermittlung

Ihr Honorar   Beantworten Sie zunächst nacheinander die drei folgenden Fragen:
▶ Was ist Ihr aktuelles Tageshonorar?
▶ Welches Tageshonorar sind Sie und Ihre Leistungen wert?
▶ Was sind potenzielle Kunden aus Ihrer Sicht bereit, für Ihre Dienstleistung zu bezahlen?

In einer idealen Welt sind Ihre Kunden bereit, genau das Honorar zu zahlen, das Ihrem eigenen Wertempfinden als Trainer entspricht und das Sie im Alltag so auch generell durchsetzen. Leider ist das wohl eher selten der Fall. Häufig sieht es so aus: Ihr erzieltes Tageshonorar liegt unter Ihrem gefühlten Wert, ist aber aus Ihrer Sicht das maximal erzielbare für diesen Markt und Ihre Tätigkeit. Die Folge: Die Arbeit

wird eben erledigt – „ist ja besser als nichts". Natürlich können besonders sympathische Kunden, spannende Aufträge und langfristige Ver-
träge darüber hinwegtrösten – doch spätestens bei ersten Schwierigkeiten mit dem Kunden kehrt die innere Stimme zurück: „Du verkaufst
Dich unter Wert." Letztendlich stellt sich nicht die Frage, was Sie wert
sind, sondern was der Markt hergibt.

Wege aus der
Wertfalle

Hier einige Anregungen, um dieser Wertfalle zu entkommen:

Sind potenzielle Kunden wirklich nicht bereit, Ihr „Wunsch-honorar" zu zahlen?

▶ Haben Sie hierzu eine möglichst breite Erfahrung oder Marktfor-
schungsergebnisse? Oder *glauben* Sie nur, dieses Honorar sei nicht
durchsetzbar?

▶ Gibt es Kollegen, die bei ähnlicher Leistung und ähnlichen Kunden
mehr verdienen? Was machen die anders als Sie?

▶ Erklären Sie Ihre Dienstleistungen spannend genug? Treffen Sie den
Leidensdruck der Interessenten? Bieten Sie genug Sicherheit, damit
Ihr potenzieller Kunde seine Hemmschwelle überwinden kann, Sie
als Trainer zu buchen?

Falls Ihre Zielgruppe tatsächlich nicht bereit ist, ein höheres Honorar zu zahlen: Wie können Sie Ihre Dienstleistung anreichern und damit wertvoller machen?

▶ Manchmal ist es die Bekanntheit des Trainers, die über die Höhe des
Honorars entscheidet. Nutzen Sie ausreichend viele PR-Kanäle wie
Buch, Fachartikel, Newsletter etc., um bekannter zu werden?

▶ Manchmal ist es die besondere Erfahrung des Beraters, die Kunden
gerne mehr zahlen lässt. Wie gut kommunizieren Sie Ihre Erfahrung,
Ihre Referenzprojekte und die positiven Meinungen Ihrer Kunden?

▶ Manchmal sind es der bedingungslose Kundenservice, die absolute
Zuverlässigkeit und die Kontaktvielfalt, die über hohe Honorare
entscheidet. Wie unterstützen Sie Ihre Kunden außerhalb des Bera-
tungsauftrags? Helfen Sie ihnen über Ihre Arbeit hinaus, erfolgreicher zu werden?

▶ Die meisten Kunden wünschen sich ernst zu nehmende, selbstbe-
wusste und souveräne Berater. Wie souverän wirken Sie in Preisver-
handlungen? Wirken Sie bereits souverän genug auf Ihre Interessen-

ten? Oder haben Sie insgeheim Gedanken wie „Den Auftrag brauche ich jetzt unbedingt", „Das zahlt der mir nie" oder „Lieber etwas niedriger ansetzen und den Auftrag sicher in der Tasche"?

Falls Kunden nicht bereit sind, Ihr Wunschhonorar zu zahlen, und eine Anreicherung der Dienstleistung nicht möglich ist: Welche Alternativmärkte gibt es für Ihre Dienstleistung?

▶ Haben Sie sich intensiv mit Alternativen zu Ihrem momentanen Markt beschäftigt? Vielleicht lohnt es sich, darüber nachzudenken, ob Ihre Dienstleistung nicht auch von anderen Personen, anderen Unternehmen, anderen Branchen, anderen Führungsebenen und anderen Menschentypen gebraucht wird: Wessen Leidensdruck können Sie wirklich optimal lösen?

▶ Sind Ihre Dienstleistungen in einer anderen Region, einem anderen deutschsprachigen Land oder vielleicht sogar international gefragt?

Die Möglichkeiten sind durchaus vielfältig. Je fundierter dabei Ihre Planung ist, desto geringer der Aufwand für die Umsetzung – und desto höher der erzielbare Preis.

Die innere Haltung

Experten- statt Verkaufsgespräch

In meiner Arbeit mit Trainern zeigt sich immer wieder: Handwerk ist nicht alles – selbst in Kombination mit klarer Positionierung und schlüssiger Kalkulation. Wenn Sie dem Kunden gegenüber lediglich *benennen*, was Sie machen, ihn über Ihre Leistungen informieren und versuchen, sie ihm zu verkaufen, bleibt der Erfolg erfahrungsgemäß ungewiss, und Sie haben weiterhin das typische „Anbiedergefühl" der Akquise.

Machen Sie lieber aus dem „Verkaufsgespräch" ein „Expertengespräch". Denn eben das ist die Haltung, die nicht nur für Ihren potenziellen Auftraggeber spannender ist, sondern auch für Sie. Treffen Sie Ihren Kunden mit der Einstellung „Schauen wir, was wir miteinander erreichen können. Ich freue mich über den Auftrag – aber nicht um jeden Preis." So begegnen Sie Ihrem Gegenüber auf Augenhöhe und besprechen die gemeinsamen Möglichkeiten – lassen sich aber nicht mehr

dazu hinreißen, 300 Kilometer zu fahren, nur um beim Kunden „vortanzen" zu dürfen. Ihr Selbstwert bleibt und zahlt sich aus. Dies ist eine Erfahrung, die sich auch in den Einschätzungen der Studienteilnehmer niederschlägt: Die Grafik zeigt den Einfluss des Tagessatzes auf das Gefühl, als gleichberechtigter Gesprächspartner wahrgenommen zu werden. Man erkennt, die Steigerung der Honorarsituation bei einem ebenbürtigen Gespräch ist enorm. Der Effekt funktioniert auch andersherum: Je konsequenter ein Trainer zu seinen Honoraren steht, desto eher wird er vom Auftraggeber auf Augenhöhe akzeptiert.

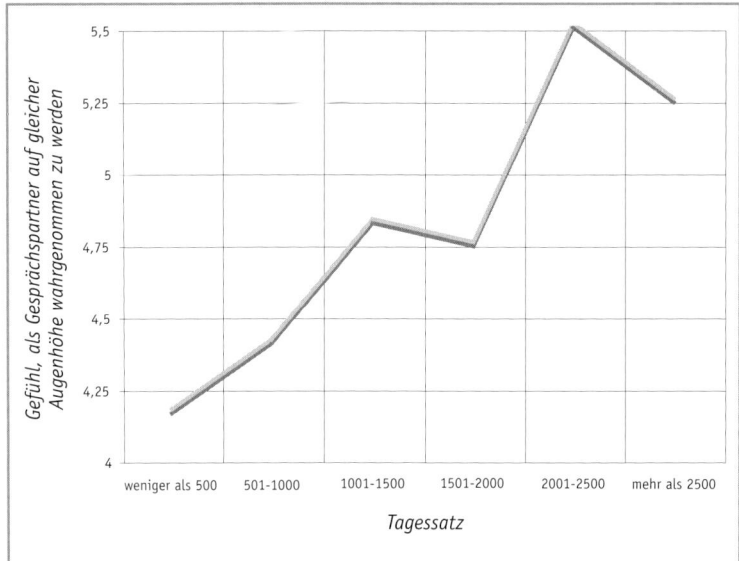

Betrachtung des Einflusses des Tagessatzes auf das Gefühl, als gleichberechtigter Partner wahrgenommen zu werden.

Im Grunde ganz einfach. Aber wie kann eine so wünschenswerte Haltung funktionieren, wenn der eigene Kontostand geradezu nach einem Auftrag schreit? Oder man doch im Gespräch in die Bittstellerrolle rutscht? Oder das Innere dem „Geruch des Geldes" widerstrebt?

Mit den folgenden fünf Methoden stabilisieren Sie Ihre innere Haltung:

Stabilisieren Sie Ihre innere Haltung

1. So tun als ob
So trivial es klingt, so wirkungsvoll ist es: Tun Sie so als ob! Legen Sie inneren Druck wie „Ich muss schnell Geld verdienen" ab, und tun Sie einfach so, als hätten Sie das Geld nicht nötig. Diese Haltung zeigt:

„Ich freue mich über Aufträge und Kundenkontakte, und die *richtigen* werde ich auch gewinnen."

2. Daran glauben

Trainer sind als Alleinunternehmer unmittelbar mit ihrer Leistung verbunden. So wird der Umgang mit Honoraren zu einer ihrer größten Herausforderungen, denn unausgesprochen schwingen immer auch Fragen mit wie „Was und wie viel bin ich wert?" und „Bin ich das wert?" Wandeln Sie negative Gedanken und Glaubenssätze in positive um und vertrauen Sie darauf. Bei einigen wird es Ihnen sofort gelingen, bei anderen ist vielleicht ein wenig mehr Zeit oder professionelle Unterstützung von außen notwendig.

Einige Beispiele:

Hinderlicher Glaubenssatz		Unterstützender Glaubenssatz
„Geld ist nicht alles." „Geld ist schlecht."		„Geld ist der Stoffwechsel meines Unternehmens."
„Ich werde nie genug haben." „So ist das Leben, nur ein paar Auserwählte werden sich nie um Geld sorgen müssen."		„Alles, was ich brauche, kommt zu mir."
„Ich muss mich entscheiden: Sinn oder Geld." „Geld verdirbt den Charakter."		„Geld ist die Realität des Lebens. Ich genieße es, und bin in Verbindung mit meinen ideellen und moralischen Werten."
„Ich bin nichts wert." „Ich verdiene es nicht, mehr Geld zur Verfügung zu haben." „Der Kunde ist König."		„Wir schauen, ob wir beide miteinander arbeiten können und wollen. Wenn wir beide profitieren und Freude daran haben, tun wir es, sonst nicht."
„Ich muss anderen helfen."		„Ich helfe mir genauso wie anderen."

Schreiben Sie Ihren neuen Glaubenssatz auf und behalten Sie ihn täglich im Blickfeld.

3. Es (vor-)erleben

Entspannen Sie sich vor einem Kundengespräch und erleben Sie innerlich, wie es optimal abläuft: Wie Sie Ihrem Kunden klar und positiv begegnen; wie Sie zusammen gelassen und engagiert besprechen, was Sie miteinander machen können. Sie sind sich Ihres eigenen Wertes und Ihrer Grenzen bewusst und spüren sofort, wenn Ihr Gegenüber zu viel von Ihnen verlangt.

Verankern Sie dieses Empfinden, indem Sie für sich einen Begriff, ein Symbol oder eine Geste als Anker bestimmen, der Sie auch während des Gesprächs an den gewünschten Zustand der Augenhöhe erinnert.

4. Spaß haben

Verinnerlichen Sie die Aspekte, die Ihnen an Ihrer Arbeit Freude bereiten, sowie Ihr oberstes berufliches Ziel und möglichst auch Ihre Vision. Wie sehen die Lösungen, die Sie für Ihre Kunden schaffen, aus? Was gefällt Ihnen daran und bereitet Ihnen Freude? Wenn Sie Ihrer „Mission" folgen, authentisch auftreten und mit Spaß bei der Sache sind, wird Ihnen auch die innere Haltung leichter gelingen – und Sie wirken attraktiver auf Ihre Kunden.

5. Wertvoll sein

Seien Sie sich bewusst, was Sie und Ihre Arbeit wert sind. Wenn Sie meinen: „Ich bin ja gar nicht so besonders", liegt das vielleicht an Ihrem Marketing. Stimmen Ihr Marketinghandwerk und die Besonderheiten, die Sie präsentieren? Der entscheidende Punkt ist: Solange Ihre Leistung wirklich am Markt gebraucht wird, ist sie für Ihre Zielgruppe auch wertvoll. Dann haben Sie keinerlei Grund, sich als Bittsteller zu fühlen. Der Kunde, der nicht bereit ist, einen entsprechenden Gegenwert für Ihre Leistung zu erbringen, ist vielleicht einfach nicht der Richtige.

Ein Notfall-Tipp des Selbstmanagement-Experten John Selby ist, leicht angepasst, auch für Trainer interessant. Sollten Sie in einem Kundengespräch doch mal an Augenhöhe verlieren, kann eine einfache Übung in nur sechs Atemzügen helfen, sie wiederzuerlangen:

Atemzugübung als Notfall-Tipp

Ruhe und Festigkeit in einer Minute (nach John Selby)

---

1. Atemzug: Sagen Sie sich innerlich: „Ich entspanne."

2. Atemzug: Lenken Sie Ihre Aufmerksamkeit auf Ihren Atem.

3. Atemzug: Spüren Sie gleichzeitig Ihren Atem und Ihr Herz (Pulsschlag oder Herzraum).

4. Atemzug: Spüren Sie Ihren gesamten Körper.

5. Atemzug: Spüren Sie Ihren Körper und richten Sie Ihre Aufmerksamkeit auf Ihr Umfeld, heißen Sie es innerlich willkommen.

6. Atemzug: Erleben Sie das Gefühl von innerer Größe und Frieden.

Sie werden sehen: Mit gefestigter Haltung lebt und arbeitet es sich leichter. Wenn Sie die inneren Themen gelöst haben, das Handwerkszeug im Umgang mit den Finanzen beherrschen und klare Grenzen setzen, spüren das auch Ihre Kunden. Sie werden weniger mit unangenehmen Kundengesprächen konfrontiert und suchen sich lieber einen anderen (potenziellen) Auftraggeber, wenn die Augenhöhe nicht passt!

Literaturtipps

▶ Petra Bock: „Nimm das Geld und freu Dich daran. Wie Sie ein gutes Verhältnis für Geld bekommen". Kösel, 2008.

▶ John Selby: „Wer warten kann, hat mehr vom Leben. Der entspannte Weg zu mehr Gelassenheit". Kösel, 2000.

▶ Hermann Simon, „Hidden Champions des 21. Jahrhunderts. Die Erfolgsstrategien unbekannter Weltmarktführer". Campus, 2007.

▶ Giso Weyand: „Die 250 besten Checklisten für Berater, Trainer und Coaches". mi, 2008.

▶ Giso Weyand: „Sog-Marketing für Coaches. So werden Sie für Kunden und Medien (fast) unwiderstehlich". managerSeminare, 2008.

▶ Giso Weyand (Hrsg.): „Das gewisse Extra. Beratermarketing für Fortgeschrittene". managerSeminare, 2007.

Nadine Hamburger: Glücklich als Trainer

Hermann Scherer:
Groß denken –
diszipliniert arbeiten

Von Giso Weyand

Wir Bayern glauben an zweierlei: den lieben Gott und den Weißwurstäquator. Der verläuft auf der Höhe des Mains und teilt den Erdball in zwei Teile – in Bayern und Nicht-Bayern. Jenseits der Linie, so will es das Klischee, herrscht die strenge preußische Disziplin und dafür leben die Menschen „halt so vor sich hin". Wir Bayern dagegen verstehen uns auf die wahre Kunst des Lebens, wie sie ein Preuße überhaupt nicht begreifen kann.

Hermann Scherer verbindet das Beste aus beiden Welten.

Da ist der motivierende Redner, wie man ihn kennt. Der Mann, der Bill Clinton nach Deutschland holte. Der Autor, der es in die Wirtschaftsbestsellerliste schaffte. Und vor allem der Redner, der sein Publikum mitreißt. „Als ich auf der Agenda die Länge Ihres Vortrags sah, dachte ich nur: Wie soll ich das durchhalten?", schrieb ihm einmal ein Veranstaltungsteilnehmer. „Anschließend wünschte ich mir, Sie hätten den ganzen Tag vorgetragen." In der Tat: Hermann Scherer bietet 90 Minuten großes Kino – mit Beispielen, Geschichten, Filmeinlagen, Schaustücken und Demonstrationen, dazu an die 100 Power-Point-Folien. „Ich brauche die Energie des Publikums", erklärt er. „Deshalb versuche ich, von Anfang an gut zu sein. Gerade die ersten Minuten sind für einen guten Vortrag entscheidend. Wenn ich mit positiver Ausstrahlung den Vortrag starte, dann kommt auch eine positive Energie vom Publikum zurück, das gibt mir wiederum Kraft. In diesem

Porträt

Wechselspiel entwickelt sich in gewisser Form eine – wenn auch nicht verbale Kommunikation, und es macht Spaß." Das ist Hermann Scherer, wie ihn bis heute rund 150.000 Menschen erlebt haben.

Ich lerne Hermann Scherer lange vor dem Interview für dieses Buch kennen. Nachdem ich ihn als Vortragsredner erlebt habe, buche ich ihn als Sparringspartner für einige meiner Projekte. Eingestellt bin ich auf einen extrovertierten Typen, einen Menschen, der mit mir gerne über Uhren, Autos und gute Restaurants, über das schöne Leben als erfolgreicher und wohlhabender Berater plaudern wird. Da passt es ins Bild, dass er vorschlägt, am Abend vorher gemeinsam essen zu gehen.

Doch das Abendessen verläuft anders als erwartet: Nicht Uhren und Autos sind das Thema, stattdessen zückt er seinen Notizblock und ist darauf eingestellt, mit der Arbeit loszulegen. Wir tauschen Ideen aus, geraten immer mehr in die Arbeit. Aus dem Restaurantbesuch wird ein produktiver Abend, aus dem ich eine große Sammlung an interessanten Ergebnissen mitnehme. Und auch am Tag darauf, dem eigentlichen Sparrings-Tag, erlebe ich Hermann Scherer als Partner, der sich ausschließlich auf mich, seinen Kunden, konzentriert. Keine Sekunde wird verschwendet, keinen Moment geht es um Hermann Scherer – immer ist er darauf bedacht, mein Anliegen zu erkennen und rundum zu erfüllen.

Hier der eher extrovertierte Bühnenmensch, da der perfekte Dienstleister: Gibt es das wirklich? Für unser Interview nehme ich mir vor, ihn zu provozieren und doch eine Schwachstelle im „System Scherer" zu finden. Die Schwachstelle, über die ich angreifen will, ist Scherers Umgang mit der Vielzahl von Anfragen jeder Art. Er behauptet nämlich, einen Großteil der Interessenten persönlich anzurufen – und das auch noch zeitnah.

Ob er denn wirklich nahezu jede Anfrage beantwortet, frage ich ihn. Und hake mehrmals nach. Welche Kriterien er anlegt, um Anfragen auszusortieren. Ob er nicht doch Prioritäten setzt und sich überlegt, welche Anfrage für ihn interessanter sein könnte. Hermann Scherer lässt sich nicht beirren: „Sorry, aber wenn eine Anfrage da ist, wird sie beantwortet." Und noch einmal gefragt, warum er nach einem anstrengenden Tag am späten Abend jede

Anfrage abruft und gleich selbst beantwortet, sagt er: „Ich tue das, weil es Zeiten gab, in denen ich mich gefreut hätte, so viele Anfragen wie heute zu bekommen, und außerdem ist ein Gebot des Re-spekts. Meine Vision war, dass das einmal so gut funktioniert wie heute."

Selbstbewusstes Denken auf der einen Seite und Dankbarkeit für jede Anfrage – da ist sie wieder, die Scherer-Kombination. Wie ist er so geworden? Ich frage nach.

Vom Einzelhandelskaufmann zum Trainer

Hermann Scherer, 1964 in Moosburg an der Isar geboren, absolviert nach dem Abitur eine Lehre als Lebensmittel-Einzelhandelskaufmann und steigt nach einem Fachstudium mit 22 Jahren in den elterlichen Betrieb ein. Seine Eltern sind Donauschwaben, wurden im Krieg vertrieben und eröffneten im Flüchtlingslager einen Milchladen, aus dem später ein Betrieb mit mehreren Lebensmittelgeschäften hervorgeht. Erstmals in Führungsverantwortung stellt der junge Geschäftsführer fest, dass ihm der Umgang mit Mitarbeitern „gar nicht so leicht" fällt. Daraufhin besucht er ein Seminar für Kommunikation und Menschenführung – und bleibt bei dem Trainingsunternehmen hängen. Neben seiner Tätigkeit im elterlichen Betrieb arbeitet er dort erst als Assistent, dann als Trainer.

Das elterliche Unternehmen wirft zwar Gewinne ab, ist jedoch hoch verschuldet, als Hermann Scherer es schließlich von seinem Vater übernimmt. Die Bank rechnet ihm vor, dass er noch genau 137 Jahre arbeiten müsste, um schuldenfrei zu sein. Eine Perspektive, die er wenig verlockend findet. „Das war eine Alles-oder-nichts-Situation", erinnert er sich heute. Entweder er würde ein klassisches Leben mit normalem Einkommen führen und bis ans Lebensende Schulden abzahlen. Oder den Sprung in eine völlig neue Dimension schaffen. Scherer entscheidet sich für den zweiten Weg, löst die elterliche Firma langfristig auf und setzt auf das Redner- und Berater-Geschäft. Hierzu investiert er viel Geld, um das Geschäft von Anfang an richtig aufzubauen, und gewinnt tatsächlich eine Bank, um noch einmal zu investieren.

Porträt

Auf die Existenz als Trainer ist Hermann Scherer gut vorbereitet. 14 Jahre, bis zum Jahr 2000, hat er zuvor parallel bei der weltgrößten Trainingsorganisation gearbeitet. Eine harte Schule – auch im Verkauf: „Als ich dort anfing, gab es noch keine Computer", erinnert er sich. „Ich habe das Telefonbuch aufgeschlagen und bei A angefangen: Hätten Sie nicht gern ein Training, 99 Mark, einen ganzen Tag, in München." In diesen Tagen reift der Wunsch, dass die Kunden von sich aus auf ihn zukommen. Er sieht sich am Schreibtisch sitzen, und das Telefon klingelt – ein Bild, das ihn nicht mehr loslässt. Er ist fest entschlossen, dahin zu kommen. Anstatt weiter Geld und Energie in die Kaltakquise zu stecken, fängt er an, sich einen Expertenstatus aufzubauen. „Die meisten Berater, Trainer und Coachs denken zu klein", stellt er fest. Stattdessen möchte er „die großen, außergewöhnlichen Dinge angehen". Und setzt sich auch gleich ein ehrgeiziges Ziel: Er will ein Buch schreiben und damit auf die Bestsellerliste.

Dem hehren Ziel folgt die disziplinierte Arbeit. Bis heute veröffentlicht Hermann Scherer als Autor, Co-Autor und Herausgeber von rund 30 Büchern und Hörbüchern; das Buch „Das überzeugende Angebot" und der Motivationsratgeber „Die kleinen Saboteure", zusammen mit Marco von Münchhausen verfasst, schaffen es tatsächlich in die Wirtschaftsbestsellerliste. Außerdem bringt er es auf über 1.200 Berichte in den Medien, fast 30.000 Leser abonnieren seinen Newsletter. „Hermann Scherer begeisterte", schreibt die Süddeutsche Zeitung. „Einer der zehn besten Marketingexperten in Deutschland", urteilt die Neue Westfälische Zeitung. „Die versammelte Unternehmerschaft applaudierte begeistert", beobachtet die Offenburger Zeitung. Und der Fernsehsender RTL stellt ganz einfach fest: „Spitzentrainer und Highlight des Jahres." Noch vor zehn Jahren stand er vor einem Schuldenberg, jetzt ist er einer der Erfolgreichsten seiner Branche. War es Talent, Glück, harte Arbeit? „Zu 99 Prozent harte Arbeit", antwortet Scherer ohne Zögern.

Auch den Schritt vom Trainer zum Redner hat er sich hart erarbeitet. Wie immer soll es zunächst einmal schnell gehen, für Bedenken nimmt er sich keine Zeit – getreu seinem pragmatischen Motto: Lass uns lieber mit einer 90-prozentigen Qualität starten, als auf eine 100-prozentige Qualität zu warten. An seine Mitarbeiter hat er das Credo ausgegeben, dass Fehler er-

laubt sind, wenn sie durch Schnelligkeit entstehen, nicht jedoch wenn sie durch Abwarten und Langsamkeit verursacht werden. „Ich liebe es, wenn es vorwärts geht. Wir arbeiten gerne nach dem Motto „Der heutige Zustand ist der denkbar schlechteste".

Dass dann ein Schritt auch einmal zu schnell erfolgt oder zu groß ausfällt, nimmt er in Kauf. So lässt sich erklären, dass er als Redner vor großem Publikum anfangs ein, zwei Mal floppt. Mit Schaudern erinnert er sich: „Wenn Du auf der Bühne stehst und Du siehst, wie ein Drittel der Leute am liebsten den Saal räumen würde – es ist Horror ..." Hermann Scherer muss erkennen, dass es ein Unterschied ist, ob er einen Tag lang mit einer kleinen Gruppe als Trainer arbeitet oder 90 Minuten vor großem Publikum einen mitreißenden Vortrag inszeniert. Als Trainer war er es gewohnt, individuell auf Menschen einzugehen, Fragen zu stellen und Antworten zu diskutieren. Anders jetzt: „Auch als Redner habe ich Fragen gestellt, nur es kamen keine Antworten."

Aus dem Desaster zieht Scherer die Konsequenz, in seinen Vorträgen nicht nur auf inhaltsschweren Tiefgang zu setzen, sondern auch emotionale Elemente in den Mittelpunkt seiner Erlebnisvorträge zu stellen. „Als Trainer oder Einzelcoach kann ich einem Kunden präzise helfen und ihm genau sagen, was er tun soll." Anders auf der Bühne: Dort müsse man die Dinge vereinfachen und verallgemeinern, ohne dabei in die Oberflächlichkeit abzugleiten. Hier gilt es, einen guten Mittelweg zu finden.

Hermann Scherer ließ sich nicht beirren. Beharrlich, mit Disziplin und harter Kleinarbeit eroberte er die Bühne. Für einen Vortrag sammelt er heute gut ein Jahr lang Stoff und Erfahrungen, dann folgen zusammengerechnet sechs Wochen konzentrierte Arbeit, um die Details auszuarbeiten. „Je netter und lockerer etwas auf der Bühne aussieht, umso schwieriger war die Vorbereitung." Dass sich diese Mühe auszahlt, ist die andere Seite der Medaille. Wenn er den Vortrag dann 100 Mal für – sagen wir einmal – 8.000 Euro hält ...

Im Vortragsbusiness ist Hermann Scherer nicht nur als Redner, sondern auch als Unternehmer tätig. Unter dem Motto „Von den Besten profitieren" gründete er im Jahr 2000 die Firma Unternehmen Erfolg GmbH, einen Veran-

Porträt

stalter von Vortragsreihen, der es innerhalb von vier Jahren zum Marktführer brachte. Die Veranstaltungen, die gemeinsam mit führenden deutschen Medien wie Süddeutsche Zeitung, Focus und Handelsblatt durchgeführt werden, besuchen jährlich rund 140.000 Teilnehmer.

Wie man Bill Clinton nach Deutschland holt

Das bisherige Highlight von Unternehmen Erfolg: Bill Clinton nach Deutschland zu holen. Eigentlich war der Name des damaligen amerikanischen Präsidenten eher im Scherz gefallen. Doch das Team um Hermann Scherer packte der Ehrgeiz, man rief im Weißen Haus an – und die Dinge nahmen ihren Lauf. „Persönlich habe ich durch das Clinton-Projekt gelernt, dass das scheinbar Unmögliche manchmal leichter zu realisieren ist als das Naheliegende."

Auch die Clinton-Story wäre ohne beharrliches Dranbleiben nicht möglich gewesen. Auf Scherers Anfrage teilte das Weiße Haus zunächst mit, ein amtierender Präsident könne gar keine Vorträge privater Natur im Ausland halten. Drei Tage nachdem Nachfolger Präsident Bush im Amt war, griff Scherer sein Vorhaben wieder auf – und ließ nicht locker, bis er den Privatier Clinton aufgetrieben und ihn als Redner für ein Zukunftsforum in Augsburg verpflichtet hatte. Waren zunächst monatelange Geduld und Beharrlichkeit notwendig, blieben am Ende von der Zusage bis zur Veranstaltung nur sechs Wochen. Es folgte eine organisatorische Meisterleistung. Das Team des Ex-Präsidenten forderte Informationen bis ins kleinste Detail – zum Beispiel eine Skizze des Tischplans, dazu Namen und Lebenslauf aller 30 Personen, die an Clintons Tafel sitzen sollten. Im Vorfeld des Besuchs landeten rund 50 Mitarbeiter des United States Secret Service in Augsburg. Hinzu kam die bayerische Polizei, die mit 300 Personen ihren Einsatz schon Wochen vorher plante und übte.

Am 16. Dezember 2001, einem Adventssonntag, traf Bill Clinton dann tatsächlich ein. Wer den Ex-Präsidenten nicht nur hören und sehen wollte, konnte ein VIP-Paket buchen: Abendessen mit Clinton, Händeschütteln mit Clinton, Foto mit Clinton – zum Komplettpreis von 1.800 Euro. Das Handshake

war, wie der ganze Auftritt, minutiös geplant. „Clinton gab uns genau 19 Minuten Zeit für 150 Fotos", berichtet Hermann Scherer. „Wir hatten dann drei Fotografen engagiert, das ging wie am Fließband."

Die Veranstaltung mit Bill Clinton kostete rund 700.000 Euro, davon erhielt der Ex-Präsident rund 250.000 Euro an Honorar. Die Einnahmen der Veranstaltung deckten in etwa die Kosten, unterm Strich blieb eine schwarze Null. Mehrere Fernsehsendungen und annähernd 200 Presseartikel berichteten darüber. Ein unschätzbarer Positionierungseffekt: „Hermann Scherer? Das ist doch der, der Bill Clinton zum Abendessen eingeladen hat", heißt es seitdem.

Hermann Scherer, das ist der Visionär, der Mann der großen Ziele – der viele Millionen Mark Schulden seines Vaters übernimmt, ein eigenes Unternehmen gründet und zum Marktführer aufsteigt. Der Unternehmer, der auf Geschwindigkeit setzt und es liebt, wenn die Dinge vorangehen. Der Redner, der die Menschen mitreißt und herausragende Honorare erzielt. Nicht zuletzt der Bayer, stets charmant und höflich, der es versteht, Leben und Wohlstand zu genießen. Hermann Scherer, das ist aber auch der disziplinierte Arbeiter, der hartnäckig bei der Sache bleibt. Der bedingungslose Dienstleister, der keine Nachricht unbeantwortet lässt.

Bayerischer Charme und Lebensstil vereint mit preußischer Disziplin: Es geht also doch. Bleibt uns Bayern, nur noch an den lieben Gott zu glauben.

III.

Aufbauelemente
für kraftvolles Trainerdasein

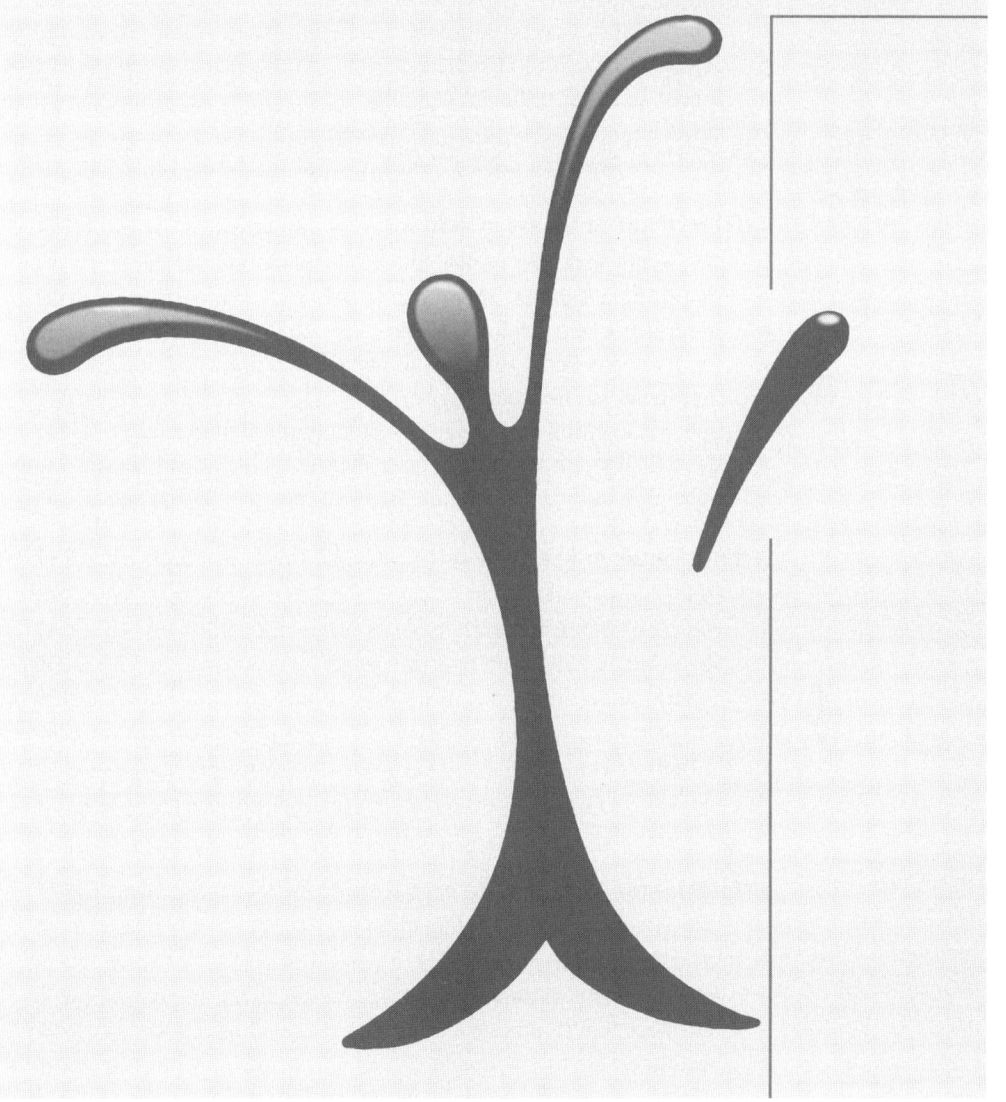

Erfolgsfaktor 3: Verbunden sein **115**
- ▶ Der alltägliche Wahnsinn: Rollenvielfalt................................ 118
- ▶ Allein oder gemeinsam? Ihr Bedürfnis- und Kompetenz-Mix 121
- ▶ Die häufigsten Stolperfallen bei der Zusammenarbeit............... 123
- ▶ So wird Ihr Netzwerk stimmig.. 135
- ▶ So kann es gehen.. 141

Erfolgsfaktor 4: Furchtlos sein...**151**
- ▶ Schritt 1: Grundeinstellung „Ich bin ein Meister, der übt."....... 156
- ▶ Schritt 2: Den Maßstab höher setzen 162
- ▶ Schritt 3: Die Realität erfassen 165
- ▶ Schritt 4: (Intuitiv) Entscheiden 173
- ▶ Schritt 5: Zur Entscheidung stehen 175
- ▶ Zur rechten Zeit strategisch abbrechen 177
- ▶ Ihr Friedensvertrag mit der Angst 182

Erfolgsfaktor 5: Gelassen sein..**191**
- ▶ Sich sicher managen im Wirbel der Gedanken und Gefühle....... 194
- ▶ Wenn Angst & Co. regieren.. 197
- ▶ Wenn Kritik und Zweifel regieren 203
- ▶ Wenn Sie das Ruder in die Hand nehmen 207
- ▶ Drei Hebel zur Gelassenheit
- ▶ Hebel 1: Emotion und Gedanke = Freund und Helfer............... 211
- ▶ Hebel 2: Bändigen Sie Ihr inneres Team 216
- ▶ Hebel 3: Negative Gedanken reduzieren, positive kultivieren.... 219

Erfolgsfaktor 6: Kraftvoll sein..**237**
- ▶ Ihre Energie-Tankstellen 244
- ▶ Was raubt Ihnen Energie?... 247
- ▶ Wie erkennen Sie Ihren Energie-Level? 250
- ▶ Essen.. 255
- ▶ Bewegen 260
- ▶ Entspannen 266
- ▶ Noch mehr Futter.. 271
- ▶ Was brauchen Sie?.. 273

Erfolgsfaktor 7: Beständig sein **277**
- ▶ Selbstorganisation im Traineralltag..................................... 281
- ▶ Nicht aller Anfang ist schwer!.. 288
- ▶ Aufschieberitis entlarven 290
- ▶ Härtetest fürs Marketing 292
- ▶ Bestätigen Sie Ihre Vorhaben.. 296
- ▶ Stärker sein als Tiefs und die Macht der Gewohnheit 302

Erfolgsfaktor 3: Verbunden sein

Was den Erfolg ausmacht ...

▶ Sie wissen genau, welche Tätigkeiten Sie am besten alleine bewältigen und unter welchen Rahmenbedingungen Ihnen diese gut und mit Freude gelingen.

▶ Sie pflegen Kontakte und Beziehungen (nur) dort, wo Sie sie wirklich brauchen oder sie Ihnen gut tun.

▶ Sie haben Ihr individuelles Netz aus Beziehungen und Kontakten geknüpft und unterziehen diese von Zeit zu Zeit einem kritischen „Waschgang".

Kinder oder keine Kinder? ALDI oder KaDeWe? Auto oder Bahn? Drei Fragen, auf die es keine Pauschalantwort gibt. Kinder mit dem richtigen Partner und den richtigen Lebensumständen können die Erfüllung schlechthin sein. Wenn der Partner ein windiger Hallodri ist, die Mutterschaft dem lang ersehnten beruflichen Erfolg entgegensteht oder eine Schwangerschaft mit höchstem Risiko behaftet ist, dann sieht die Antwort schon ganz anders aus. Genauso kann ALDI beim Einkauf der Grundausstattung für die nächste Party die absolut richtige Wahl sein – doch für das Romantik-Dinner besorgen Sie die Leckereien vielleicht doch eher im KaDeWe. Die Geschäftsreise von Berlin nach Frankfurt machen Sie lieber in drei Stunden mit dem City Express, aber die Tour von Hintertöpeln nach Mergenheim besser mit dem Auto: Entweder-oder-Fragen sind häufig zu kurz gegriffen. Das gilt auch für die Frage „Einzelkämpfer oder Teamplayer?". Sollten Sie als Berater, Trainer oder Coach Ihr eigenes Ding machen oder sich doch lieber mit anderen zusammenschließen? Das kommt ganz darauf an: Beides hat Vorteile – beides aber auch Fallstricke.

Fakten (aus der Studie „Was Deutschlands Trainer bewegt")

Wie einsam sind Deutschlands Trainer wirklich?

Vielleicht sind sie allein erfolgreich – aber auch glücklich? 150 Reisetage im Jahr, das kleine Büro zu Hause, lange Nächte in sterilen Hotelzimmern, Netzwerke und Kooperationen, die bisweilen mehr Zeit rauben als greifbaren Nutzen stiften – der alltägliche Wahnsinn des Berufs. Wie gehen Trainer damit um?

Die Studie zeigt, dass das Einzelkämpferdasein für Trainer tatsächlich eine große, vor allem emotionale Belastung darstellt:
▶ 35 Prozent fühlen sich in ihrer Rolle als Einzelkämpfer unwohl.
▶ 44 Prozent wünschen sich mehr Austausch mit Kollegen.

Auf fachlicher Ebene, wenn es darum geht, geeignete Kooperationspartner für bestimmte Projekte zu finden, gelingt die Vernetzung zwar besser. Dennoch bleiben 26 Prozent der befragten Weiterbildungsanbieter, die auch diese Form des Netzwerkens als schwierig empfinden.

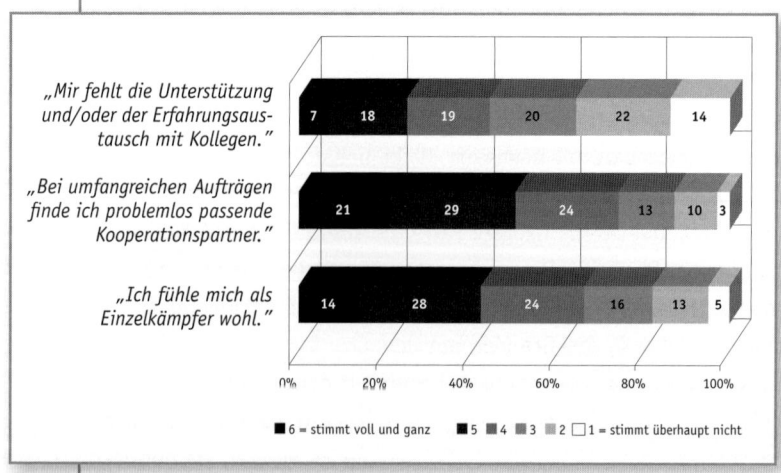

Kein Zweifel. Tagtäglich nehmen Sie unzählige Rollen ein: Als Trainer vermitteln Sie Ihr Fachwissen. Als Coach führen Sie ein einfühlsam-provokatives Coaching-Gespräch. Als Selbst-Coach reflektieren Sie Ihre eigenen Reaktionen und Emotionen. Als Dienstleister führen Sie professionelle Verkaufsgespräche, als Unternehmer organisieren Sie Ihr Büro, telefonieren, koordinieren, kontrollieren ... Und dabei liegt ihnen die eine Rolle oder Tätigkeit mit Sicherheit mehr als die andere.

Unzählige Rollen

Folglich fällt vielen Trainern das Dasein als Einzelkämpfer schwer, weil sie sich einsam fühlen, weil sie bei einem Übermaß (70 Prozent, laut Studienergebnis) an ungeliebten Tagesaktivitäten die Motivation verlieren, weil sie in ihrem Geschäft einfach nicht vorankommen oder weil sie nicht das Interesse, das Händchen oder ausreichend neue Ideen für ihre strategischen Aufgaben haben. Aber auch Team-Konstellationen brauchen mitunter mehr Zeit, Geld und Nerven, als dass sie nutzen.

Und Sie? Wo sind Sie Einzelkämpfer und wo eher Teamplayer? In welchen Rollen, bei welchen Tätigkeiten – und nicht zuletzt – unter welchen Rahmenbedingungen? Wer diese Fragen für sich geklärt hat, steigert das eigene Wohlbefinden enorm – und häufig auch den wirtschaftlichen Erfolg. Denn wenn Sie Ihre individuellen Bedürfnisse kennen, können Sie zielsicher die richtigen Konstellationen wählen, die zu Ihnen passen.

Die Basis für Ihr individuelles Netzwerk schaffen Sie in fünf Schritten der folgenden Unterkapitel:

Fünf Schritte zum passenden Netzwerk

1. Definieren Sie die Rollen Ihres Traineralltags ... (*Der alltägliche Wahnsinn: Rollenvielfalt*, ab Seite 118.)
2. ... und welche Konstellation für welche der Rollen Sinn macht. (*Allein oder gemeinsam? Ihr Bedürfnis- und Kompetenz-Mix*, ab Seite 121.)
3. Vermeiden Sie Stolperfallen. (*Die häufigsten Stolperfallen bei der Zusammenarbeit*, ab Seite 123.)
4. Legen Sie die Rahmenbedingungen der Zusammenarbeit fest. (*So wird Ihr Netzwerk stimmig*, ab Seite 135)
5. Setzen Sie es um. (*So kann es gehen*, ab Seite 141.)

Der alltägliche Wahnsinn: Rollenvielfalt

Im ersten Schritt auf dem Weg zum eigenen Rollenverständnis gilt es, Ihr alltägliches Multitasking in klare Aufgaben oder Rollen aufzuteilen – so erhalten Sie ein klares Bild Ihrer unterschiedlichen Tätigkeiten und können später zu jeder Ihre Bedürfnisse festlegen. Also ...

Netzwerken? Nur nach Bedarf!

Betrachten Sie Ihre vergangene Woche. Tag für Tag. Stunde für Stunde. Mit welchen Tätigkeiten haben Sie sich da beschäftigt? In welche Rollen sind Sie geschlüpft? Ziehen Sie entweder Ihre Erinnerung oder Ihre beruflichen Aufzeichnungen und E-Mails zu Rate, oder notieren Sie einfach eine Woche lang Ihre verschiedenen Aufgaben oder Rollen. Ergänzen Sie dann Funktionen und Tätigkeiten, die im Laufe des Monats und des Jahres hinzukommen, zum Beispiel Vorsteuer, Jahresplanung, Controlling, die Weihnachtskarten, der Elternabend ...

Passen Sie die Aufgaben Ihrer persönlichen Situation an und formulieren Sie sie gegebenenfalls um. Wenn es Ihnen zum Beispiel schwer fällt, Ihre neuen Ideen für fachliche Konzepte zu strukturieren, Sie diese dann aber problemlos alleine ausarbeiten können, ist es unter Umständen sinnvoll, die beiden Teilaufgaben getrennt aufzuführen – um beispielsweise nur für die Strukturierung einen Sparringspartner hinzuzuziehen.

Eine Liste häufiger Aufgabenbereiche und Trainerrollen

Hier eine Liste häufiger Aufgabenbereiche und einiger Rollen von Trainern. Die Einteilung nach Aufgaben erlaubt eine differenziertere Sicht. Sie können – sofern ausreichend – ebenso entsprechende Rollenbezeichnungen verwenden wie „Stratege", „Trainer", „Verkäufer", „Organisator". Die Begriffe Rollen und Aufgaben verwende ich hier gleichbedeutend.

118

Kundenbezogene Aktivitäten

▶ Auftragsklärung

▶ Vorbereitung Kundentermine (Seminar/Coaching/Beratung)

▶ Arbeit beim/mit dem Kunden (vor Ort/telefonisch)

▶ Auftragsabwicklung im Büro

▶ Neue Ideen entwickeln

▶ Fachliche Ausarbeitungen

▶ Kundenpflege

▶ Neukundenakquise

▶ ...

Unternehmerische Tätigkeiten

▶ Strategische Arbeit

▶ Konzeptionelle Arbeit

▶ Unternehmerische Entscheidungen treffen

▶ Geschäftsplanung und Controlling, Buchhaltung

▶ Werbung und Öffentlichkeitsarbeit

▶ Grafische Gestaltung (Präsentationen, Seminarunterlagen, Broschüren etc.)

▶ Texte schreiben (Konzepte, Angebote, Internetseite etc.)

▶ Networking

▶ ...

Organisatorisches

▶ Planung und Koordination von Terminen/Räumen/Reisen

▶ Instandhaltung und Pflege Infrastruktur (Räume, Arbeitsmittel, Auto etc.)

▶ ...

Persönliches

▶ Reflexion der eigenen Arbeit und Person

▶ Psychohygiene: mit Emotionen umgehen, Gedanken klären, Hemmnisse lösen

▶ Selbstmanagement

▶ Ressourcen stärken: Ernährung, Bewegung, Ruhe, Erholung

▶ Fachliche Weiterbildung

▶ Persönliche Weiterbildung

▶ ...

Privates

▶ Freundschaften pflegen und genießen

▶ Kumpel, Sportsfreund treffen

▶ Partner und Liebhaber in der Beziehung/Ehe sein

▶ Mutter-/Vaterrolle einnehmen

▶ Hausarbeiten

▶ Familienmitglied sein

▶ Hobbys und persönlichen Interessen nachgehen

▶ ...

Allein oder gemeinsam?
Ihr Bedürfnis- und Kompetenz-Mix

Sofern Sie Ihre unterschiedlichen Rollen kennen, werden Sie nun leicht für jede einzelne feststellen können, ob Ihnen dabei das Alleinarbeiten oder eher ein Miteinander nützt. Allerdings hat es sich bewährt, Ihre (subjektiven) Bedürfnisse und Ihre eher objektiv, rein sachlich bewertete Kompetenz pro Tätigkeit getrennt voneinander zu betrachten.

Ein Beispiel: Vielleicht fühlen Sie sich normalerweise wohler dabei, wenn Sie sich bei Kunden als Teammitglied vorstellen – im Grunde könnten Sie sich jedoch viel *besser und erfolgreicher* präsentieren, wenn es im Erstgespräch nur um Ihre eigene Person ginge. In diesem Fall sind Bedürfnis und Kompetenz nicht klar und bewusst voneinander getrennt. Wahrscheinlich würden Sie eine Kooperation anstreben, obwohl es in diesem Fall zielführender wäre, das eigene Selbstbewusstsein oder eine prägnante Selbstvorstellung so weit zu entwickeln, dass Sie sich auch beim Ausspielen Ihrer eigenen Stärke wohlfühlen könnten.

Beantworten Sie für jede Ihrer Rollen/Aufgaben also die beiden folgenden Fragen – jeweils unabhängig voneinander.

Wie arbeiten Sie bei dieser Tätigkeit *lieber*?

Hier geht es nur um Ihr Empfinden, Ihre Wünsche und Bedürfnisse, geben Sie ihnen Raum. Expertise oder Ihr Können lassen Sie außer Acht – die sind erst später an der Reihe. Bei Ihren (Herzens-)Wünschen und Bedürfnissen ist alles erlaubt, was gefällt. Beantworten Sie diese Frage möglichst intuitiv.

Ihre Wünsche und Bedürfnisse

Wie arbeiten Sie bei dieser Tätigkeit *besser*?

Ihre Fähigkeiten Was ist, objektiv betrachtet, besser in Einzelarbeit bzw. im Team zu vollbringen? Mit „besser" ist hier gemeint:

▶ Ist es so schneller erledigt?

▶ Entspricht das stärker Ihren (Kern-)Kompetenzen und Werten, Ihrem Wissen und Ihren Ressourcen (siehe auch Kapitel *Klar sein*, siehe Seite 27)?

▶ Bringt Sie das Ihren Zielen näher (siehe auch Kapitel *Klug sein*, siehe Seite 81)?

▶ Ist der Aufwand für die Teamarbeit lohnenswert (zeitlich für Einarbeitung, Briefing, Kontrolle; finanziell; erforderliche Ressourcen wie Räume, Material, Technik)?

Wie würden andere Menschen aus Ihrem näheren Umkreis (Kollegen, Ihr Mentor, eine gute Freundin ...) Ihre Leistungen in diesem Punkt beurteilen? Welche Variante würden sie Ihnen empfehlen? Fragen Sie ruhig direkt nach: Welche Qualitäten sehen sie bei Ihnen? Was meint Ihr Umfeld, was für Sie sinnvoller ist? Ebenso können Sie Experten auf dem jeweiligen Gebiet befragen, beispielsweise Ihren Steuerberater für Buchhalterisches, einen Marketingspezialisten bei Fragen zu Ihrer Außenkommunikation oder Ihren Coach für das persönliche Management.

Rolle	Was brauche ich?	Welche Art der Verbindung suche ich?	Was ist mein Handlungsbedarf?	Priorität
Vortragsgeschäft	*Unterstützung für Koordination vor Ort und Buchverkauf*	*Verlässliche, versierte Assistenz*	*Festen Mitarbeiter suchen*	*3*
Beantworten Kundenanfragen	*Alle Anfragen werden persönlich beantwortet.*	*Keine*	*Feste Zeitfenster einplanen*	*1*
Koordination Termine und Reisen	*Koordination aller Termine und Reisen*	*Top-Sekretariatsservice*	*Aufgaben und Prozesse festlegen, externe Dienstleister recherchieren*	*2*
Marketing	...	...	...	...
Buchhaltung	...	...	...	...

Die häufigsten Stolperfallen
bei der Zusammenarbeit

Bevor Sie nun loslegen, sollten Sie sich möglicher Stolperfallen bewusst sein. Sie verbergen sich in aller Regel bei Bedürfnissen, die Sie *im Hinblick auf das Miteinander* beziehungsweise die Einzelarbeit haben. Daher ist es lohnenswert, seine grundlegenden Bedürfnisse zu erkennen – zu jedem dieser Beweggründe finden Sie anschließend die häufigsten *Irrtümer über die Zusammenarbeit* und erste Anregungen, wie Sie diese Stolperfallen umgehen.

Ihre Bedürfnisse im Hinblick auf das Miteinander

Vermeiden Sie Stolperfallen, bevor Sie sich für oder gegen eine Zusammenarbeit entscheiden, indem Sie Ihre Bedürfnisse hinsichtlich Team- oder Alleinarbeit überprüfen. Sonst laufen Sie Gefahr, Pseudo-Lösungen zu wählen, die nur unnötig viel Kraft, Zeit und Energie fressen: Wenn Sie sich beispielsweise grundsätzlich einsam fühlen, weil Sie mit sich selber nicht im Reinen sind, wird Ihnen die Bürogemeinschaft wenig nutzen. Im Gegenteil, wahrscheinlich entstehen neue Probleme, da die Kollegen im Nachbarraum natürlich nicht dazu da sind, Ihre inneren Themen zu kompensieren, Ihren Anspruch aber bewusst oder unbewusst wahrnehmen.

Was treibt Sie an, mit anderen zusammenzuarbeiten?

Machen Sie sich Ihre Beweggründe bewusst, eine bestimmte Rolle einzunehmen: Was finden Sie schön daran, an genau dieser Aufgabe mit anderen zusammenzuarbeiten? Oder anders gefragt: Warum machen Sie die Aufgabe ungern alleine? Ist es möglicherweise ein grundlegendes Zusammengehörigkeitsgefühl – oder der Wunsch, Entscheidungen nicht alleine treffen zu müssen?

Ihre Beweggründe für eine bestimmte Teamrolle

	Innerlich (nicht sicht- oder messbar)	**Äußerlich** (sicht- oder messbar)
Individuell „Ich"	**Was will ich für mich?** ▶ Mich weniger einsam fühlen ▶ Mich sicherer fühlen ▶ Höhere eigene Ziele erreichen (können) ▶ Mich selber verwirklichen (können) ▶ In Tiefs (emotional) aufgefangen werden ▶ Meine Ideen besprechen/überprüfen ▶ Input/neue Ideen bekommen ▶ Spaß haben ▶ Anerkennung, Wertschätzung ▶ Ansporn zu besseren Leistungen ▶ Das Gefühl, gebraucht zu werden ▶ Unterstützung, auch bei übermäßiger Selbstkritik, starken (Selbst-)Zweifeln ▶ Meine Motivation ankurbeln ▶ Frust loswerden ▶ Mehr Verbindlichkeit gegenüber meinen Zielen	**Was will ich für mein Verhalten und meine Wirkung tun?** ▶ Rückmeldung auf meine Arbeit ▶ Mich fachlich austauschen ▶ Neue Ideen generieren/strukturieren ▶ Anderen sagen, wo es lang geht ▶ Anderen Know-how vermitteln ▶ Mehr Kraft und Energie haben ▶ Auf meine Kerntätigkeit fokussieren ▶ Größere Aufträge annehmen ▶ Umfassendere Kundenlösungen anbieten ▶ Fachliches/persönliches Feedback ▶ Von anderen lernen ▶ Unterstützung bei (unternehmerischen) Entscheidungen ▶ Stärkere Außenwirkung als alleine
Kollektiv „Wir"	**Wie soll das Miteinander sein?** ▶ Intensivere Beziehungen pflegen ▶ Nähe und Verbundenheit spüren ▶ Gemeinsamen Zielen/Visionen folgen ▶ Gemeinsame Werte leben ▶ Miteinander neue Ideen entwickeln ▶ Gemeinsam freuen und feiern ▶ Sorgen miteinander teilen ▶ Gemeinsam mehr erreichen (neue Entwicklungen, größere Projekte) ▶ Emotionale Unterstützung geben + nehmen ▶ Positive Referenzerfahrungen mit der Zusammenarbeit	**Wie lebe und arbeite ich?** **Wo will ich hin?** ▶ Unternehmerisches Risiko teilen ▶ Mehr Zeit haben ▶ Kosten senken für Räume, Ausstattung ... ▶ Akquise erleichtern ▶ Mehr Aufträge erhalten ▶ Gemeinsames Marketing ▶ Andere Marketingaktionen umsetzen ▶ Eigene Aufträge weitervermitteln ▶ Lästige Akquisetätigkeit abgeben ▶ Lästige Arbeiten abgeben ▶ Die Arbeitsbelastung reduzieren, mein Geschäftsfeld erweitern ▶ Jemanden haben, der Struktur und Ordnung hereinbringt ▶ Mitarbeiter führen

Was treibt Sie an, alleine zu arbeiten?

Widmen Sie sich auf die gleiche Weise Ihrem Bedürfnis, *nicht* mit anderen zusammenzuarbeiten: Was reizt Sie daran, alleine zu arbeiten? Und wieder die Gegenfrage: Was stört Sie daran, mit anderen zusammenzuarbeiten? Wieso?

Was reizt Sie daran, alleine zu arbeiten?

Häufige Beweggründe für das Einzelkämpfertum:

	Innerlich (nicht sicht- oder messbar)	**Äußerlich** (sicht- oder messbar)
Individuell „Ich"	**Was will ich für mich?** ▶ Alleine sein ▶ Innere Ruhe finden ▶ Mich selber verwirklichen ▶ Alleine bin ich kreativer ▶ Ich lasse mir ungern helfen ▶ Anderen nicht helfen müssen ▶ Unabhängigkeit ▶ Meine Individualität leben ▶ Die Herausforderung spüren ▶ Das Risiko alleine tragen ▶ Mich sicherer fühlen ▶ Entscheidungsfreiheit	**Was will ich für mein Verhalten und meine Wirkung tun?** ▶ Status als Einzelkämpfer ▶ Klare Außenwirkung ▶ Keine Rechtfertigungspflicht ▶ Handlungsfreiheit ▶ Kraft/Energie sparen ▶ Die Lorbeeren alleine ernten
Kollektiv „Wir"	**Wie soll das Miteinander sein?** ▶ Gefühlte Unabhängigkeit ▶ Schlechte Erfahrungen mit Teamkonstellationen/Kooperationen ▶ Nur machen, was ich für richtig halte ▶ Ich habe keine Lust auf unnötige Diskussionen über die täglichen Befindlichkeiten ▶ Emotionale Unabhängigkeit	**Wie lebe und arbeite ich? Wo will ich hin?** ▶ Mein eigener Herr sein ▶ Unabhängig sein von Strukturen ▶ Allein für den (Miss-)Erfolg verantwortlich ▶ Abstand zu (möglichen) Konkurrenten ▶ Zeit- oder/und Kostenersparnis ▶ Kein Druck von anderen ▶ Selber über Abläufe bestimmen ▶ Keine Abstimmung mit anderen ▶ Ruhe haben ▶ Es ist bequemer

Wundern Sie sich nicht: Ein und derselbe Aspekt kann für den einen ein Argument für und für den anderen ein Argument gegen die Zusammenarbeit sein – je nach Persönlichkeit und eigenen Erfahrungen: So fühlt sich der eine sicherer, wenn er im Team mit anderen zusammenarbeitet, und der andere, wenn er alle Fäden selbst in der Hand hält und jederzeit weiß, was gerade geschieht.

Tipp: Wenn Sie bereits das Kapitel *Klar sein* gelesen und Ihre Werte erarbeitet haben, können Sie auch hier nochmals überprüfen, ob Ihre grundlegenden Werte eher auf die Arbeit alleine oder im Team hinweisen – und ob es Widersprüche gibt.

Die 15 häufigsten Irrtümer über Teamarbeit

Manche Beweggründe, sich für die Arbeit im Team bzw. für Unterstützung von außen zu entscheiden, sind durchaus handfest und sinnvoll. Andere Motive können aber auch grundlegenden Themen entspringen, die Sie für sich alleine oder mit fremder Hilfe bearbeiten sollten. Je bewusster Sie sich Ihrer persönlichen Themen sind, desto besser können berufliche Partnerschaften funktionieren. Durch die Klärung der eigenen Beweggründe können Sie im Vorfeld vermeiden, dass eine Zusammenarbeit unter falschen Voraussetzungen eingegangen wird oder unbewusste Probleme in die Verbindung hineingetragen werden.

Kernfragen Die Kernfragen lauten:
- ▶ Welche Bedürfnisse kann/sollte ich nur alleine klären?
- ▶ Wo können mir andere wirklich helfen und wie?

Beachten Sie dabei die häufigsten Irrtümer, die mit dem Miteinander verbunden werden und mir in meiner Arbeit immer wieder begegnen:

126

Was will ich für mich?	
Aufgepasst, hier schlummern die größten Pseudo-Gründe – und die besten Chancen für innere Zufriedenheit und Stabilität, indem Sie grundsätzliche Themen für sich lösen.	

Selbstzweifel

Wenn Ihnen immer wieder Selbstzweifel zu schaffen machen und Sie deswegen die Nähe von Kollegen suchen, ist das keine empfehlenswerte Basis für eine erfolgreiche Partnerschaft. Dann wäre es eher angebracht, dass Sie dieses Thema für sich alleine oder mithilfe professioneller Unterstützung lösen, bevor Sie es auf den Schultern von Kollegen austragen. Bewährte Methoden finden Sie im Kapitel *Gelassen sein*, ab Seite 191.

Sicherheit und Verantwortung

Mehr Sicherheit bringt die Team-Konstellation in den meisten Fällen nicht. Es handelt sich in der Regel um eine Pseudo-Sicherheit. Schließlich haben Sie nur einen begrenzten Einblick in die Qualität, Organisation und Aktivitäten Ihres Kooperationspartners und können nicht unbedingt abschätzen, wie effektiv beispielsweise dessen Akquise oder Projektarbeit ist. Entsprechend unsicher bleibt in der Regel auch, ob Sie die anvisierten Ziele miteinander erreichen. Zudem ist sicherzustellen, dass jeder der Beteiligten weiterhin Verantwortung übernimmt – und zwar nicht nur für sein Handeln, sondern auch für ein gelungenes Miteinander. Hier entlastet vor allem eine gewissenhafte Planung (siehe auch Kapitel *Klug sein*, ab Seite 65).

Team-Konstellationen bringen nicht mehr Sicherheit

127

Angst

Angst ist kein guter Ratgeber – und sollte schon gar kein Grund für eine feste Zusammenarbeit mit anderen sein. Auftragsflauten können zwei Partner genauso treffen wie einen alleine. Wirksame Techniken zum Umgang mit der eigenen Angst finden Sie im Kapitel *Gelassen sein*, ab Seite 207.

Einsamkeit

Auch als Einzelkämpfer können Sie sich mit sich selbst und anderen verbunden fühlen, und umgekehrt können Sie sich einsam fühlen, während Sie mit anderen Menschen zusammen sind. Schauen Sie ganz genau, wo Ihre Einsamkeit herkommt und wie Sie das Bedürfnis nach Gemeinsamkeit stillen können. Sind Sie schlichtweg ein extrovertierter Mensch, der auch nach dem Training noch den lockeren Austausch mit anderen Menschen braucht? Oder ist es eine tiefe Sehnsucht nach Geborgenheit, Liebe, innerem Frieden? Wann genau tritt das Gefühl von Einsamkeit auf? Was hilft Ihnen dann? Wie würden Freunde, Familie, Kollegen Ihre Situation beschreiben? Wie nehmen diese Sie wahr? Was würden Sie Ihnen sagen/raten? Welche wäre die passende Art, mit Ihrer Einsamkeit umzugehen? Hilfreiche Meditationen und Übungen, mit denen Sie innere Ruhe finden, erhalten Sie im Kapitel *Gelassen sein*, ab Seite 211 Auch Literatur kann helfen, wie etwa Ursula Wagners Buch: „Die Kunst des Alleinseins". Theseus, 2006.

(Selbst-)Motivation

Sie sind für Ihre Motivation selbst verantwortlich!

In erster Linie ist jeder Trainer für seine Motivation selbst verantwortlich, sie sollte nicht auf den Schultern anderer lasten. Hakt die Motivation, kann das ein wichtiger Hinweis sein: Stimmen Ihre Ziele mit Ihrer Tätigkeit wirklich überein? Fühlen Sie sich wohl in Ihrem Büro? Haben Sie die richtige Arbeitsatmosphäre oder brauchen Sie einfach mal einen Tapetenwechsel, zum Beispiel einige Stunden am Notebook in einem Café? Haben Sie sich Meilensteine gesetzt und feiern Sie Ihre Erfolge? Haben Sie genügend Ausgleich und Zeit zum Auftanken? Praktische Anregungen für mehr Motivation finden Sie in den Kapiteln *Klug sein* (ab Seite 100) und *Kraftvoll sein* (ab Seite 244). Diese können Sie alleine oder ggf. mit externer Unterstützung eines Coachs umsetzen. Wem es schwerfällt, selbst gesetzte Ziele einzuhalten, erhöht seine Erfolgschancen, indem er sie beispielsweise mit einer Kollegin oder einem

Kollegen teilt und sie/ihn regelmäßig über den aktuellen Stand informiert. Sehr effektiv kann es auch sein, sich einen „Buddy" zu wählen – einen Partner, zu dem man regelmäßig Kontakt hält, um über aktuelle Alltagsbelange zu sprechen, sich einen schnellen Rat oder Idee zu holen. Dies kann beispielsweise eine Person aus dem Kollegenkreis sein oder eine ebenfalls freiberuflich arbeitende Person aus einem anderen Tätigkeitsbereich.

Freiheit

Wirklich frei ist niemand. Im Grunde sind wir alle (voneinander) abhängig. Schließlich ist der Mensch nicht zum Alleinsein geboren. Tatsächliche Freiheit gibt es lediglich im Inneren, und die zu verspüren ist klasse. Aber auch in einer festeren Kooperation kann man sich „frei fühlen", vor allem, wenn man sich bewusst (und freiwillig) dafür entscheidet. Hilfreich sind aber auch regelmäßige Gespräche und Ausstiegsmöglichkeiten für den Fall, dass das Miteinander für einen der Partner nicht mehr stimmig ist. Zusammenzuarbeiten heißt nicht, seine Unabhängigkeit aufzugeben. Im Gegenteil: Die Idealkonstellation für erfolgreiche Partnerschaften beruht in besonderem Maße auf der Eigenverantwortung aller Beteiligten.

Was zählt, ist Eigenverantwortung

Anerkennung, Wertschätzung

Jeder hat das Bedürfnis nach Bestätigung und Anerkennung. Im Zuge intensiver Teamarbeit erhalten Sie zwar de facto direktes Feedback zu Ihrer Arbeit, allerdings sicherlich auch mal ein kritisches. Schauen Sie deshalb genau, wie Sie Ihr Bedürfnis nach Anerkennung am besten stillen. Der Wunsch nach äußerer Wertschätzung, nach Lob und Dank entsteht ebenso wie das Gefühl der Einsamkeit häufig aus einem Mangelgefühl in der Kindheit. Ganz gleich also, wie viel Anerkennung Sie heute und morgen auch erhalten mögen – die Leere aus der Kindheit wird dadurch nicht verschwinden. Viel sinnvoller ist es, die eigene Anerkennung, den Selbstwert von innen heraus aufzubauen, um diesen dann ggf. durch passende Netzwerke oder Partnerschaften zu ergänzen. Hilfreiche Wege sind „Ressourcenarbeit" (siehe Kapitel *Klar sein*, siehe Seite 57) und „Bewusstsein über das Thema" (Buchtipp: Alice Miller: „Das Drama des begabten Kindes". Suhrkamp, 2008), aber auch die Arbeit mit einem Coach oder Therapeuten.

Was will ich für mein Verhalten und meine Wirkung?

Anstelle fester Kooperationspartner können hier häufig Wissens- und Kompetenzträger, deren Seminare/Beratungen Sie buchen, sinnvoll sein.

Zeit und Energie

Geht es alleine wirklich effizienter?

Die einen stellen fest: „Ich habe mehr Zeit und Energie, wenn ich mit anderen arbeite!", während die anderen behaupten: „Die Arbeit zu teilen ist viel Zeit raubender und anstrengender, als sie alleine zu erledigen." Beide Aussagen sind oft verzerrt, geschweige denn pauschal gültig: Tatsächlich erfordert eine effektive Zusammenarbeit zunächst zusätzliche Zeit und Energie – für das Kennenlernen, für Absprachen, zur Einarbeitung, Konfliktklärung. Dieser Aufwand wird häufig unterschätzt. Dennoch kann er sich durchaus lohnen. Aussagen wie „Alleine geht es schneller" greifen hingegen häufig zu kurz, da eine Stunde Zeit, die Sie investieren, nicht vergleichbar ist mit der geringer honorierten Stunde der externen Sekretariatskraft. Die Stunde mehr an Freizeit ist langfristig fruchtbarer als die einmalig investierte Einarbeitungszeit, weil Sie mit mehr Freude (er-)leben und den Kopf frei haben für neue Ideen. Daher gilt es, zuerst das eigene Zeit- und Energiemanagement zu überprüfen und zu optimieren, bevor Sie Kooperationen schließen (siehe auch Kapitel *Kraftvoll sein*, ab Seite 237).

Bessere Außenwirkung

„Zusammen mit anderen bekomme ich leichter Aufträge!" Dies kann stimmen, muss aber nicht. Denn: Positionierung und Auftreten sind für

130

den Kunden häufig klarer und authentischer, wenn sie lediglich eine Einzelperson betreffen. Und selbst innerhalb einer Kooperation oder eines Unternehmens sollten Sie wissen, was Sie als Person ausmacht und von anderen unterscheidet. Diese Arbeit bleibt Ihnen nicht erspart.

Des Weiteren braucht sich heute kaum ein Trainer oder Berater schwächer zu fühlen, nur weil er ein Einzelkämpfer ist. Diese können (mit den richtigen Kontakten oder auch losen Netzwerken) in den meisten Fällen durchaus mit festen Kooperationen mithalten und haben zudem den Vorteil, für jedes Projekt einen passenden Partner hinzuziehen zu können.

Als Einzelkämpfer sind Sie nicht zwangsläufig schwächer

Was will ich für das Miteinander? *Hier geht es um grundlegende Bedürfnisse des Miteinanders. Die können auf verschiedene Weise erfüllt werden: ob nun durch die Zusammenarbeit im Team, regelmäßige Netzwerktreffen oder einen „Buddy" ...*	

Nähe und Verbundenheit

Diesen Beweggrund können Sie auf vielen Ebenen spüren: körperlich, spirituell, emotional, fachlich, räumlich, mit Freunden, in der Familie, mit sich selber, in der Natur – oder mit dem Geschäftspartner. Wo liegt Ihr eigentliches Bedürfnis? Und welche Art der Nähe könnte es stillen? Oder ist es wie die Anerkennung ein tiefer liegendes Sehnen, dass Sie erst für sich alleine lösen müssen? Achten Sie in beruflichen Teams

darauf, dass Sie und Ihre Partner die gleichen Vorstellungen von Miteinander haben – sonst kommt es leicht zu Unstimmigkeiten.

Gemeinsamen Zielen/Visionen folgen

Wollen Sie tatsächlich Ihre Ziele und Visionen mit jemand anderem teilen? Oder haben Sie die eigenen noch nicht gefunden und halten es deswegen für einfacher, sich der Flagge eines anderen anzuschließen? Seien Sie sich erst Ihrer eigenen Ziele und Visionen bewusst (siehe Kapitel *Klug sein*, ab Seite 81). Wenn Sie dann entdecken, dass Sie Ihre eigene Vision nur oder effektiver erreichen, wenn Sie sich mit anderen zusammenschließen, ist das wunderbar. Denn mit der Klarheit über die eigenen Ziele im Rücken können Sie nun eine gemeinsame Vision entwickeln oder sich mit Menschen zusammenschließen, die der gleichen Vision folgen.

Schlechte Erfahrungen

Vielleicht war es einfach Pech ...

Ist Ihr Appetit auf Networking ein für allemal verdorben, nachdem Sie einmal einem „Energiesauger" beim Netzwerken begegnet sind? Lassen Sie sich nicht das Spiel verderben. Vielleicht war es einfach Pech, oder Sie waren noch nicht gewappnet – schließlich sind viele Trainer auf Netzwerktreffen sehr erfolgreich. Werten und nutzen Sie Ihr Erlebnis als „Lernerfahrung" und analysieren Sie, woran die Schwierigkeiten konkret gelegen haben, um wieder offen zu sein für neue, positive Erfahrungen. Welche Erfahrungen haben Sie alleine gesammelt, welche mit anderen? Was ist positiv gelaufen, was eher verkehrt? Was haben Sie daraus gelernt? Was könnten und würden Sie beim nächsten Mal anders/besser machen? Wen könnten Sie um Rat fragen?

Was will ich für die Arbeit?

Hier macht es durchaus Sinn, regelmäßiger/fester mit anderen zusammenzuarbeiten, sofern Sie einige Fallstricke kennen und entsprechend vermeiden.

Akquise/mehr Aufträge

Viele Trainer haben die Vorstellung, dass sie in einer Kooperation von der Akquise befreit sind oder als Team schlichtweg mehr Aufträge erhalten. Das funktioniert allerdings nur in besonderen Konstellationen. Wenn der Partner tatsächlich übervolle Auftragsbücher hat oder ein Verkaufstalent ist, das Ihr Produkt bei seinen Kundengesprächen gleich mitverkauft. Die Idee „Wir haben beide keine Aufträge, aber gemeinsam werden wir sie bekommen" funktioniert in den seltensten Fällen.

Besseres Marketing

Sicherlich kann gemeinsames Marketing in einigen Fällen mehr erreichen, es kann Synergien nutzen und den Gesamtaufwand reduzieren. Allerdings bleibt es niemandem erspart, seine individuellen Besonderheiten herauszuarbeiten und sich als Person zu positionieren. Denn das ist nun einmal die Basis für jede Form von Trainer-Marketing, ob als Team oder als Einzelkämpfer.

Ihre individuellen Besonderheiten müssen Sie auch im Team herausarbeiten

Arbeitserleichterung

„Ich habe weniger Arbeit, wenn ich nicht alles alleine mache"; „Mit mehreren zusammen ist es einfacher als alleine." Das stimmt ebenfalls nur bedingt. Denn Kooperationen brauchen viel Zeit, bis sie laufen und die gewünschte Arbeitserleichterung bringen. Zudem kommen mit anderen Menschen auch immer andere Herausforderungen und Konflikte ins Haus.

Delegieren

Viele scheuen sich davor, Arbeiten abzugeben, weil sie der Meinung sind, andere erledigten sie nicht so gut oder nicht so schnell. Gerade Einzelkämpfer sind gewohnt zu bestimmen, wie die Dinge erledigt werden. Diese Kontrolle abzugeben und nur noch das Endergebnis zu kennen, fällt ihnen häufig schwer. Um ein gutes Endergebnis zu erzielen, muss sich der Trainer auch der eigentlichen Erfolgsfaktoren und der eigenen Abläufe bewusst sein, damit er einen Dienstleister entsprechend einarbeiten kann. Betrachtet man den Gewinn, lohnt sich diese Investition häufig: sei es finanziell (nach Stundensatz), eine stärkere Fokussierung auf die eigene Kerntätigkeit oder mehr Raum für neue Ideen und Freizeit, um Energie und Freude zu tanken.

Zu teuer/billiger

Überprüfen Sie, was günstiger für Sie ist

„Andere zu engagieren ist zu teuer!" Das stimmt nicht immer, wie eine einfache Aufrechnung zeigt: Was können andere schneller oder besser erledigen als Sie? Vergleichen Sie die Stunden und Stundensätze, und bewerten Sie auch Faktoren wie die Zufriedenheit des Kunden, wenn er zum Beispiel dank des Telefondienstes immer jemanden erreicht, oder den gedanklichen Freiraum, dank der Tatsache, dass etwa der Buchhalter die Zahlungseingänge regelmäßig kontrolliert und Sie sich nicht mehr darum kümmern müssen. Aber auch die Gegenbehauptung, dass es wirtschaftlich lukrativer ist, sich mit anderen zusammenzuschließen, sollte erst einmal überprüft werden: Wer genau kalkuliert, welche materiellen und immateriellen Kosten konkret auf ihn zukommen, räumt mit falschen Einschätzungen schnell auf. Schauen Sie also genau hin, an welcher Stelle sich die Investition in eine Dienstleistung spürbar auszahlt ...

So wird Ihr Netzwerk stimmig

Ihre Bedürfnisse und der entsprechende Handlungsbedarf sind klar – nun geht es um das Wie. Jede Konstellation der Zusammenarbeit hat ihre Vor- und Nachteile, daher gilt es, die passende zu wählen und die Rahmenbedingungen des Miteinanders konkret zu definieren.

Gutes erhalten – die Vorzüge des Einzelkämpferdaseins

Nicht umsonst sind Sie selbstständig: Als Einzelkämpfer wissen Sie über alles Bescheid, was um Ihr Geschäft herum passiert, Sie kennen die Ergebnisse Ihrer Arbeit, Sie brauchen sich mit niemandem abzustimmen, haben keinen Vorschriften zu folgen und können jederzeit bestimmen, wann Sie was wie erledigen. Sie haben kaum Vorlaufzeiten oder Kontrollaufwand – bis auf den eigenen. Sie sind flexibler als größere Unternehmen, können auf Terminverschiebungen seitens der Kunden leichter reagieren, sind in der Lage, stärker auf individuelle Kundenbedürfnisse einzugehen – und spontaner Sport, Freizeit und Familienzeit einzutakten. Sie sind zeitlich und räumlich unabhängiger und haben geringe Fixkosten. Sie wählen die Projekte, die Ihnen Spaß machen, und lehnen einen Auftrag ab, falls Ihnen die Nase des Kunden nicht passt.

Wenn Sie Unterstützung oder Kooperationspartner brauchen, wählen Sie genau den Kollegen, der für das jeweilige Projekt am besten passt. Und falls es nicht so gut funktioniert hat, integrieren Sie das nächste Mal halt einen anderen. Ihren Arbeitstag organisieren Sie nach Ihrem persönlichen Wohlfühlrhythmus: Nickerchen oder Waldlauf nach dem Essen? Sie tun es einfach. Sie wollen sich eine Auszeit gönnen und für sechs Wochen durch Australien reisen? Sich zum Buchschreiben auf die Malediven zurückziehen? Sie haben prinzipiell die Möglichkeiten, von denen viele Angestellte träumen. Diese Vorteile des Einzelunter-

Wählen Sie genau den Kollegen, der für das jeweilige Projekt am besten passt

nehmers sollten Sie schätzen, bewahren – und mit diesem Bewusstsein nun sehr gezielte Lösungen für die weniger glücklichen oder gar einschränkenden Seiten des Alleinunternehmerdaseins entwickeln.

Auch wenn viele dieser Vorzüge mit der Zeit real und sogar selbstverständlich werden, sollten sie bei der Entscheidung für oder gegen eine Zusammenarbeit präsent sein: Welche Aspekte des Einzelkämpfertums sind Ihnen besonders wichtig? Welche wollen Sie in jedem Fall bewahren?

Welche Art von Verbindung brauchen Sie?

Es gibt zahlreiche Varianten der Zusammenarbeit: Lockere Verbindungen haben den Vorteil, dass sie weniger organisatorischen Aufwand mit sich bringen, und wenn es doch nicht passen sollte, können sie auch ohne großen Aufwand verändert oder gelöst werden. Für festere Kooperationsformen sind mehr Vertrauen und „Übung" nötig. Daher ist es am sinnvollsten, wenn sie aus einer freien Zusammenarbeit hervorgehen, um das Miteinander erst gemeinsam ausprobieren zu können und dann organisch zu wachsen.

Einige Beispiele:

Uneffiziente Arbeiten reduzieren

Sie wollen uneffiziente oder lästige Arbeiten reduzieren? Problemlos können Sie Dienstleister engagieren, die die Buchhaltung, den Telefondienst, die Termin- und Reisekoordination, Reinigungs- und Wartungsarbeiten, die Aufbereitung Ihrer PowerPoint-Präsentationen, Recherchetätigkeiten, die Ablage, den Buchversand, die Datenpflege und Ähnliches für Sie erledigen. Dienstleistungen auszulagern ist meist dann sinnvoll, wenn andere die Tätigkeit professioneller, schneller und damit günstiger erledigen können als Sie, oder wenn Sie sonst zu sehr von Ihrem Kerngeschäft abgehalten werden.

Spezielle Expertise gesucht

Sie brauchen spezielles Know-how, neue Ideen und praktikable Lösungen, damit Ihnen bestimmte Aufgaben leichter und besser gelingen, zum Beispiel Ihr Marketing, der Umgang mit persönlichen oder fachlichen Unsicherheiten? Dann lassen Sie sich von Spezialisten aus den jeweiligen Fachgebieten unterstützen, sei es von einem Marketingberater, einem

Persönlichkeitscoach, einem Mentor oder fachlichen Supervisor. Mit ihnen können Sie für sich stimmige Lösungswege entwickeln oder sich über einen längeren Zeitraum begleiten lassen und so die nötige Fachkompetenz zukaufen oder Ihre eigenen Fähigkeiten weiterentwickeln.

Sie wünschen sich kollegiale Unterstützung im Alltag? Das kann zwar ein gemeinsames Unternehmen leisten – aber auch eine Bürogemeinschaft mit Kollegen oder ein „Buddy", mit dem Sie regelmäßig über Ihre Ziele, Erfolge und alltäglichen Probleme sprechen, können den gewünschten Effekt bringen. Fragen Sie doch einmal einen Kollegen oder einen Selbstständigen aus einem anderen Tätigkeitsbereich, ob Sie wöchentliche Telefonate (oder Treffen) einführen könnten, in denen Sie eine oder zwei Stunden lang über aktuelle Alltagsbelange sprechen, sich einen schnellen Rat oder eine Idee holen oder auch einfach mal Freude und Frust teilen. Schließlich geht es vielen Einzelkämpfern wie Ihnen – und Sie haben sogar die Möglichkeit, Ihren „Wunschkollegen" und die Art des Austauschs selber zu wählen! Das Gleiche funktioniert auch mit mehreren Kollegen, mit denen Sie sich in einem abgesteckten Rahmen über Telefonkonferenzen oder bei persönlichen Treffen austauschen.

Unterstützung im Alltag

Sie möchten mehr Kontakt mit anderen Menschen – sei es fachlich oder persönlich? Auch hier gibt es vielfältige Möglichkeiten, beginnend mit der intensiveren Pflege bestehender Kontakte – per E-Mail, Telefon, Internet oder persönliche Treffen. Planen Sie in Ihrem Traineralltag ab und zu kleine Events mit Kollegen/Kunden ein, regelmäßige Treffen mit Freunden, mehr Familienzeit. Zudem können Sie verstärkt an organisierten Treffen, Stammtischen und Netzwerken teilnehmen und sich dort – fachlich oder persönlich –, mit Kollegen oder Branchenfremden austauschen und neu vernetzen. Dieser Austausch ist sicher nicht so intensiv und persönlich wie mit einem „Buddy", bietet aber mehr an Input und die gute Chance, ein individuelles Netzwerk für wechselseitige Empfehlungen und Marketing aufzubauen. Hier besteht die Herausforderung darin, die für sich passende Veranstaltung zu finden. Die Fragen der Checkliste *Erfolgreiches Miteinander* (siehe Seite 139) können Sie auch für die Überprüfung von Netzwerkpartnern verwenden. Schauen Sie genau, welche wirklich den gewünschten Nutzen bringen. Und vielleicht gründen Sie ja auch Ihr eigenes Netzwerk (Organisati-

Kontakt mit anderen gesucht

onsaufwand bedenken!). Viele Netzwerke und Verbände, die Treffen veranstalten, finden Sie beispielsweise unter www.beratercoach.info.

Synergien erwünscht   *Sie wollen Synergien für professionelle Räume und Büroorganisation?* Wenn externe Dienstleister oder flexibel zu buchende Tagungsräume nicht genügen, können Bürogemeinschaften sinnvoll sein: Sie teilen Aufenthalts- und Besprechungsräume, Infrastruktur, Sekretariatsservice und haben auch gleich Kollegen für den Kaffeeplausch im Büro nebenan.

Hilfe bei großen Projekten   *Sie wollen Unterstützung bei größeren Projekten, bestimmten Tätigkeiten oder Marketingsynergien nutzen?* Je nach Aufgabe können Sie mit Subunternehmern oder freien Kooperationspartnern arbeiten. Häufig kann jeder eigenständig bleiben, während Sie sich lediglich für das spezifische Projekt bzw. die (erweiterte oder gemeinsame) Dienstleistung zusammenfinden. Daraus kann (muss aber nicht!) eine engere Zusammenarbeit erwachsen. Planen Sie geteilte, längerfristige Investitionen oder wollen Sie neue Dienstleistungen gemeinsam entwickeln, kann es notwendig werden, einen Kooperationsvertrag zu schließen oder ein gemeinsames Unternehmen zu gründen.

Unternehmerisch wachsen   *Sie wollen unternehmerisch wachsen?* Dann steht womöglich an, feste Mitarbeiter zu engagieren (oder freie zu festen werden zu lassen). Sie erhalten mehr Planungssicherheit; Sie motivieren die Mitarbeiter längerfristig für das Unternehmen; Sie vermeiden die Gefahr der Scheinselbstständigkeit und können die Mitarbeiter voll in Ihre Prozesse und Strukturen einbinden. Dafür sind die Fixkosten und Ihre unternehmerische Verantwortung nun wesentlich höher.

Checkliste für erfolgreiches Miteinander

Je konkreter Sie Ihre Ziele, Absichten und Erwartungen im Hinblick auf die Zusammenarbeit definieren, desto leichter fällt die Wahl des Partners und des optimalen Mix aus Miteinander und Einzelarbeit.

Fragen zu Ihren Absichten

▶ Was schätzen Sie daran, alleine zu arbeiten? Was soll davon erhalten bleiben?

▶ Welche positiven und negativen Erfahrungen haben Sie bereits gesammelt? Was haben Sie daraus gelernt?

▶ Was ist Ihr konkreter Nutzen aus der Zusammenarbeit (Ideen, Fachkenntnis, Motivation, Zeitersparnis, Erfahrung, Kompetenz, Finanzen)?

▶ Bringt es Sie auf Ihrem Berufsweg voran, kommen Sie so Ihren Zielen näher?

▶ Was ist unter dem Strich Ihr Gewinn (finanziell, zeitlich, emotional)? Was ist der Preis, den Sie dafür zahlen?

▶ Was soll sich dadurch an Ihrer persönlichen Situation verändern?

▶ Sind Sie ggf. bereit, Kontrolle abzugeben, eigene Abläufe und Vorgehensweisen anzupassen, Zeit zu investieren, um Arbeit zu koordinieren, sich gegenseitig zu motivieren, bei Schwierigkeiten gemeinsame Lösungen zu finden?

Fragen zur Art der Zusammenarbeit

▶ Auf welchen Ebenen soll der Kontakt stattfinden (fachlich/persönlich, intellektuell, beruflich/privat/freundschaftlich, absichtsvoll/visionär)? Wie viel Distanz/Nähe wollen Sie?

▶ Wie intensiv soll die Zusammenarbeit sein (projektartig, dauerhaft, Kontakthäufigkeit)?

▶ Welche räumliche Nähe und Kommunikationsmittel bevorzugen Sie (Treffen, Telefon, E-Mail)?

▶ Welche Werte sollten übereinstimmen?

▶ Was sind die Erfolgsfaktoren der Zusammenarbeit? Welche Probleme können sich ergeben? Wie beugen Sie diesen vor?

▶ Was darf nicht passieren? Welche Gründe führen zu einem Ende des Miteinanders?

Fragen zu Ihrem Partner

▶ Was sollte der andere mitbringen (Kompetenzen, Erfahrungen, persönliche Eigenschaften, Interessen etc.)?

▶ Wie sollte er Sie ergänzen (fachlich, persönlich)?

▶ Wie profitiert er von dem Miteinander? Was ist sein faktischer und emotionaler Nutzen?

▶ Was sind seine Absichten, Ziele und Erwartungen? Reicht sein Engagement, will er wirklich?

▶ Ist der Partner innerlich klar ausgerichtet, selbstsicher, auf Erfolg gepolt? Oder hat er innere, unbewusste Barrieren – ist er beispielsweise überkritisch?

Fragen zum Miteinander

▶ Stimmen Ziele und Absichten überein? Entsteht für beide ein Nutzen?

▶ Stimmen die wesentlichen Werte überein?

▶ Welche konkreten Rahmenbedingungen brauchen Sie in der Zusammenarbeit? Stimmen sie für alle Parteien?

▶ Stimmen Persönlichkeit, Chemie und Arbeitsweise überein? Besteht die Gefahr von Reibungsverlusten oder Konkurrenzdenken?

▶ Sind die Rollen als Freund/Partner/Geschäftspartner klar? Kann es Konflikte geben?

▶ Ergänzen sich Ihre Stärken und Schwächen? Ist das Machtverhältnis ausgeglichen? Inwieweit entsteht eine Abhängigkeit, und ist sie „gesund"?

▶ Ist der Zeitpunkt für beide Partner der richtige? Können und wollen beide dem Projekt gleich viel Energie/Aufmerksamkeit widmen?

Erste Schritte für ein neues Miteinander

▶ Kooperationspartner auswählen

▶ Erste Gespräche führen, kennenlernen

▶ Konkrete Absichts- und Zielklärung, Ergebnisse fixieren

▶ Konkrete weitere Schritte und Testprojekt vereinbaren

Regelmäßige Pflege des persönlichen Netzwerks

▶ Pflegen Sie Beziehungen: Planen Sie feste Zeiten für Ihre Kontakte ein, und denken Sie auch an kleine Aufmerksamkeiten zwischendurch.

▶ Geben Sie Feedback, und fragen Sie den Partner, ob für ihn das Miteinander stimmt. Gibt es Verbesserungsmöglichkeiten, sollten die Vereinbarungen angepasst werden? Stimmt die Balance zwischen Abhängigkeit und Unabhängigkeit? Stimmt die Balance zwischen Geben (Kosten) und Nehmen (Nutzen)?

▶ Lösen Sie sich von Verbindungen, die Ihnen nicht gut tun, von Zeit- und Energiefressern. Devise: Klären oder trennen. Kommt es zum Lösen der Verbindung, so trennen Sie die persönliche von der beruflichen Ebene. Halten Sie fest, was gut gelaufen ist und welche Lernerfahrungen jeder mitnimmt.

So kann es gehen

Nun ist es so weit, Sie haben alle Bedürfnisse, Fakten und Voraussetzungen für Ihr Miteinander erfasst. Kreieren Sie nun Ihr eigenes Netz – maßgeschneidert auf Ihre individuellen Bedürfnisse. Hier einige Beispiele:

Beispiel 1: Auftragspotenzial als Einzelkämpfer nutzen

870 Anfragen, 262 gebuchte Veranstaltungen, 84.000 Zuschauer/Zuhörer, 58.000 Reisemeilen quer durch Deutschland, 260.000 Flugmeilen, 10 Länder, 144 nationale Flüge, 194 Hotel-Übernachtungen im Jahr 2007 – und dabei alle Anfragen persönlich und innerhalb weniger Stunden beantworten. Das gelingt natürlich nicht ohne Team im Hintergrund.

Wer wie Hermann Scherer (Porträt auf Seite 105) Unterstützung für sein Tagesgeschäft braucht und zusätzliches Auftragspotenzial nutzen will, kann auf zwei Säulen bauen:

Beispiel Hermann Scherer

▶ I. Ein Team aus professionellen Mitarbeitern, das den Alltag organisiert, Termine und Reisen koordiniert und bei offenen Veranstaltungen die Organisation vor Ort, den Buchverkauf etc. vornimmt.

▶ II. Ein zweites Unternehmen, unter dessen Dach weitere Top-Referenten und deren Vorträge und Seminare lanciert werden. So agiert jeder unter seiner eigenen Personenmarke, ist rechtlich eigenständig, aber profitiert (ggf. durch Empfehlung) von dem Image des Dachunternehmens.

Uwe Böning (Porträt auf Seite 144) hat sein Geschäft umgekehrt aufgebaut: Er hat sich bald entschieden, seine Coachings und Trainings

Beispiel Uwe Böning

nicht alleine durchzuführen, sondern ein Unternehmen zu gründen. Er holt seine Mitarbeiter frühzeitig ins Unternehmen und propagiert sie anschließend. Die Zusammenarbeit ist das Fundament seines Geschäftsmodells.

Beispiel 2: Fünf eigenständige Berater unter einem Dach

Kräfte fallweise bündeln

Fünf Trainer treten als Trainergruppe auf, um große Projekte in mittelständischen Unternehmen und Großkonzernen anzunehmen und sich fachlich auszutauschen. Jeder ist selbstständig und eigenverantwortlich für Konzept, Training und Beratung – auch rechtlich bleibt jeder eigenständig. Inhaltlicher Austausch und gemeinsame Reflexion der Arbeit sind Grundgedanke der Zusammenarbeit. Die Trainer treten nach außen unter einem Dach auf, während jeder der Trainer sein Spezialgebiet vertritt und seine eigene Positionierung wahrt. Gemeinsames Marketing spielt in dieser Konstellation eine untergeordnete Rolle, denn in der Regel geht jeder seinem eigenen Geschäft nach und akquiriert seine eigenen Projekte.

Beispiel 3: Perfekte Ergänzung: Das Team aus festen Freien

Zusammenarbeit mit Dienstleistern

Marketing ist ein typisches Thema, das weitere Aufgaben mit sich bringt. Insofern kann es angebracht sein, als Trainer oder Berater in diesem Bereich ein Team aus „festen Freien" aufzubauen: Grafiker, Webdesigner, Texter, Literaturagent, Audio/Videospezialisten etc. Der Vorteil eines festen Netzes liegt darin, dass die Schnittstellen zur eigenen Dienstleistung klar abgesprochen und gemeinsame Qualitätsstandards festgelegt werden können. Allerdings leidet der eigene Ruf, wenn die empfohlenen Dienstleister nicht die versprochene Leistung erbringen oder Termine nicht einhalten. Seine Dienstleister genau auszuwählen und Standards schriftlich festzuhalten, hat sich daher bewährt. Dabei bleiben alle Teammitglieder selbstständig, eigenverantwortlich und rechnen direkt mit dem Kunden ab.

Checkliste für eine erfolgreiche Zusammenarbeit

▶ Sie wissen, was Sie wollen.

▶ Sie kennen die Rahmenbedingungen, die Sie brauchen.

▶ Sie geben sich die Zeit, den richtigen Partner zu finden.

▶ Sie überprüfen, ob Ziele, Persönlichkeit, Arbeitsweise und Chemie stimmen.

▶ Sie machen gemeinsame Testprojekte und vereinbaren einen Testzeitraum mit konkreten „Ausstiegsklauseln" für beide Seiten.

Literaturtipps

▶ Ulrike Bergmann, „Start frei zur Kooperation. Wie Sie den richtigen Geschäftspartner finden und erfolgreich zusammenarbeiten". Financial Times Prentice Hall, 2002.

▶ Alice Miller, „Das Drama des begabten Kindes und die Suche nach dem wahren Selbst". Suhrkamp, 2008.

▶ Harriet Rubin, „Soloing. Die Macht des Glaubens an sich selbst". Fischer, 2003.

▶ Gudrun Sonnenberg, „Kollege Ich. Die Kunst allein zu arbeiten". Pendo, 2005.

▶ Ursula Wagner, „Die Kunst des Alleinseins". Theseus, 2006.

Porträt

Uwe Böning:
Der Grenzgänger

Von Giso Weyand

Jeder Coach lernt: Ein gutes Coaching beginnt mit einer intensiven Auftragsklärung. „Davon halte ich herzlich wenig", sagt Uwe Böning und widerspricht damit den meisten seiner Kollegen. Er plädiert dafür, den Coaching-Prozess zunächst bewusst offen zu halten und die Situation des Coaching-Partners zu klären, um erst einmal Spielraum zu schaffen, um unterschiedliche Themen zu gestalten und „um ein Gefühl zu bekommen, wo und wie ich andocken kann".

Hierfür nimmt sich Uwe Böning Zeit – zwei, drei oder noch mehr Termine. Erst dann ist für ihn der Moment gekommen, das Ziel festzulegen. „Wenn man durch ein Nadelöhr will, hat es keinen Sinn, kurz vorher die Geschwindigkeit zu erhöhen", erklärt er. „Erst wenn man den Durchgang gefunden hat, kann man beschleunigen."

Große Gelassenheit spricht aus diesen Worten. Den Anfang offen lassen, erst ohne Ziel und Struktur in das Coaching gehen, den Prozess lange Zeit spielerisch treiben lassen – um ihn dann umso klarer zu strukturieren und mit aller Konsequenz voranzutreiben: Diese Vorgehensweise kann sich nur leisten, wer sich seiner Sache sehr sicher ist. Das erfordert Kompetenz, vor allem aber Erfahrung und die damit verbundene Gewissheit: Ich kann auch mit Unvorhergesehenem souverän umgehen.

Der offene Anfang – ein Detail, das allein schon deutlich macht: Uwe Böning spielt in der Champions League. Er arbeitet viel auf Vorstandsebene, ist dort Sparringspartner, unterhält sich auf Augenhöhe, bringt sein Gegenüber zur Reflexion.

144

Uwe Böning gilt als einer der Pioniere des Coachings in Deutschland. Er war einer der beiden Initiatoren des Deutschen Bundesverbands Coaching (DBVC) und von 2004 bis 2006 dessen erster Vorstandsvorsitzende. Neben seiner Tätigkeit als Berater und Coach pflegt er den Bezug zur Wissenschaft – er ist Lehrbeauftragter an den Universitäten Osnabrück und Freiburg. Er verfasste zahlreiche Artikel und ist Autor und Co-Autor von sieben Büchern zu Themenfeldern wie Coaching, Führung, Veränderungsmanagement, interkulturelle Kompetenz und das Management von Fusionen. Bei all dem ist Uwe Böning kein Einzelkämpfer, sondern leitet selbst ein Unternehmen: Zusammen mit seiner Frau, Brigitte Fritschle, ist er Inhaber der Böning-Consult GmbH in Frankfurt. Das Beratungsunternehmen beschäftigt 16 Mitarbeiter, darunter 10 Berater, deren Einsatzspektrum von Einzelprojekten bis zu umfassenden Reorganisationen, von der Neuorientierung beim Mittelständler bis zur Fusion großer Unternehmen reicht. Den größten Geschäftsanteil macht das Business-Coaching für Top- und Senior-Manager aus, direkt gefolgt von der Beratung bei Veränderungsprozessen in Unternehmen.

Von der Kunst des Coachings

Ich möchte Uwe Böning näher kennenlernen und vereinbare ein Interview mit ihm. Geplant ist ein Frage-Antwort-Spiel mit klarer Rollenverteilung: hier Interviewer, da Interviewter. Doch es kommt anders – aus dem Interview, dem erwarteten Hin- und Herwogen der Interview-Welle, entwickelt sich eine Begegnung, eine gemeinsame tragende Welle. Es fällt auf, mit wie viel Respekt und Sensibilität, aber auch mit welcher Intensität sich Uwe Böning auf mich und meine Fragen eingestellt hat. Ich beginne zu begreifen, wie es seinen Kunden ergeht; wie schnell sie diese respektvolle Nähe spüren und Vertrauen fassen.

Uwe Böning schildert seine Vorgehensweise – wie er behutsam in den Coaching-Prozess einsteigt, wie er persönliche Nähe herstellt, Gestaltungsräume schafft, das Ergebnis zunächst offen hält, um dann im richtigen Moment voranzuschreiten. „Doch im Coaching mit Topleuten geht es nicht nur behutsam zu", führt er aus. „Nicht immer ist rücksichtsvolles oder dezentes Vorgehen angebracht, manchmal kommt es auch auf eine sehr direkte Gangart an. An

Porträt

manchen Stellen muss man sehr umsichtig sein, aber auch klar, eindeutig und konsequent. Wenn das alles spielerisch passiert, entwickelt sich aus dem Handwerk ein kunstvoller Prozess."

Coaching als Kunst? „Es ist eine Kombination aus Handwerk und Kunst", sagt Uwe Böning. So wichtig das Handwerkliche wie etwa eine gute Gesprächsführung sei, so führten doch erst die „künstlerischen Improvisationen" zu neuen, auch unerwarteten Situationen. Zur Kunst zählt er zum Beispiel „die sensible, unmittelbare spontane Interaktion". Doch schon wenn der Coach sich mit seiner ganzen Person in den Coaching-Prozess einbringt, stößt das Handwerkliche an seine Grenze – „weil man dann ja selbst zum Kommunikationsinstrument wird".

Noch eine Facette fällt auf: Uwe Böning schöpft aus einem Erfahrungsschatz. Er kann aus der Erfahrung authentische Geschichten erzählen – und genau deshalb nehmen ihn Vorstände und andere Topmanager ernst. Vor allem zwei Dinge hält er für wichtig und entscheidend für seinen Erfolg: das wissenschaftliche Konzept im Hintergrund, dann aber auch die eigenen Erfahrungen, „um mit einfachen Beispielen etwas auf den Punkt zu bringen".

Wissenschaft und Praxis – wieder eine Kombination. So wie er Handwerk und Kunst im Coaching verknüpft, prägt auch das permanente Zusammenspiel von Wissenschaft und Praxis seine Arbeitsweise. Uwe Böning versteht sich als Grenzgänger zwischen Universitäten und Unternehmen. Für ihn sind das zwei völlig verschiedene, aber gleichermaßen inspirierende Handlungsfelder. Während er die Wissenschaft „extrem animativ, analytisch bewegend" findet, holt er den „Nutzen fürs richtige Leben" aus dem anderen Spielfeld, dem der Praktiker und Unternehmer. Ganz bewusst pflegt er beide Bereiche: „Aus dem Kontrast ergeben sich bessere Eindrücke als bei nur einem Maßstab."

Grenzen erweitern – Schritt für Schritt

Als Kind bewundert Uwe Böning seinen Vater. In der Folge des Krieges sind die Eltern nach Westdeutschland geflüchtet und haben hier ein Geschäft für Damenoberbekleidung aufgebaut. Der Vater ist viel unterwegs mit seinem roten Mercedes. „Mein Vater war ein zäher Vogel", erinnert sich Uwe

Böning. „Schwer kriegsverletzt, ein Bein verloren, Gehirnschuss, halbseitig gelähmt. Und der hat gearbeitet, hat sich durchgekämpft, hat Ideen gehabt, konnte mit Leuten umgehen. Der ging morgens los, ob es ihm gut oder schlecht ging. Das fand ich großartig. Ich habe Angst um ihn gehabt, dass er umfällt, wenn er mit dem Stock über glattes Eis ging. Dass er den Mut hatte, das zu machen, dass er sich von nichts abhalten ließ – das war eine bemerkenswerte Erfahrung."

Der Vater stirbt bei einem Autounfall, eine schlimme Zeit beginnt. Die Mutter ist viel zurückhaltender und ängstlicher als der Vater, das Geschäft überfordert sie. Der 12-jährige Junge wird in die Rolle eines Ersatzpartners gedrängt und muss über Angelegenheiten entscheiden, die er in seinem Alter gar nicht übersehen kann. Die Verhältnisse werden klein und bescheiden – so beengend, dass er immer heftiger den Wunsch verspürt, aus diesen Lebensumständen auszubrechen.

Die Schulzeit gibt ihm hierfür noch keine Chance. Die Lehrer findet er wenig anregend, den Schulstoff öde – für die Themen, die ihn wirklich beschäftigen, findet er keinen Gesprächspartner. „Ich musste mich gedanklich und emotional selbst versorgen", sagt er heute. „Das fand ich mühsam, kommt mir aber heute zugute. Das war ein schmerzhafter, hilfreicher Prozess, den ich mir damals nicht ausgesucht habe."

Obwohl er die Schule langweilig findet, zwingt er sich zur Disziplin und zu einem guten Abitur. Aber nun möchte er endlich frei sein, eigene Entscheidungen treffen – das beengte Zuhause abschütteln. Zunächst will er Jura studieren und sieht sich als Starverteidiger, der hilflose Menschen „rettet". Die Idee fasziniert ihn, einen schwierigen Fall zu durchdringen, dessen Komplexität zu verstehen und der Gerechtigkeit Gehör zu verschaffen. Doch schon wieder passiert es: Schnell findet er die Juristerei stocklangweilig und sucht nach einer neuen Beschäftigung. Seine Wahl fällt auf Psychologie, hier sieht er seine Sehnsucht nach Komplexität endlich erfüllt. Er absolviert das Studium mit hervorragenden Leistungen.

Nach dem Studium gründet er 1974 gemeinsam mit zwei Kolleginnen eine freie Praxis. Er macht sich als Therapeut und Klinischer Psychologe selbst-

Porträt

ständig, bleibt aber gleichzeitig in ein wissenschaftliches Forschungsprojekt an der Universität eingebunden. Das Geschäft läuft gut an, vor allem Lehrer und Intellektuelle der Universität suchen die Praxis auf.

Zu den Klienten zählt eines Tages auch ein Werksleiter, der den damals 27-jährigen Uwe Böning überraschend fragt, ob er denn Erfahrung in Organisationsentwicklung habe. Die hat er nicht und sagt trotzdem „ja". Das Ergebnis: engagiert. Zweieinhalb Jahre arbeitet er für das Unternehmen und entdeckt dabei, dass er seine therapeutischen Techniken mit Erfolg auf betriebliche Situationen übertragen kann. Er beginnt, sich für die Welt der Unternehmen zu interessieren. Ihm gefällt, um wie viel zielorientierter als an der Universität man dort arbeitet. Mehr und mehr ist er auch als Führungskräftetrainer tätig, 1979 wird er Referent bei zwei verschiedenen Weiterbildungsveranstaltern.

„Nichts Außergewöhnliches" könnte man kommentieren, wenn man die ersten Jahre der Selbstständigkeit überblickt. Wie andere Gründer machen auch Böning und seine Mitstreiterinnen typische Anfängerfehler; so sind die ersten Flyer und Broschüren anstatt in der Sprache der Kunden in der Diktion der Psychologen und Psychotherapeuten verfasst. Worin unterscheidet sich Uwe Böning dann von den anderen? Was lässt ihn so viel erfolgreicher werden als die große Masse der Berater, Trainer und Coachs? „Ein wichtiger Aspekt ist es, kleine Schritte zu machen", erklärt er selbst, „den Nahbereich, den man mit seiner Kompetenz bedienen kann, zu bearbeiten, da etwas Neues zu machen – und dann weiterzugehen." Gelegentlich ein großer Sprung, etwas Wagemut zwischendurch, sollte zwar auch vorkommen, sei aber als Dauervorgehensweise nicht zu empfehlen. „Ich bin immer relativ nahe an den Themen geblieben, die ich gekonnt habe – aber auch immer einen Schritt weiter gegangen."

Schritt für Schrittt erobert Uwe Böning nach diesem Prinzip Neuland. Er wird zum Coaching-Pionier in Deutschland. Der Begriff „Coaching" ist damals noch weitgehend unbekannt, nur sehr wenige Berater bewegen sich auf diesem Feld. „Deswegen gab es auch keine Vorbilder, die mich auf diesen Weg vorbereitet haben", stellt er heute fest.

148

Gemeinsam mit seiner Frau gründet Uwe Böning 1985 die Böning-Team GmbH, ein Beratungsunternehmen in Frankfurt, das seit 1992 unter dem Namen Böning-Consult GmbH firmiert. In seiner Frau findet er eine wichtige Förderin. „Wir haben das Geschäft gemeinsam aufgebaut und geführt", sagt er. „Ohne sie wäre meine berufliche Karriere bestimmt nicht so verlaufen. Ich glaube, wir können beide damit zufrieden sein, was aus unserer gemeinsamen Arbeit geworden ist."

Das junge Unternehmen entwickelt sich gut. Immer öfter wird Böning in große Projekte einbezogen, seit 1991 auch in Zusammenarbeit mit der Boston Consulting Group und anderen großen Unternehmensberatern. Eine echte Herausforderung: „Wir sind immer als die Kleinen angekommen und mussten mit den Großen mitspielen." Es entstehen langfristige Engagements bei renommierten Firmen, die zum Teil über zehn Jahre und länger bestehen. Auf einen Kunden ist Uwe Böning besonders stolz: „ Für BMW arbeiten wir jetzt 28 Jahre. Das hat uns gezwungen, spätestens alle drei Jahre unser Vorgehen zu verändern und neuen Anforderungen anzupassen. Wir sind getrieben von den Herausforderungen, vor denen BMW steht – und das zwingt uns, permanent auf hohem Niveau zu spielen." Vermutlich ist Uwe Böning damit der am längsten engagierte Berater, den dieses Unternehmen je hatte.

Intellektuelle Sehnsucht

Eines fällt immer wieder auf: Nie ist Uwe Böning mit dem Erreichten zufrieden, systematisch erweitert er seine Grenzen, Schritt für Schritt tastet er sich voran. Behutsamkeit plus Voranschreiten: wieder eine Kombination, die eine Facette seiner Persönlichkeit beschreibt. Hieraus leitet er eine klare Regel ab, die sein Handeln bestimmt, die er aber auch jungen Kollegen als Ratschlag mit auf den Weg gibt: die Grenzen behutsam erweitern, Grenzerfahrungen machen – und so durch ständiges Probieren eigene Maßstäbe finden, anstatt sich auf die Richtigkeit vorhandener Ansätze zu verlassen.

Diese „eigenen Grenzerfahrungen" sind für Uwe Böning besonders wichtig. „Es gibt kein alles erklärendes Konzept", sagt er, „es gibt nur viele richtige Teile." Die Herausforderung sieht er darin, diese Teile so zusammenzufügen,

Porträt

dass eine tragfähige und überprüfbare Ordnung entsteht – die es dann wiederum erlaubt, einen eigenen Standpunkt zu beziehen. „Das setzt voraus, dass man sich mit den einzelnen Ansätzen wirklich auseinandersetzt."

Bei vielen Coachs vermisst Uwe Böning diesen Anspruch. „Ich erlebe an dieser Stelle eine erschreckende Selbstgenügsamkeit vieler Kollegen." Viel aufgeschlossener für eine intellektuelle Auseinandersetzung zeigen sich dagegen die Kunden: Sich mit dem einen Vorstand über Philosophie unterhalten, mit dem anderen über Kunst, mit dem dritten über Politik, dann auf das Tagesgeschäft und die Organisation kommen – „in dieser Vielfalt kann Coaching anstrengend, aber auch extrem anregend, sogar zum Formel-1-Rennen werden", sagt Uwe Böning und fügt hinzu: „Das sind manchmal inspirierende Begegnungen, manchmal sind es Arbeitsbündnisse, gelegentlich auch Kämpfe und Auseinandersetzungen, auch mühsame Grabungsarbeiten, um an ein Thema dranzukommen."

Eben diese Unterschiedlichkeit der Persönlichkeiten, die Vielfalt der Situationen und das Niveau der Auseinandersetzungen, ausgetragen in gegenseitigem Respekt – das ist es, was Uwe Böning stimuliert: „Aus dieser Fülle stille ich meine intellektuelle Sehnsucht."

Und so bleibt er immer am Punkt der Inspiration: der eigenen Grenze.

Erfolgsfaktor 4: Furchtlos sein

Was den Erfolg ausmacht ...

▶ Sie denken groß und wissen: Niederlagen sind Teil des Spiels – aber im rechten Moment aufzuhören, das ist die hohe Kunst!

▶ Sie treffen mutige Entscheidungen – aber (nur) auf der Basis von Fakten.

▶ Sie sind selbstbewusst und zuversichtlich in dem, was Sie tun, und bleiben auch bei Rückschlägen standhaft.

Die größte Belastung für selbstständige Trainer ist die schwierige Marktlage: Rund 70 Prozent der deutschen Trainer finden den Wettbewerb und Preiskampf ausgesprochen hart und vier von zehn Trainern beunruhigt es, wenn Aufträge nachlassen – so die Ergebnisse der eigenen Studie. Und trotz dieses enormen Drucks gilt für sie, zuversichtlich zu bleiben oder gar neue Risiken zu wagen, ein spannendes Geschäftsfeld oder neues Projekt anzupacken. Vor großen Entscheidungen oder neuen Situationen zu stehen, ist eine spezielle Herausforderung. Der Kollege Dr. Marco Freiherr von Münchhausen zog hierzu sehr passend das Bild des Trapezkünstlers heran:

Sich im Wettbewerb behaupten können

„Hoch oben im Zirkuszelt schwingt er an einem Trapez hin und her. Und dann kommt wie aus dem Nichts eine neue Trapezstange auf ihn zu, und dieser Akrobat weiß genau, dass er jetzt diese eine Stange loslassen muss, um durch den leeren Raum zu fliegen und die nächste zu kriegen. Er weiß genau, er hat an dieser einen Stange keine Option mehr. Er muss da rüber. Das Einzige, was er nicht weiß, ist, ob er hundertprozentig die andere erwischt. Das sind vielleicht die stärksten Momente inneren Wachstums.“

Was bedeutet es, den Absprung in ein neues Geschäftsfeld zu wagen? Kann ich das Loslassen trainieren wie der Akrobat? Was passiert, wenn ich einfach weiterschaukle? Wann ist der richtige Moment für den Absprung, oben oder unten? Okay, ich lasse los. Augen lieber zu oder auf!? Wie schön, ich fliege! Ob das Auffangnetz hält? Wo liegt eigentlich der Grat zwischen Risikofreude (also einfach mal loslassen und schauen, was passiert) und Ängstlichkeit (immer schön weiterschaukeln und einfach das Nachtlager in 50 Meter Höhe aufschlagen)?

In diesem Kapitel geht es um Antworten auf diese Fragen, Sie werden in fünf Schritten und mit zwei Talenten (Kompetenzen) quasi zum fliegenden Akrobaten, erreichen das neuen Geschäftsfeld oder (fast) furchtloses Trainerdasein:

Schritt 1 – Grundeinstellung „Ich bin ein Meister, der übt."

Fehler gehören zum Trainerjob

Jeder Akrobat muss trainieren. Er lernt, den nötigen Schwung aufzunehmen, Geschwindigkeit und Entfernung abzuschätzen – und holt sich auch mal einige blaue Flecken. Wenn er nicht bereit ist, diese einzustecken, wird er auch kein herausragender Trapezkünstler.

Für Trainer bedeutet das: Sie sind aktiv, probieren Dinge aus und wissen, dass Fehler und Niederlagen zum Trainerjob gehören. Durch sie lernt man schließlich das meiste. Bei diesem Schritt steht die innere Haltung gegenüber den kleinen und großen Herausforderungen im Zentrum. Mehr ab Seite 151.

Schritt 2 – Den Maßstab höher setzen

Hoch gesetzte Ziele bringen einen rascher voran

Der Trapezkünstler hat ein hohes Ziel – die staunenden Augen der Zuschauer spiegeln das wider: Wie ist das nur möglich? Sicher staunte der Akrobat ähnlich, bevor er sich das erste Mal ans Trapez schwang. Und dennoch wusste er: Das kann ich auch (oder zumindest: Das will ich auch können!). Während er die ersten Phasen seines Trainings absolvierte, merkte er, dass er tatsächlich in der Lage war, immer schwierigere Kunststücke zu vollbringen.

Für Trainer gilt: Wer sich schon im Vorhinein sagt „Das Ziel ist ohnehin nicht zu schaffen", dem wird es auch nicht gelingen. Setzen Sie sich also keine unnötigen Grenzen oder Beschränkungen in dem, was

Sie meinen, erreichen zu können, und vermeiden Sie unerwünschte „selffulfilling prophecies". Die Realität wird Ihnen schon zeigen, ob es klappt oder nicht! Mehr hierzu ab Seite 162.

Schritt 3 – Die Realität erfassen

Der Akrobat überprüft die Situation: seine Fähigkeiten, seinen aktuellen Trainingszustand, Abstand und Höhe der Trapeze, Sicherungsleinen, Auffangnetz und wen er bei neuen Kunststücken als Helfer oder Trainer hinzuziehen kann.

Ein klares Bild von der Situation verschaffen

Als Trainer geht es darum, sich ein klares Bild von der Situation zu verschaffen und alle wesentlichen Faktoren im Blick zu haben: Was ist der aktuelle Stand? Wie sehen meine konkreten Ziele aus? Welche Ressourcen sind vorhanden? Gibt es alternative Lösungswege? Mehr zu diesem Aspekt ab Seite 165.

Schritt 4 – (Intuitiv) Entscheiden

Ein Trapezkünstler wird wohl kaum Flugbahn und Absprunghöhe mathematisch berechnen und dann auf Knopfdruck loslassen. Nein, er kennt zwar die physikalischen Gesetze, handelt dann aber intuitiv. Je mehr Erfahrung er hat, desto besser wird er den Absprung schaffen und das Kunststück gelingen.

Bauchgefühl ist gefragt

Auch der Trainer kann nur lernen, indem er es probiert. Oft ist das neue Vorhaben noch nicht klar zu erkennen (das Trapez noch nicht in Sicht), und Sicherheit bietet lediglich das „Auffangnetz" in Form eines Notfallplans. Dennoch ist es Zeit loszulassen. Hier ist jetzt das „Bauchgefühl" gefragt: Denn die Intuition erfasst auch die Aspekte, die der Verstand „übersieht". Je komplexer die Situation, desto wichtiger werden Erfahrung und der „siebte Sinn". Mehr ab Seite 173.

Schritt 5 – Zur Entscheidung stehen

Nach dem Loslassen gilt nur eins: nach vorne schauen – nicht in die Tiefe, nicht auf die verlassene Schaukel, nicht auf das Publikum -, nur auf das Ziel, den nächsten Griff! Und wer sich nicht nur auf sein Talent verlässt, sondern auch in harten Trainingszeiten am Ball bleibt, erntet schließlich den größten Applaus.

Nach vorne schauen

153

Als Unternehmer lassen Sie sich nicht von Ihrem Entschluss abbringen, auch wenn es mal schwierig wird. Das flaue Gefühl im Bauch und Ausdauer gehören dazu. Das ist nicht immer angenehm, aber kein Grund umzukehren! Im Geschäft gilt ebenfalls: Je größer die Herausforderung, desto belohnender der Ertrag. Denn je höher die Hürde, desto weniger erreichen das Ziel – und umso mehr Anerkennung erhält derjenige, der die Hürde packt. Mehr ab Seite 175.

Aber was geschieht, wenn sich das neue Vorhaben doch als Sackgasse entpuppt – oder der Aufwand den möglichen Gewinn nicht mehr rechtfertigt? Hier kommt die Kompetenz ins Spiel:

Kompetenz 1: Zur rechten Zeit strategisch abbrechen

Sanfte Landung Wer sieht, dass er diesmal das Trapez verfehlt, bereitet sich lieber auf eine sanfte Landung im Sicherheitsnetz vor und ändert Körperhaltung und Flugbahn entsprechend. Nach der Landung: zurück auf „Start", um erneut die Leiter hinauf zur Hochseilplattform zu erklimmen.

Trainer lassen ein aussichtsloses Unterfangen besser rechtzeitig los, ohne unnötige Energie und Zeit zu verschwenden. Sie verarbeiten ihre Niederlage und gehen samt den neuen Erkenntnissen wieder zu Schritt 1: „Ich bin ein Meister, der übt – und nun etwas dazugelernt hat." Lesen Sie hierzu mehr ab Seite 177.

Kompetenz 2: Friedensvertrag mit der Angst

Über den Umgang Angst kennt auch der beste Artist, das Entscheidende: Er kann sie
mit der Angst beherrschen. Er lässt sie zu und begegnet ihr mit Konzentrations- und Atemtechniken sowie mit dem nötigen Grundvertrauen in sich und seine Fähigkeiten.

Auch für Trainer gehören Ängste und Bedenken zum Geschäft. Da will der Umgang mit ihnen gelernt sein. Gepaart mit einer gewissen inneren Stabilität und positiven Grundausrichtung (samt Urvertrauen) sind Sie bestens gerüstet. Zum Friedensvertrag gelangen Sie auf Seite 182.

O-Ton

Profi-Speaker Dr. Marco Freiherr von Münchhausen über das
Loslassen.

*„Ich hatte nach meinem Studium ein Repetitorium für Juris-
ten aufgebaut, das sehr erfolgreich war. Wir waren dreißig Trainer,
die ich auch mit ausgebildet habe. Dieses Repetitorium dann zu verkaufen, um einen anderen Weg zu gehen, war emotional sehr schwer. Und später habe ich einen Verlag aufgebaut,
der auch sehr erfolgreich war, und den habe ich dann auch verkauft. Ich habe mich also
zweimal von etwas getrennt, was ich selber – das klingt vielleicht pathetisch – mit meinem
eigenen Herzblut aufgebaut habe. Und musste dann natürlich zuschauen, wie ein anderer
das Eigene weiterführt. Das ist nicht leicht – aber rückblickend würde ich es nicht anders
machen ... Jeder Mensch ist mal mit Verlustängsten und mit der Frage konfrontiert: „Wie
geht es weiter?" Es ist ja nicht so, dass ich sofort woanders den roten Teppich ausgebreitet
vorgefunden hätte, sondern ich wusste, das bedeutet jetzt, wieder ins Risiko zu gehen, wieder neu anzufangen, wieder neu aufzubauen. Und da war ich gezwungen, durch die inneren
Täler bzw. durch meine Ängste zu gehen. Ich habe aber gemerkt, dass es möglich ist, das
zu tun, und wenn man Ängste anschaut und aushält, verflüchtigen sie sich oft. Das Interes-
sante war: In dem Moment, wo ich die Entscheidung getroffen hatte, löste sich ganz schnell
alles, und es ging in beiden Fällen besser und leichter, als ich vorher gedacht hatte ...*

*Ich bin mir völlig bewusst, dass das nicht leicht ist. Aber es kann einem auch helfen, wenn
man innerlich ganz klar weiß: Ich habe hier keine Wahl mehr. Und ich wusste damals: Wenn
ich dieses Unternehmen weiterführe, werde ich kreuzunglücklich, denn es hat mich zwar
wirtschaftlich getragen, aber inhaltlich nicht mehr gefordert. Es war kein Wachstum mehr
drin für mich. Und dann habe ich mir die Frage gestellt: Wie geht es mir, wenn ich auch die
nächsten zwanzig Jahre hier weitermache? Die Antwort war eindeutig: Es geht mir dann
nicht gut."*

Schritt 1: Grundeinstellung
„Ich bin ein Meister, der übt."

Es ist gerade die Angst vor dem Scheitern, die uns davon abhält, eine gute Gelegenheit am Schopf zu packen, wenn sie sich bietet, oder das Trapez, an dem Sie gerade noch hängen, loszulassen, um das neue zu fassen. Es gehört dazu, auch mal danebenzugreifen. Dafür hat man ja das Auffangnetz. Entweder wird es bei der Planung als „Notfallplan" gespannt, oder es ist ohnehin bereits im eigenen Leben etabliert (im Extremfall über unsere Versicherungen, Rücklagen, die Unterstützung von Freunden/Familie und die Möglichkeit, die größere Wohnung wieder gegen eine kleinere zu tauschen). Diese Haltung gilt es zu erreichen.

Lernen von missglückten Projekten

Dem bekannten Bergsteiger und Vortragsredner Reinhold Messner sind die missglückten Expeditionen lieber als die erfolgreichen: Denn bei der gelungenen weiß er meist nicht, warum sie erfolgreich war (schließlich ist es auch egal). Was bleibt, ist zwar das Erfolgsgefühl, aber kein Lernprozess. Wenn er allerdings scheitert, weiß er, dass er etwas falsch gemacht hat. Er reflektiert seine Expedition und überlegt, was der Knackpunkt gewesen sein mag. Wenn er ihn findet, kann er beim nächsten Mal gezielt auf diesen Erfolgsfaktor achten. So wird er immer besser.

Das Motto „Der Mensch lernt nur durch Versuch und Irrtum" trifft besonders zu, wenn Sie sich in Regionen bewegen, die von anderen noch nicht „erstürmt" wurden. Und eben von diesen Regionen sprechen wir, wenn sich Trainer am hart umkämpften Weiterbildungsmarkt erfolgreich ihre Nische suchen. Sie haben eine Idee, testen sie aus, scheitern, stehen auf, lernen, machen weiter und probieren es anders. Dann kommt eine Durststrecke. Möglicherweise waren schon viele andere an diesem Punkt, sind aber wieder umgekehrt, weil ihnen der Weg zu

steinig erschien oder das Unterfangen aussichtslos. Dabei hat vielleicht einfach die zündende Idee gefehlt, um eine Schlucht zu überwinden, oder sie hätten nur im Schneesturm ausharren müssen, bis sich die Sicht bessert und das Ziel vor ihnen auftaucht.

Das unterscheidet Gewinner von Verlierern, denn an dieser Stelle zeigt *Durchhaltevermögen* sich das Durchhaltevermögen: Die meisten kehren um – und so haben diejenigen, die nicht aufgeben, die Möglichkeit, den Gipfel zu stürmen und den weiten Blick alleine zu genießen. Für den Trainermarkt heißt das: Sie sind Vorreiter in einer bestimmten Nische oder mit einem neuen Thema (beispielsweise „Kommunikations-Seminare für getrennt lebende Eltern"). Sie nutzen den Effekt des Ersten: Die werden das neue Thema gerne aufgreifen, Ihr Name (Expertin für Eltern-Kind-Kommunikation) wird mit dem Thema assoziiert, Sie haben stets (mit) die meiste Erfahrung auf dem Gebiet und bleiben vergleichsweise mühelos Vorreiter, wenn Sie Ihre Leistungen und Kommunikation nur kontinuierlich ausbauen.

Dieser Belohnung sollte man sich bewusst sein – denn sie bildet den Gegenwert für die Gefahr des Scheiterns. Natürlich kann es sein, dass Sie in einer Sackgasse landen mit Ihrer Idee für das virale Marketing, Ihrem umfangreichen Trainingskonzept für Daimler Chrysler oder der vielversprechenden Kooperation. Und in der Regel steht auch einiges auf dem Spiel: ein gut laufendes Geschäft, ein bestehender Kundenkreis, hohe Investitionen, lukrative Aufträge bis hin zum privaten Vermögen.

Fehler zu machen wird in Deutschland leider (noch) nicht geschätzt – und Scheitern schon gar nicht. Wer als Unternehmer oder Top-Führungskraft in den USA einen Konkurs durchlebt, wird immer häufiger zu seiner ersten Krise beglückwünscht – andere Unternehmer kennen das Lernpotenzial, das im Durchleben einer wirklichen Krise steckt, denn die machen bekanntlich erst richtig stark. Zwischen Kiel und Freiburg, Dresden und Aachen hören wir stattdessen im Vorfeld „Flieg nicht zu hoch" und, wenn es dann passiert ist, „Oh je, der hat versagt". In den deutschen Medien findet derzeit ein Umdenken statt, in den meisten Köpfen herrscht aber noch die alte Schule.

Geben Sie also die Einstellung auf, Misserfolge vermeiden zu müssen – und nehmen Sie die Haltung des übenden Meisters ein.

Notfallplan berücksichtigen

Das Scheitern als reine „Lernerfahrung" zu verharmlosen wäre allerdings unangebracht; denn zu scheitern geht immer auch an die eigene Substanz. Neben berechtigter Existenzangst, der Sie am besten mit einem auffangsicheren Notfallplan begegnen, geht es schließlich auch um die Frage „Wer bin ich?" Von dieser entscheidenden Frage berichten immer wieder Menschen, die geschäftliche und private Insolvenz erlebten, die wissen, was es heißt, wenn alles im Leben wegzubrechen droht. Anne Koark, insolvenzerprobte Unternehmerin und Autorin, machte ihrem Buchtitel „Insolvent und trotzdem erfolgreich" (Insolvenzverlag, 2006) alle Ehre. Sie schreibt: „Das Scheitern kann mir alles nehmen, aber nicht mich selbst. Mein Kampfgeist, meine Ehre, mein Arbeitswille, mein Humor, meine Zuverlässigkeit sind mir weiterhin gewiss."

Nicht nur die großen Niederlagen treffen das Selbstwertgefühl. Das Gefühl des Scheiterns kennt jeder auch nach kleineren Fehltritten. Aber das Fatale: Es schürt die Angst vor dem Versagen und damit indirekt die Angst vor großen Erfolgen, denn: „Wer hoch fliegt, kann umso tiefer stürzen!"

Hier die wichtigsten Schritte im Umgang mit kleinen und großen Niederlagen, damit diese (falls es passiert) zu „erfolgreichen Niederlagen" für Sie werden:

Kalkulieren Sie Niederlagen gleich in Ihre Planung mit ein

Wann erklären Sie ein Projekt für gescheitert?

Integrieren Sie Notfallpläne in Ihre Unternehmensplanung, und legen Sie eindeutige Kriterien fest, wann ein Projekt für Sie „gescheitert" ist und Sie es loslassen. Beispiel: „Ich muss als absolutes Minimum bis zum Ende des übernächsten Geschäftsjahres mindestens zehn neue Geschäftskunden akquiriert haben mit einem Umsatz von 35.000 Euro. Falls ich das nicht erreicht habe, werde ich das Projekt abbrechen und erst einmal wieder wie bisher für Weiterbildungsinstitute arbeiten, meine Frau kann wieder eine Halbtagsstelle annehmen, wir setzen für ein Jahr unsere Einzahlungen für die private Altersvorsorge aus, reduzieren unsere Privatausgaben wie das zweite Auto etc."

158

Widerstehen Sie dem natürlichen Bedürfnis, Fehlschläge zu verdrängen

Akzeptieren Sie das Scheitern, lassen Sie Ihr ursprüngliches Ziel los. Dazu gehören auch Traurigsein, Niedergeschlagenheit, Wut, Ohnmachtsgefühl und Verzweiflung. Lassen Sie diese Gefühle zu – aber sich nicht von ihnen lähmen. Wie Sie das machen, erfahren Sie auf Seite 182. Doch dann kümmern Sie sich wieder um Ihren Alltag und um die nächsten Schritte, die anliegen.

Unterscheiden zwischen Sache und Person

Auch wenn Sie als Trainer stark mit Ihrer Leistung verbunden sind: Sie als Mensch können nicht scheitern. Ihr Vorhaben, Ihre Projekte, ja, die können scheitern – aber nicht Sie als Person. Also geht es darum, die eigene Identität abzukoppeln von dem, was Sie tun und was Sie besitzen. Empfehlenswert ist, sich bereits frühzeitig mit den Fragen auseinanderzusetzen „Wer bin ich?" und „Was bleibt, wenn ich alles um mich herum verloren habe?" Sie werden sehen, das, was Sie als Persönlichkeit ausmacht, bleibt Ihnen erhalten – und wird Ihnen, vielleicht gepaart mit dieser neuen Erfahrung des Scheiterns, weiterhin zahlreiche Möglichkeiten bieten.

Sie als Mensch können nicht scheitern, nur Ihr Vorhaben

Übernehmen Sie Verantwortung für Ihr Tun – und verzeihen Sie

Wer die Ursachen und Erklärungen für eine Niederlage bei anderen Menschen, in dem Markt oder in widrigen Umständen sucht und keine Verantwortung für die eigene (risikobehaftete) Entscheidung übernimmt, wird eine Niederlage kaum verarbeiten können. Natürlich weiß man vorher, in welchem Markt man sich befindet und dass man einiges, aber eben nicht alles vorhersehen kann. Dennoch ist man diesen Schritt gegangen und keinen anderen. Wenn man sich dies nicht eingesteht, bleibt das Gefühl der Fremdbestimmung, was im Umkehrschluss bedeutet: „Ich habe auf meine Situation und mein Leben keinen Einfluss." Allein diese Einstellung kann Sie lähmen. Also: Übernehmen Sie Verantwortung, ohne sich selbst zu beschuldigen – und damit wieder das Ruder für Ihr Handeln.

Übernehmen Sie Verantwortung

Das setzt allerdings eines voraus: Sie müssen sich verzeihen, wenn Sie mal in die falsche Richtung steuern. Ja, das ist harter Tobak. Denn

sich selber zu verzeihen ist eine der schwersten Aufgaben im Leben (ein CD-Tipp: Colin Tipping: „13 Schritte zur radikalen Vergebung". Kamphausen, 2005). Vergessen wir die Schuldfrage, denn die hilft kein Stückchen voran – und kümmern wir uns lieber um das Handeln, das Lernen aus Erfahrungen und um die Zukunft.

Lernen Sie, indem Sie die Situation genau betrachten

Analysieren Sie Ihre Situation Was ist passiert? Wie haben Sie die Niederlage erlebt? Welche Bedeutung hat sie für Sie? Was könnten Sie zukünftig anders machen? Nehmen Sie sich die Zeit, Ihre Situation zu analysieren, die Ursachen zu identifizieren und Rückschlüsse für die Zukunft zu ziehen.

Folgen Sie dem Stehaufmännchen-Prinzip

Sehen Sie Scheitern als Herausforderung. Es ist die Möglichkeit, etwas auszuprobieren, das vielleicht viel besser zu Ihrer eigenen Persönlichkeit passt als Ihr ursprünglicher Weg. Erkennen und nutzen Sie das Lernen und die neue Chance wie Bergsteiger Reinhold Messner, oder lassen Sie sich leiten wie Kommunikationstrainerin Nicola Fritze von der Frage „Was ist das Gute daran?". Sie werden sehen, wie Sie wachsen – allen voran Ihr Selbstvertrauen und Ihr Selbstwert.

Auch wenn es sinnvoll ist, Hemmungen vor dem Scheitern abzubauen, bleibt doch das Ziel, ein Scheitern zu vermeiden bzw. aussichtslose Vorhaben so schnell wie möglich zu identifizieren. Wie Sie solche Vorhaben dann gekonnt als strategische Entscheidung ad acta legen (bevor es zum großen Scheitern kommt), zeigt Schritt 5 (siehe Seite 175).

O-Ton

Kommunikations- und Verkaufstrainerin Nicola Fritze über ihren Umgang mit Auftragsflauten.

„Es gab am Anfang eine Phase, in der ich nicht genug Aufträge hatte. Da bekam ich es zunächst ein wenig mit der Angst zu tun, und ich zweifelte, ob die Entscheidung, mich selbstständig zu machen, wirklich richtig war. Ich dachte: ‚Oh Gott, ich hab nichts zu tun!' Doch dann besann ich mich auf das, was ich mit großer Begeisterung gerne tun möchte, und beschloss, durchzuhalten und diese ‚stille Phase' zu nutzen, um neue Ideen und Konzepte zu entwickeln. Von daher stand diese Hürde zwar einerseits für eine finanzielle Durststrecke, andererseits für eine sehr kreative Phase, in der ich auch die Zeit hatte, zum Beispiel meinen Film ‚smile & sell' zu drehen. So ein Projekt wäre jetzt zeitlich gar nicht mehr machbar. Ich habe also die freie Zeit für mich genutzt – um kreativ zu sein und Vertrauen zu bekommen, dass es weitergeht.

In dieser Situation erkannte ich, dass es mir nichts bringt, in Panik zu verfallen, sondern mich konstruktiv zu fragen: ‚Was ist das Gute an dieser Situation? Ich habe wenig Aufträge, also habe ich viel Zeit. Wie kann ich diese Zeit sinnvoll nutzen?'"

Schritt 2: Den Maßstab höher setzen

Natürlich sind existenzielle Entscheidungen nichts, was man auf die leichte Schulter nehmen sollte. Und daher rate ich hier auch sicher nicht zum Glücksspiel. Aber es erleichtert vieles und tut gut, wenn das eigene (materielle) Leben, der eigene Beruf und die eigene Person nicht ganz so wichtig genommen werden: Ja, Sie sind wichtig und machen eine klasse Arbeit, Sie bewegen zahlreiche Menschen mit dem, was Sie tun. Aber weder die Welt der anderen noch Ihre Welt geht unter, wenn Sie einen Flop landen. Mit einer Prise mehr Leichtigkeit und Humor in dem, was Sie tun, können Sie Ihr gesamtes Lebensgefühl herrlich würzen – indem Sie beispielsweise Neues wagen und erreichen, was Sie vorher nie für möglich gehalten hätten! Und auch die Nebenwirkungen sind äußerst attraktiv: Sie fühlen sich noch besser, grübeln weniger und haben mehr Spaß an Ihrem Job ... Leichtigkeit und Humor beim Blick auf sich und den Beruf ist ein Weg, sich weniger einzuschränken. Aber was können Sie noch tun, um sich die Welt des Möglichen zu erschließen, um mehr zu erreichen und Ihr Potenzial umfassender zu nutzen?

Eine Prise Leichtigkeit

Dieses kleine Experiment werden einige von Ihnen sicher kennen – und ich bemühe es dennoch, da es das Prinzip der einschränkenden „Denk-Box" besonders verdeutlicht:

Aufgabe:
Malen Sie 3x3 Punkte im Quadrat auf ein Blatt Papier. Nun verbinden Sie die Punkte – mit nur vier Linien!

Na, haben Sie es auf Anhieb geschafft? Gratuliere, dann sind Sie aus der alltäglichen Denk-Box entkommen! Denn in dieser befindet sich unser Denken allzu häufig – insbesondere, wenn wir einem Problem oder einer Herausforderung begegnen. Wir denken in eingefahren Bahnen, sind von unserer Umwelt und den uns umgebenden Normen konditioniert. Und das beschränkt den Horizont enorm: für neue Ideen, für die etwas andere Lösung und sogar für die Ziele, die wir uns setzen. Wir befinden uns im Kasten der Gewohnheit. Befreien Sie sich daraus.

Falls Sie das Quiz noch nicht gelöst haben: Probieren Sie es nach dem Lesen dieses Absatzes noch einmal. (Die Auflösung finden Sie auf Seite 164) Sollten Sie das „Denk-Box"-Spiel bereits kennen: Erinnern Sie sich daran, als Sie es das erste Mal gelöst haben?

Immer wieder schränken kritische Gedanken im Vorfeld unser Handlungsspektrum ein. Sie verbauen den Blick auf das tatsächlich Mögliche, „überreden" uns dazu, niedrigere Ziele als nötig zu setzen. Progressive Ideen und das eigene tatsächliche Potenzial bleiben verschlossen.

Hier drei Wege, wie Sie Ihr Denken im Alltag erweitern:

1. Weiten Sie Ihren Denkhorizont mit der „Daumen-Übung" auf Seite 72.

   Daumen-Übung

2. Machen Sie es wie Walt Disney. Für den Prozess der Ideenfindung schlüpfte Disney in drei verschiedene Rollen: in die des „Träumers", des „Handelnden" und des „Kritikers". Um sich diesen nicht ganz einfachen gedanklichen Rollenwechsel zu erleichtern, richtete er drei unterschiedlich ausgestattete Räume ein, die er auf der Suche nach neuen Ideen durchwanderte. Im Raum „Träumer" konnte er kreative Ideen ohne Einschränkungen fantasieren. In dem Raum „Handelnder" setzte er die Idee in Handlungen um, und in dem Raum „Kritiker" gab er ein konstruktives Feedback ab, identifizierte positive wie negative Aspekte des Plans und Probleme. Dank dieser strikten Trennung der drei Bereiche werden Keime neuer Ideen nicht gleich von kritischen Gedanken oder der Frage „Und wie soll ich das umsetzen?" erstickt. Die Ideen können sich entwickeln, der

   Walt-Disney-Strategie

Handelnde hat allen Freiraum, geschickte Umsetzungsmöglichkeiten zu finden, und erst anschließend werden die einzelnen Aspekte kritisch beleuchtet.

3. Lesen Sie im nächsten Kapitel „Gelassen sein" viele weitere Tipps und Übungen, wie Sie der einschränkenden, (über-)kritischen Gedanken Herr werden (ab Seite 211).

„Die meisten Trainer, Berater, Coachs denken viel zu klein"

Seien Sie mutig! Auch Top-Vortragsredner Hermann Scherer (siehe Interview Seite 105) ist der Meinung: „Die meisten Trainer, Berater, Coachs denken viel zu klein." Und selten sind es die ausgetretenen Wege, die zu Erfolgsgeschichten führen.

Auflösung des Denkspiels „Raus aus der Denk-Box":

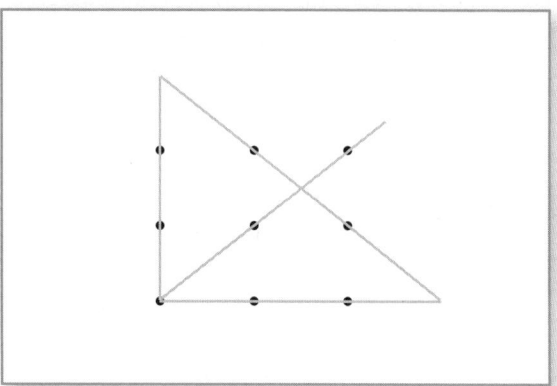

Schritt 3: Die Realität erfassen

Hohe Ziele und Mut – gut und schön –, doch sollte bei selbstständigen Trainern beides auf Realitätssinn und Verstand basieren. Erfassen Sie Ihre Situation mit allen relevanten Fakten. Sie wissen, was Sie und Ihre Person ausmacht. Sie haben Ihre Vision und Ihre Ziele vor Augen. Nun gilt es, die Chancen und Risiken für Ihr Vorhaben abzuwägen. Natürlich können Sie eine Situation nie zu 100 Prozent erfassen, geschweige denn vorauskalkulieren, was passiert, wenn Sie einen der Faktoren verändern. Wenn Sie aber alle wichtigen Faktoren im Visier haben, sind Sie zumindest vor bösen Überraschungen sicher.

Nutzen Sie Ihren Realitätssinn und Verstand

▶ Welche Faktoren sind für Ihre Entscheidung oder Situation wichtig?
▶ Was sind die wesentlichen Wechselwirkungen zwischen den Faktoren?

Nutzen Sie hierfür wieder die *Landkarte* Ihrer aktuellen Situation, die Sie vielleicht bereits in Kapitel 1 anhand des Beispiels unseres Kommunikationstrainers ab Seite 61 kennengelernt haben. Damit stellen Sie sicher, dass Sie an alle wichtigen Aspekte gedacht haben. In dieser Darstellung sind die wesentlichen Schlagworte den vier Ebenen zugeordnet und bietet so eine universelle Hilfe für unterschiedlichste Situationen.

Die Landkarte Ihrer aktuellen Situation

	Innerlich (nicht sicht- oder messbar)	**Äußerlich** (sicht- oder messbar)
Individuell „Ich"	**Wer bin ich?** **Was will ich?** ▶ Werte ▶ Vision, Ziele ▶ Gedanken ▶ Gefühle ▶ Glauben ▶ Persönlichkeitstyp ▶ Leidenschaften ▶ Individuelle Ethik ▶ Überzeugungen, Glaubenssätze	**Wie wirke ich?** **Wie verhalte ich mich?** ▶ Wirkung und Signale ▶ Körpersprache, Verhalten ▶ Energie, Ausstrahlung ▶ Gesundheit ▶ Kenntnisse, Fähigkeiten ▶ Erfahrungen ▶ Körperliche Verfassung ▶ Leistungsfähigkeit ▶ Image
Kollektiv „Wir"	**Wie wurde ich, was ich bin?** **Wie soll das Miteinander sein?** ▶ Beziehungen ▶ Kulturelles Umfeld ▶ Moral, Ethik ▶ Art der Kommunikation ▶ Kontakte ▶ Gruppenbewusstsein ▶ Gruppenidentität	**Wie lebe und arbeite ich?** **Wo will ich hin?** ▶ Arbeits- und Selbstorganisation ▶ Soziale Situation ▶ Strukturen ▶ Abläufe, Regeln ▶ Stellung, Hierarchien ▶ Rahmenbedingungen ▶ Finanzen ▶ Infrastruktur ▶ Umwelt, Natur

Wenn Sie für sich alle wichtigen Faktoren identifiziert haben, beantworten Sie mit diesen vor Augen die folgenden Fragen:

Was sind Ihre Ziele, was kritische Faktoren und was Ihre Alternativen?

▶ Welche konkreten Ergebnisse will ich erreichen?
▶ Unter welchen Bedingungen?
▶ Was soll so bleiben, wie es ist?
▶ Was soll nicht passieren?

▶ Habe ich alle messbaren (Umsatz, Kundenzahl, Auftragsvolumen etc.) und nicht messbaren Faktoren (Image, Ziele, Werte etc.) bedacht?
▶ Was sind die kritischen Erfolgsfaktoren?
▶ Welche Wechselwirkungen bestehen untereinander?

▶ Welche Alternativen habe ich?
▶ Was sind meine jeweiligen Stärken, Schwächen, Chancen und Risiken?
▶ Was könnte dazwischenkommen?

▶ Wie bewerte ich meine Alternativen?
▶ Was würden die Alternativen auf der Landkarte bedeuten? Welche weiteren Wechselwirkungen gilt es zu beachten?

Häufig reichen diese Überlegungen; die wesentlichen Aspekte haben Sie vor Augen oder sind notiert, und Sie können mit dem nächsten Schritt ab Seite 173 fortfahren. Ist Ihre Situation allerdings sehr komplex und vielschichtig, können Sie mit den beiden folgenden Methoden die Elemente Ihrer Entscheidung wieder zusammenfassen und gewichten.

Fazit per Stärken-Schwächen-Profil

Um Ihre Überlegungen auf den Punkt zu bringen und sich auf die wesentlichen Elemente zu fokussieren, halten Sie Ihre Ergebnisse aus den oben genannten Überlegungen im Stärken-Schwächen-Profil fest. Hier erscheinen jeweils nur die fünf wichtigsten Punkte, der wichtigste stets zuerst. Stärken und Schwächen beziehen sich auf Sie und Ihr Unter-

Die Innen- und Außensicht Ihres Trainergeschäfts nehmen und beschreiben damit die Innensicht Ihres Trainergeschäfts oder neuen Vorhabens. Chancen und Risiken beschreiben die Elemente, die Sie umgeben: die Marktsituation, Wettbewerb, Kundenbedürfnisse, soziale, ökologische Veränderungen etc. Dabei betrachten Sie die Risiken (oder Gefahren), die in der aktuellen Situation bereits bestehen oder noch eintreten können genauso wie die Chancen, die sich Ihnen bedingt durch die Umwelt bieten.

Hier das Beispiel einer solchen Analyse für das angedachte Outdoor-Training unseres Kommunikationstrainers:

Stärken	Schwächen
1. 25 Jahre als Kommunikationsexperte. 2. Verwendung langjährig erprobter Methoden. 3. Hoher Nutzen durch eigenes Erleben. 4. „Event-Charakter" Bergsport. 5. Authentizität und Begeisterung durch mich als Person.	1. Höherer Zeitaufwand für Teilnehmer. (Idee: anderen Ort mit Anreise als Zusatznutzen verkaufen.) 2. Aufwendige Koordination. (Partner suchen.) 3. Erstmals Umsetzung meiner Seminare außerhalb von Seminarräumen. (Erfahrene Kollegen befragen, ggf. erstes „Testseminar" durchführen.) 4. Eingeschränkte eigene Fähigkeiten in Finanz-/Unternehmensplanung. (Berater/Kooperationspatner finden.) 5. Hoher persönlicher Erstaufwand und Belastung für mich als Alleinunternehmer, bis alles gut läuft. (Sehr genau planen!)
Chancen	**Risiken**
1. Alleinstellung am Markt mit der Kombination „Kommunikation und Berg-Event". 2. Hohe Empfehlungsrate durch Erlebnischarakter. 3. Unternehmen investieren immer mehr in Incentive-Seminare als Anreiz/Belohnung für die Mitarbeiter. 4. Individuelle Coachings und Seminare werden immer stärker angefragt. 5. Auch bestehende Kunden nutzen die Seminare als „Premium-Variante" für Top-Führungskräfte und als Incentive.	1. Rückgang der Wirtschaft und Seminarbuchungen – insbesondere bei kostenintensiveren Seminaren. (Notfallplan, um das eigene Verlustrisiko zu minimieren, siehe S. 158.) 2. Mit diesem Training muss u.U. eine völlig neue Zielgruppe erreicht werden. („Marktrecherche" bei bestehenden Kunden durchführen.) 3. Das Angebot rentiert sich nicht und/oder die Kunden sind nicht an einer entsprechend hohen Investition interessiert. (Spezialisten hinzuziehen, genau kalkulieren, ggf. Markttest.) 4. Ich finde keinen geeigneten Tour-Organisator, der denselben professionellen Anspruch hat. (Früh mit Recherche und Erstkontakten beginnen.) 5. Bestehende Kunden fühlen sich zurückgesetzt oder denken, dass ich nur noch diese Spezialseminare anbiete. (Auf klare Kommunikation und Planung achten. Basisgeschäft und -kommunikation stabil halten.)

Auf dieser Basis der aktuellen Situation stellen Sie nun folgende Überlegungen an:

▶ Wie kann ich meine Stärken einsetzen, um die Chancen zu realisieren?

▶ Mit welchen Stärken kann ich den Risiken begegnen oder ihnen entgegenwirken?

▶ Wie kann ich Schwächen zu Chancen werden lassen oder sie zu Stärken entwickeln?

▶ Mit welcher Strategie kann ich Schwächen kompensieren?

Aus diesem Blickwinkel auf Ihre Situation betrachten Sie nun Ihre strategischen Möglichkeiten. In der Regel zeigt sich an dieser Stelle klar, welche Gefahren und Chancen eine Option für Sie birgt – und Sie haben eine gute Basis, um den nächsten Schritt zu gehen: zu entscheiden.

Entscheidungsmatrix

Wenn sich die favorisierte Alternative nicht schon anhand der vorangegangenen Betrachtung abzeichnet, empfiehlt sich eine weitere Methode: die klassische Analyse. Das Vorgehen anhand der Schnellentscheidungsmatrix von Kai-Jürgen Lietz (aus „Das Entscheider-Buch. 15 Entscheidungsfallen und wie man sie vermeidet". Hanser, 2007) ist ganz einfach:

Gewichtung: Welche Alternative verfolgen Sie?

Sie haben zwei oder drei Alternativen und wollen sich nun für eine entscheiden. Zuerst legen Sie klare Entscheidungskriterien fest (siehe die Entscheidungsmatrix unten) und bewerten, wie wichtig jedes einzelne Kriterium für Ihre Entscheidung ist. Vergeben Sie für die wichtigsten Kriterien drei Punkte, für die relativ wichtigen zwei Punkte und für die untergeordneten einen Punkt. Anschließend beantworten Sie für jede Alternative, ob diese das Kriterium erfüllt. In der Folge addieren Sie pro Alternative die Gewichtungspunkte der bejahten Kriterien und haben nun eine feste numerische Antwort, welche Alternative hiernach die beste wäre.

Das bringt gerade in komplexen Situationen erleichternde Klarheit – bevor sie Ihre Entscheidung treffen …

Entscheidungskriterien	Gewicht	Alternativen					
		A		B		C	
		Ja	Nein	Ja	Nein	Ja	Nein
Löst diese Alternative mein Problem?							
Unterstützt diese Alternative meine unternehmerische Vision?							
Unterstützt diese Alternative meine langfristigen Ziele?							
Steigert diese Alternative meinen Einfluss?							
Verdiene ich durch diese Alternative mehr Geld?							
Gewinne ich durch diese Alternative mehr Zeit für das Wesentliche?							
Entwickle ich mich oder mein Unternehmen mit dieser Alternative weiter?							
Hat diese Alternative eine positive Öffentlichkeitswirkung?							
Bringt mich diese Alternative im Networking voran?							
Erleichtert diese Alternative meine tägliche Arbeit?							
Reduziert diese Alternative Reibungspunkte mit anderen Menschen?							
Bereitet mir diese Alternative Freude?							
Ist diese Alternative kosteneffizient?							
Sichert diese Alternative Unterstützung für mein Unternehmen?							
…							

(Eine Blanko-Excel-Vorlage finden Sie unter www.beratercoach.info)

Nehmen wir einmal an, unser bergsportbegeisterter Trainer möchte sichergehen und zwei Alternativen gegeneinander abwägen. Denn das Gespräch mit dem Berater ergab, dass der Ertrag gerade in der Aufbauphase nicht sonderlich hoch sein würde. Dagegen steht aber der große

Wunsch, seinen Lebenstraum zu verwirklichen. Seine Alternativen lauten wie folgt ...

Alternative A: Er baut weiter auf seine beiden bestehenden Trainingskonzepte und Coachings.
Alternative B: Er baut das neue Produkt „Outdoor-Trainings" zusätzlich auf.

Entscheidungskriterien	Gewicht	Alternativen			
		A		B	
		Ja	Nein	Ja	Nein
Löst diese Alternative mein Problem?	1		1	1	
Unterstützt diese Alternative meine unternehmerische Vision?	3		3	3	
Unterstützt diese Alternative meine langfristigen Ziele?	3		3	3	
Steigert diese Alternative meinen Einfluss?	1	1		1	
Verdiene ich durch diese Alternative mehr Geld?	2	2			2
Gewinne ich durch diese Alternative mehr Zeit für das Wesentliche?	2	2			2
Entwickle ich mich oder mein Unternehmen mit dieser Alternative weiter?	3	3		3	
Hat diese Alternative eine positive Öffentlichkeitswirkung?	1	1		1	
Bringt mich diese Alternative im Networking voran?	1	1		1	
Erleichtert diese Alternative meine tägliche Arbeit?	1	1			1
Reduziert diese Alternative Reibungspunkte mit anderen Menschen?	1	1			1
Bereitet mir diese Alternative Freude?	2		2	2	
Ist diese Alternative kosteneffizient?	2	2			2
Sichert diese Alternative Unterstützung für mein Unternehmen?	1	1		1	
Unterstützt diese Alternative meine Lebensbalance?	2	2		2	
Summe	*26*	*17*	*9*	*18*	*8*

Nach dieser Aufstellung ist er überrascht, dass die rechnerische Entscheidung doch sehr knapp ausfällt. Vision und Ziele würden zwar schneller erfüllt, allerdings sind der Aufwand und seine Anfangsinvestition zum jetzigen Zeitpunkt doch erheblich. Seine anfängliche Euphorie ist sicher gedämpft – dafür hat er nun klarer vor Augen, worauf er sich mit seiner Entscheidung einlässt.

Schritt 4: (Intuitiv) Entscheiden

Auch wenn Sie eine Situation gründlich mit Ihrem Verstand erfasst haben, wie in Schritt 3 beschrieben, sollten Sie nicht auf Ihre Intuition verzichten: Denn sichtbare Fakten spiegeln vieles, aber nicht alles wider. Eine gewisse Unsicherheit sowie nicht sichtbare (oder absehbare) Veränderungen bleiben und bergen vielleicht nicht erahnte Gefahren oder Chancen. Wie gehen Sie damit um? Schenken Sie Ihrem Bauchgefühl mehr Vertrauen! Erfahrene Entscheider berichten, dass Sie Entscheidungen *gegen* ihr Bauchgefühl fast immer bereut haben. Mithilfe Ihrer Intuition können Sie auf Informationen zugreifen, die Ihrem Verstand auch nach der gewissenhaftesten Analyse verborgen bleiben. Je komplexer eine Entscheidung, desto wichtiger wird dieses unbewusste Wissen. Daher sollten Sie immer beides einbeziehen: Verstand *und* Bauchgefühl.

Sollen Sie sich nun stundenlang der Entscheidungsmatrix widmen oder doch einfach aus dem Bauch heraus entscheiden? Wenn Sie als geübter Unternehmer den Markt, seine Mechanismen, Ihre Finanzen, die Reaktionsweise und Strukturen Ihrer Kunden, Ihrer Partner und Kollegen gut kennen, fahren Sie wahrscheinlich mit der Bauchentscheidung recht gut. Wenn aber Unsicherheiten bestehen, ob alle Faktoren ausreichend bedacht sind, wenn es Ihnen schwerfällt, sie ins Verhältnis zueinander zu setzen oder ihre tatsächliche Relevanz für Ihr Gesamtziel zu erfassen, kann die klassische Analyse sehr hilfreich sein. (Bei schwerwiegenden Entscheidungen mit weit reichenden Konsequenzen ist sie natürlich ein Muss.)

Ihr Bauchgefühl sollten Sie gut kennen

Allerdings sollten Sie Ihr Bauchgefühl in jedem Fall gut kennen: Denn im Bauch stecken nicht nur Ihre Intuition, also Ihr tieferes und höheres Wissen, sondern auch (unreflektierte) Erfahrungen und Ängste. Je erfahrener Sie werden, unternehmerisch und bezogen auf Ihre eigene Persönlichkeit („Nehme ich gerade meine Intuition oder versteckte Angst wahr?"), desto sicherer können Sie Ihrem Bauchgefühl folgen.

Auf Gebieten mit weniger Erfahrung helfen vor allem die Analyse der Unternehmerentscheidung sowie die Fähigkeit, die inneren Stimmen zu kennen und zu unterscheiden (siehe Seite 192).

Der Faktor Zeit Zu beachten ist natürlich auch der Faktor Zeit, schließlich bleibt es Ihnen frei überlassen, wochenlang zu grübeln – oder es einfach auszuprobieren! Lassen Sie sich nicht aus übertriebenem Sicherheitsbedürfnis dazu verleiten, Zeit und Energie in stundenlange Analysen zu investieren. Das hält Sie womöglich unnötig vom Handeln ab. Denn viele Situationen erfassen Sie gleich intuitiv; und es ist nie sicher, ob Sie wirklich alle Faktoren erkennen. Zudem offenbaren sich manche Dinge erst zu einem späteren Zeitpunkt. Nur über eine (erste) Entscheidung und das Ausprobieren können Sie sehen, ob und wie es funktioniert und ggf. den Entscheidungsweg anpassen. Erfahrungsgemäß ist es oft hinderlicher, gar keine Entscheidung zu fällen oder sie immer wieder hinauszuzögern, als irgendeine Wahl zu treffen.

Schritt 5: Zur Entscheidung stehen

Hat nicht alles, was wir im Leben angehen, irgendwann einen Tiefpunkt? Zu Beginn ist man euphorisch, voller Energie, die ersten Schritte sind schnell gegangen – und dann kommt diese zähe Zeit: Die vielen
Trainingsstunden am Hochtrapez, Monate vergehen, bis der Verlag für
das eigene Buch gefunden ist oder das kontinuierliche Marketing endlich Früchte trägt und der Kundensog beginnt.

Wer Erfolg haben will, rechnet mit dieser Talsohle und dreht noch mal
auf, wenn sie da ist. Denn dies ist eine echte Chance: Während Mitbe-
werber hier den Mut verlieren, hält man selber durch, intensiviert die
eigenen Anstrengungen und bleibt dem eigenen Ziel treu. Noch ein
Beweis dafür, wie wichtig die konkrete Zielsetzung und eine gründliche
Planung sind. Denn wessen Weg nicht auf sein Wunschziel hinführt,
wird sich irgendwann unweigerlich fragen: „Warum tue ich mir das eigentlich an?" Sie hingegen wissen, warum – und halten durch.

In der Talsohle noch einmal richtig aufdrehen

Komplikationen, Unsicherheit und Unvorhersehbares, kritische Stimmen aus Ihrem Umfeld, eigene Zweifel und handfeste Schwachstellen
gibt es bei jeder Entscheidung, ganz gleich, welchen Weg Sie einschlagen. Da hilft der häufig wiederholte Partnerwechsel in Hoffnung auf
den „Traumpartner" genauso wenig, wie die eigenen Entscheidungen
immer wieder infrage zu stellen und zu revidieren. Manchmal kann ein
Wechsel Sinn machen, aber nicht dauernd. Stehen Sie also voll hinter
und zu Ihrer Entscheidung, kalkulieren Sie den möglichen Gegenwind
gleich mit ein und lassen Sie sich nicht verunsichern.

„Aber woran erkenne ich, ob ich auf einem etwas lustlosen Rennpferd
sitze, das lediglich einen neuen Antrieb braucht – oder auf einem lahmenden Gaul, der bald ins Gras beißt? Und wie schafft man rechtzeitig
den Absprung von einem lahmenden Gaul?" – Das erfahren Sie im folgenden Abschnitt.

O-Ton

Bernd Isert, Experte für Interkulturelles, über seinen Umgang mit Unverständnis und Ablehnung.

„Mein Beruf ist ein kontinuierlicher Lern- und Veränderungs-prozess, der sich auch auf berufliche Beziehungen auswirkt. Beispiele großer Veränderungen waren einst mein Fortgang aus dem Osten Deutschlands in den Westen, dann der Wechsel vom Beruf des Diplom-Ingenieurs in den psychologischen Bereich, die kritische Auseinandersetzung mit dem NLP, die Verbindung von Methoden und Modellen, die vorher getrennt voneinander waren, aber auch der große Erfolg meiner internationalen Projekte wie das Worldcamp in Brasilien, der Sommercampus und der Zukunftskongress in Italien. Stets gab es auch Menschen, die davon nicht so begeistert waren: jene, die nicht mitgehen konnten oder von denen ich Abschied nehmen musste, jene, die im Schema der Konkurrenz dachten, jene, welche die Reinheit einer Methode verteidigten, während ich diese gerade veränderte, jene, deren Erwartungen ich nicht erfüllen konnte oder die meine Erwartungen und Anforderungen nicht erfüllten.

Leicht war es nicht, auf Unverständnis und Ablehnung zu stoßen. Mich belasteten Missgunst und Arroganz, denn ich wäre doch so gern für alle ‚ein Guter' gewesen. Also versuchte ich, mich verständlich zu machen – oder zweifelte an mir selbst. Das kostete Zeit, änderte aber nicht viel. Dann gab es die Phase, trotzig zu reagieren: Jetzt erst recht, egal, was andere denken. Aber richtig glücklich war ich damit auch nicht. Zumindest bewegte ich mich weiter, und ich akzeptierte es, bestimmte Strecken sehr allein zu gehen.

Auf der anderen Seite lernte ich, mehr und mehr auf das Innere zu hören, weniger betroffen davon zu sein, was jemand gerade über mich denkt, sagt oder nicht sagt. Ich sagte mir: Die Kritiker und auch jene, die mir applaudieren, beide haben sie ein bisschen Recht, ich bin nicht perfekt, ich bin aber auch kein Supermann. Ich bin jemand, der unterwegs ist, wie die anderen auch. Niemand ist besser oder schlechter, wohl aber sind wir unterschiedlich.

Ich kam auf die Idee, jene, die mich nicht zu mögen schienen, als ebenbürtig zu behandeln, als Menschen, die sogar ganz angenehm sein können – und seltsamerweise löste sich mancherlei altes Ressentiment, und griesgrämige verwandelten sich in wertvolle Zeitgenossen. Die große Erkenntnis: Wenn Dir jemand nicht geben kann, was Du von ihm wünschst, hat er es wahrscheinlich selber nicht erhalten. Schau also anderswo, vielleicht innen, nach dem, was Du wirklich brauchst, und frage Dich, was Du zu geben hast. Und noch etwas: Niemand ist dazu da, es anderen recht zu machen. Wäre doch langweilig."

Zur rechten Zeit strategisch abbrechen

Permission-Marketing-Experte *Seth Godin* beschreibt in seinem Buch „The Dip" (Portfolio, 2007) zwei Situationen, in denen Sie ein Projekt abbrechen sollten:

„The Dip"

1. Die Sackgasse

Sie gehen beispielsweise über Jahre hinweg derselben Tätigkeit nach, aber nichts verändert sich wirklich. Weder zum Guten noch zum Schlechten. Sie dümpeln friedvoll vor sich hin – verschwenden aber im Grunde Ihre Lebenszeit. Diese Beschäftigung hält Sie lediglich davon ab, etwas anderes, Spannenderes, Belohnenderes zu machen. Trennen Sie sich von diesem lahmen Gaul, die Opportunitätskosten (also die Kosten für dadurch entgangene Gelegenheiten) sind einfach zu hoch, als dass sich jegliches weitere Engagement lohnen würde. Erkennungsmerkmal dieser Situation: Nichts tut sich.

2. Die Klippe

Diese Situation ist selten, aber kommt durchaus vor: Sie engagieren sich, erzielen auch immer bessere Ergebnisse, aber abrupt ist alles vorbei – der Markt bricht ein. Sie engagieren sich zwar noch mehr, aber das ändert nichts an den abfallenden Ergebnissen. Zeit für den Absprung. Erkennungsmerkmal: Der plötzliche Abfall, und alle weiteren Anstrengungen sind vergebens.

Die Sackgasse ist langweilig, die Klippe ist spannend (zumindest eine Weile), aber beide führen nicht durch eine Senke, sondern in den Misserfolg. Die Kunst besteht darin, diese „toten Punkte" rechtzeitig zu identifizieren.

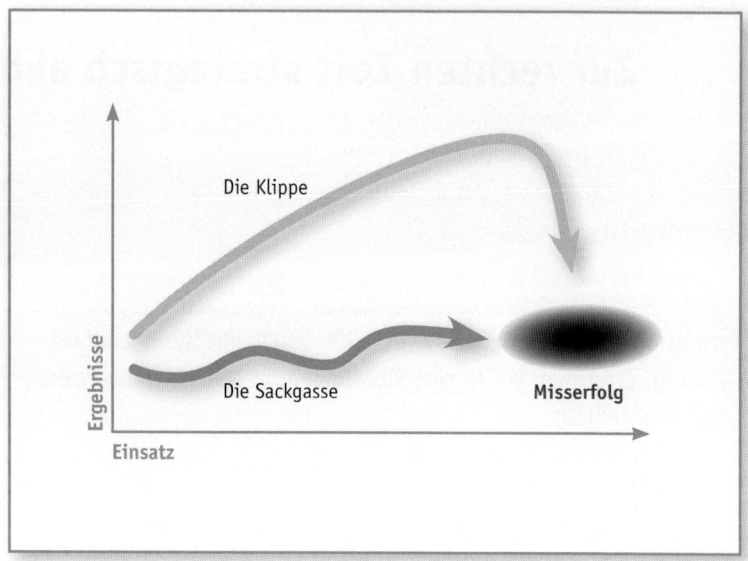

Abb.: Die Sackgasse

Wenn Sie sich auf einem dieser beiden Wege befinden, ist es entscheidend, dass Sie das aussichtslose Projekt so schnell wie möglich loslassen. Denn jegliche weitere Energie und Zeit wären vergeudet. Stellen Sie sich der „Niederlage" und ziehen Sie einen Schlussstrich wie in *Schritt 1: Grundeinstellung „Ich bin ein Meister, der übt."* beschrieben (natürlich nur, wenn Sie lieber wirklich erfolgreich sein wollen).

Trauen Sie sich, falls nötig, den eingeschlagenen Weg zu verlassen

Ein weit verbreitetes Phänomen und Problem ist folgendes: Der Trainer weiß, er sitzt in der Sackgasse, traut sich aber nicht, den einmal eingeschlagenen Weg zu verlassen. Und nun mal ehrlich: Jeder hat kleine oder größere Projekte, die er eigentlich schon längst hätte loslassen sollen. Mir fallen gleich drei ein, das alte Fotolabor im Keller (Wer sitzt noch stundenlang in der Dunkelkammer, wenn es doch die Digitalfotografie gibt?), das Bestreben, endlich eine dauerhafte Balance in meinem Leben zu finden (obwohl das Leben ohnehin eine ewige Wellenbewegung ist, so dass es gar keine beständige Balance geben kann) und über morgen nachzugrübeln (morgen sieht sowieso alles wieder anders aus, und jede Menge Unvorhergesehenes und Spannendes passiert). Welche kleinen oder größeren Projekte laufen derzeit bei Ihnen, die

keine Erfolgsprojekte sind? Brechen Sie sie ab. Jetzt. Sie binden unnötig Zeit und Energie, die Sie stattdessen in Aktivitäten investieren sollten, die lohnenswert sind: *in das, was Sie wirklich wollen* – und was auch funktioniert. Warum ist das so wichtig? Weil Sie all Ihre Energie brauchen werden, um kraftvoll durch die Talsohle Ihrer *Erfolgs(!)*-Projekte zu gelangen!

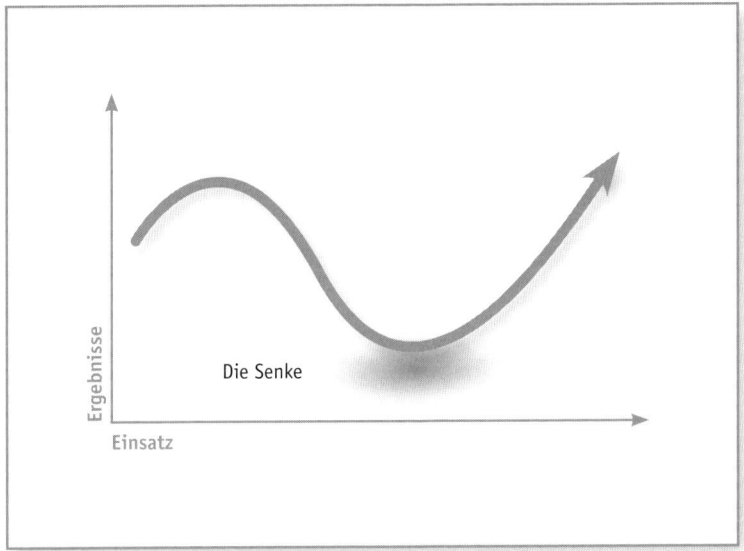

Abb.: Die Senke

Erfolgreiche Unternehmer sind Experten darin, aussichtslose Projekte schnell zu erkennen und aufzugeben. Dabei bleiben ihre langfristigen Ziele und ihre Vision bestehen, auch wenn sie ihr Unterfangen loslassen.

Wollen Sie das Projekt aufgeben oder weitermachen? Wenn Sie es aufgeben, kann dies auch eine Chance bedeuten, das bestehende Projekt unter anderen Bedingungen neu anzupacken. Da ist zum Beispiel der Kunde, der Ihre Preise endlos drückt und immer härtere Bedingungen stellt? Lassen Sie ihn (innerlich) ziehen – und dann teilen Sie ihm mit, was Ihnen nicht gefällt und unter welchen Bedingungen Sie bereit wären, weiterhin für ihn zu arbeiten. Häufig öffnet sich dadurch eine Tür

Das Projekt unter anderen Bedingungen neu anpacken

zu neuen Möglichkeiten: Der Kunde nimmt Ihre Bedingungen an oder schlägt eine andere Zusammenarbeit vor, zum Beispiel bei einer neuen Trainingskonzeption. Diese innerlich befreite (Verhandlungs-) Position erreichen Sie nur, wenn Sie Ihre vorherige Aktivität losgelassen haben.

Stecken Sie in einer Sackgasse? Wie aber erkennen Sie, ob Sie in einer Sackgasse stecken und abbrechen sollten oder sich in einem Tief auf der Zielgeraden befinden, in der Sie Ihre Anstrengungen lieber erhöhen und sich durchbeißen sollten? Die entscheidenden Fragen lauten:

▶ *Wie groß ist der mögliche Gewinn, der mich auf der anderen Seite erwartet?* Finanzieller Gewinn, Image, Marktposition, persönliche Freiheit, höhere Honorare, mehr Freizeit, sicheres Einkommen etc.

▶ *Wie viel Zeit, Energie und Ressourcen bin ich bereit, dafür zu investieren?* Finanzielle Investitionen, Kompetenzen/Ideen, die ich in ein gemeinsames Projekt einfließen lasse, Verzicht auf bisherige Umsätze/Aufträge, Zeitaufwand für Vorbereitungen, Kontakte zu Kooperationspartnern, Akquise, Konzepterstellung, privater Verzicht auf Urlaub, Familienzeit, Hobbys, „Luxus" etc.

▶ *Unter welche Bedingungen würde ich aus dem Projekt aussteigen?* Beispielsweise: x Neukunden bis zum Zeitpunkt y, mein Kooperationspartner zieht nicht mit, der Arbeitsaufwand übersteigt z Arbeitstage pro Monat, ich schreibe bis ... keine schwarzen Zahlen, die Stressbelastung ist zu hoch/körperliche Beschwerden wie ...

Diese Antworten mitten im Projekt klar zu benennen ist zugegebenermaßen nicht immer leicht. Am besten legen Sie die Antworten als inneren (Stressbelastung) und äußeren (Gewinn) Seismograf gleich zu Beginn eines neuen Vorhabens fest – das hat drei Vorteile:

1. Mit klaren Ausstiegskriterien fällt es leichter, eine Entscheidung zu treffen – das spart Kraft und Zeit raubende Gedanken im Vorfeld.

2. Die Kriterien dämmen Grübeleien und Zweifel ein, die üblicherweise auftreten, wenn es mal nicht so gut läuft.

3. Steckt man mitten in der Talsohle, ist der Blick häufig nicht frei. Klare Kriterien helfen dabei abzuschätzen, ob Sie weitermachen oder aufhören sollten.

Das heißt jedoch keinesfalls „Augen zu und durch!", sondern vielmehr „Augen auf und durch!", denn ein Tal erfolgreich zu durchschreiten und schließlich den Gipfel zu erklimmen, erfordert ständige Verbesserung: Gerade am Tiefpunkt brauchen Sie höchste Wachsamkeit – für ausgefallene Ideen, weitere Aktivitäten oder neue Strategien, um zu Ihrem Ziel zu gelangen. Wie auf der Marathonstrecke bei Kilometer 30!

Augen auf und durch!

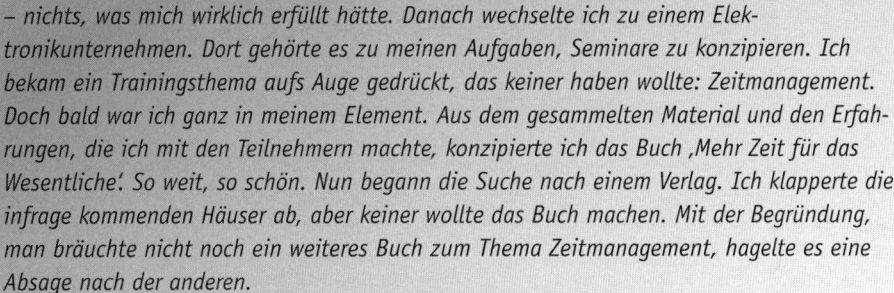

O-Ton

Prof. Dr. Lothar Seiwert über das Durchhalten.

„Die größte Hürde war zu Beginn meiner Tätigkeit als Trainer und Autor zu nehmen. Nach meiner Promotion fand ich mich zunächst in der Personalabteilung eines Stahlkonzerns wieder – nichts, was mich wirklich erfüllt hätte. Danach wechselte ich zu einem Elektronikunternehmen. Dort gehörte es zu meinen Aufgaben, Seminare zu konzipieren. Ich bekam ein Trainingsthema aufs Auge gedrückt, das keiner haben wollte: Zeitmanagement. Doch bald war ich ganz in meinem Element. Aus dem gesammelten Material und den Erfahrungen, die ich mit den Teilnehmern machte, konzipierte ich das Buch ‚Mehr Zeit für das Wesentliche'. So weit, so schön. Nun begann die Suche nach einem Verlag. Ich klapperte die infrage kommenden Häuser ab, aber keiner wollte das Buch machen. Mit der Begründung, man bräuchte nicht noch ein weiteres Buch zum Thema Zeitmanagement, hagelte es eine Absage nach der anderen.

Das war ungeheuer demotivierend. Ich war fest davon überzeugt, dass der Titel etwas völlig Neuartiges war und dass der Markt ihn braucht. Schon damals – mit Ende zwanzig – war mir das Thema Zeit ans Herz gewachsen. Diese Überzeugung und meine Konsequenz und Hartnäckigkeit führten dazu, nicht aufzugeben – auch nicht nach dem zehnten ‚Nein' der Verlage. Nachdem ich mit den deutschen Anbietern durch war, versuchte ich es auf der Buchmesse bei den ausländischen Verlagshäusern. Und siehe da: Plötzlich biss ein holländischer Verlag an und schließlich auch der US-Verleger Louis de Winter. Das Buch wurde zu einem der erfolgreichsten Business-Bestseller der späten achtziger und frühen neunziger Jahre."

Ihr Friedensvertrag mit der Angst

Selbst wenn Sie Ihr Projekt gewissenhaft durchgeplant, eine fundierte Entscheidung getroffen und eine ausgefeilte Ausstiegsstrategie entwickelt haben, können Sie von Ängsten und Bedenken überfallen werden. Daher möchte ich Ihnen bereits in diesem Kapitel einige der wichtigsten Handlungsstrategien mitgeben, falls Zweifel oder Bedenken Sie einholen. Im nächsten Kapitel (siehe Seite 191) erfahren Sie dann mehr darüber, wie Sie überkritischen Gedanken und hinderlichen Gefühlen gekonnt begegnen.

Drei Handlungs-
strategien

Hier also zunächst die drei wichtigsten Handlungsstrategien:

1. Nehmen Sie das Angstgefühl an und fragen Sie nach seiner Botschaft!

   Was will mir die Angst mitteilen? Ist eine wichtige Mitteilung für mich dabei, die gerechtfertigt ist und die ich in meiner Planung oder meinem Vorgehen berücksichtigen sollte (siehe auch das Kapitel *Gelassen sein*, ab Seite 197)?

2. Richten Sie Ihre Gedanken positiv aus und stärken Sie Ihr Grundvertrauen!

   Was sind meine Ziele, was ist meine Belohnung? Erleben Sie das Zielszenario, und durchleben Sie gedanklich die nächsten erfolgreichen Schritte dorthin. Denn mit positiver Ausrichtung der eigenen Gedanken ziehen Sie entsprechende Ereignisse an. Welche guten Erfahrungen haben Sie bereits gemacht? Wann ist es gut gelaufen? Haben Sie überhaupt schon mal richtige Rückschläge erlitten? (Siehe auch das Kapitel *Kraftvoll sein*, ab Seite 237)

3. Stabilisieren Sie sich!

Angst ist mächtiger, wenn man innerlich nicht so stabil ist. Sorgen Sie für genügend Ausgleich: Bewegung, Entspannung, gesunde Ernährung, Ruhephasen, Zeit für (innere) Themen, die Ihnen wichtig sind oder die Sie immer wieder beschäftigen. (Siehe auch das Kapitel *Kraftvoll sein*, ab Seite 244.)

Literatur- und CD-Tipps

▶ Seth Godin, „The Dip. A little Book that teaches you when to quit (and when to stick)". B&T, 2007.

▶ Bas Kast, „Wie der Bauch dem Kopf beim Denken hilft. Die Kraft der Intuition". Fischer, 2007.

▶ Kai-Jürgen Lietz, „Das Entscheider-Buch. 15 Entscheidungsfallen und wie man sie vermeidet". Hanser, 2007.

▶ Colin Tipping/Matthias Schossig, „Ich vergebe: Der radikale Abschied vom Opferdasein". Kamphausen, 2004.

▶ Colin C. Tipping/Alexander Wicker, „13 Schritte zur radikalen Vergebung" (CD zum Buch). Kamphausen, 2005.

Porträt
Rolf H. Ruhleder:
Reine Formsache

Von Giso Weyand

Deutschlands härtester und teuerster Trainer
ruft mich auf die Bühne. Blitzschnell schießt
mir durch den Kopf, was ich alles von ihm
gelesen und gehört habe. Von Teilnehmern,
die vorgeführt werden. Von „Attacken des
Trainers", vor denen selbst ein Zuhörer in
der letzten Reihe des Saales nicht sicher ist.
Von seiner Spezialität, einen Teilnehmer „zunächst einmal ins Fettnäpfchen
treten zu lassen". Und ich erinnere mich an das Urteil der WirtschaftsWoche: „Ruhleder setzt ganz auf die Kraft der Frustration, auf Lernen durch
schmerzhafte Erfahrung."

Nun also ich. Unter den gut 400 Zuhörern im Saal bin ich sein Vorführungsobjekt geworden. „Wie wehre ich mich gegen unfaire Einwände" – so
lautet die Trainingseinheit. Eine Dame in der ersten Reihe, ich erkenne Rolf
Ruhleders Frau, macht den Anfang. Wie ich es denn wagen könne, ohne Sakko
auf die Bühne zu kommen, fragt sie. Das sei ja ganz schlechter Geschmack.
Darauf bin ich nicht eingestellt – aus gutem Grund. Solchen Angriffen
begegne ich nicht, womöglich weil ich anders in den Wald hineinrufe. Also
protestiere ich, frage Ruhleder auf der Bühne: „Was mache ich denn, wenn
niemand so mit mir spricht?" Ruhleders Antwort ist kurz: „Ja, wer hätte
das gedacht, das hätte ich ja nie für möglich gehalten, Herr Weyand. Der
nächste bitte!" The Show must go on.

Also darf der nächste eine kritische Frage stellen. „Warum haben Sie eigentlich keinen Gürtel an?", fragt er. Verblüfft schaue ich nach unten und
stelle fest, dass ich doch einen Gürtel trage. Das Publikum amüsiert sich
köstlich …

Während es so weitergeht, wird mir klar, worum es bei Ruhleder geht: um die Form. Natürlich: Die Form ist wichtig. Aber steht sie nicht zumindest gleichberechtigt neben dem Inhalt? Ruhleder ist das egal. „Das Fachliche kann ich doch sowieso nicht beurteilen", sagte er mir im Gespräch. „Ich fühle mich zuständig für die Äußerlichkeiten." Und da muss man den Gürteleinwand kontern können – auch wenn er gar nicht stimmt.

Sein Auftritt ist das eine – Ruhleders Honorar das andere: 17.500 Euro kostet ein Tag mit dem Meister. Was hat er, dass Menschen bereit sind, so viel Geld auszugeben? Die Fakten seines Erfolgs erzählt Rolf H. Ruhleder, Geschäftsführer des Management Instituts Ruhleder in Bad Harzburg, gerne: In knapp 30 Jahren hat der Diplom-Kaufmann über 325.000 Menschen – darunter namhafte Führungskräfte, Sportler und viele Politiker – in mehr als 2.250 Seminaren und Großveranstaltungen trainiert. Er veröffentlichte 17 Bücher mit einer Gesamtauflage von 330.000 Exemplaren, hinzu kommen zahlreiche Artikel. Zum Markenzeichen geworden ist die Unterzeile eines Artikels der WirtschaftsWoche vom 10. November 1994: „Er ist der teuerste Trainer Deutschlands und gilt auch als der härteste."

Per Zufall zum Erfolg

Wie er dahin kam, erzählt er im Interview. Um das Erstaunlichste vorwegzunehmen: Hätte ihn nicht eine Nebensächlichkeit von seinem ursprünglichen Weg abgelenkt, wäre Rolf Ruhleder heute Postbeamter.

Doch der Reihe nach. Das Abitur bereitet ihm einige Mühe: „Ich hatte in Mathe eine 5, stand in Latein kurz vor der 5, bin einmal sitzen geblieben." Der Schüler Ruhleder wechselt ins Wirtschaftsgymnasium und schafft es dann doch. In Frankfurt beginnt er Betriebswirtschaft zu studieren, hat aber mit dieser Universität „danebengegriffen" – zu viel Mathematik. Er wechselt für ein Semester in die Schweiz, bevor er dann in Würzburg „die damals leichteste Universität Deutschlands" entdeckt. Dort absolviert er nach neun Semestern das Examen. Der weitere Weg scheint vorgezeichnet. Wie sein Vater würde Rolf Ruhleder eine Laufbahn im höheren Postdienst

einschlagen. „Ich war damit zufrieden und suchte auch keine Alternative", erinnert er sich. „Trainer wollte ich niemals werden."

Doch es kommt anders. Als Belohnung für das erfolgreiche Examen schenkt ihm sein Vater ein halbes Jahr Urlaub, danach soll er die zweite Staatsprüfung ablegen und Postrat werden. Nun kommt der junge Betriebswirtschaftler auf die Idee, nur so aus Spaß an der Sache, seinen Marktwert zu testen. Ein Diplom-Kaufmann verdient 1.200 bis 1.400 D-Mark, überlegt er. Und weil er den Job ja ohnehin nicht will, setzt er ganz dreist eine Anzeige in die Zeitung: „Marketing ist mein Metier, Angebote unter 2.500 D-Mark zwecklos." Bereits hier etabliert sich das Ruhleder-Prinzip: Form vor Inhalt. Mit dieser Anzeige unterscheidet er sich auffallend von den übrigen inhaltsschweren Stellengesuchen.

Der Plan geht auf, und eine Sicherheitsschuhfabrik in Mönchengladbach bietet ihm eine Stelle als Direktionsassistent an. Warum das Geld nicht für ein paar Monate mitnehmen? Ruhleder sagt zu. Doch nach drei Monaten möchte er den Job wieder loswerden, um seine Post-Ausbildung zu beginnen. Also setzt er wieder auf die Form und versucht, seinen Chef durch die Forderung nach höherem Gehalt zu vergraulen. Wohlgemerkt: Bereits zu diesem Zeitpunkt verdient er das Doppelte seiner Kollegen. Dieser Plan geht nicht auf, denn sein Chef erhöht bereitwillig sein „Honorar" auf 2.750 D-Mark. Das zweite Ruhleder-Prinzip etabliert sich: Im Zweifelsfall siegt die Frechheit. Und Ruhleder kommen Zweifel: Soll er wirklich mit 950 D-Mark Vergütung bei der Post einsteigen? Er bleibt.

Doch ein Jahr später wechselt Ruhleder zum Managementinstitut Hohenstein in Heidelberg, wo er 1972 als stellvertretender Geschäftsführer einsteigt. Drei Jahre später wirbt ihn ein Headhunter ab, und er wird Marketingleiter an der Akademie für Führungskräfte in Bad Harzburg, dem damals größten europäischen Fortbildungsinstitut. Dort wird er dreizehneinhalb Jahre bleiben.

Wer damals Dozent bei der Akademie werden wollte, musste fünf Jahre Führungserfahrung, Studium und Promotion nachweisen. „Ich hatte mit Müh und Not studiert, aber Marketingchef konnte ich werden", erinnert sich Ruhleder an seinen Einstieg in Bad Harzburg – und fährt fort: „Mein Stellvertreter war 54 Jahre alt, hatte beim Vater der Betriebswirtschaft, bei Professor Gutenberg, promoviert. Und ich komme mit 30 Jahren im feuerroten Porsche da hoch und sage: Na, dann wollen wir mal."

Ruhleder erweist sich als Marketingtalent. So fällt ihm auf, dass alle Weiterbildungsinstitutionen im Juli und August Sommerpause machen. Eine Marktlücke, denkt er – und trifft ins Schwarze. Er gründet die Sommer-Seminare am Timmendorfer Strand und bringt es auf Anhieb auf über 400 Teilnehmer. Schon damals versteht er es, neben seinen Seminaren auch sich selbst zu verkaufen. Um es mit seinem Lieblingsspruch auszudrücken: „Es gibt Hühner- und es gibt Enteneier. Das Huhn gackert, die Ente nicht. Essen Sie Enteneier?" Also gackert er kräftig. Die ersten Artikel erscheinen, auch das Manager Magazin schreibt über ihn. Dass Ruhleder dabei nicht ganz die Bodenhaftung verliert, verdankt er seinem Chef, Professor Reinhardt Höhn, viele Jahre Leiter der Akademie und Erfinder des Harzburger Modells. „Professor Höhn hat mich geformt und immer wieder in die richtige Richtung gelenkt", sagt Ruhleder heute. „Er hat mir den Ratschlag ‚mehr Sein als Schein' mitgegeben – auch wenn das bei mir dann nicht immer geklappt hat."

Zum 1. Januar 1989 macht sich Ruhleder mit einem eigenen Institut selbstständig, und genau fünf Jahre später erscheint ein Artikel in der WirtschaftsWoche über ihn. Ein wichtiger Meilenstein: Die Marke Ruhleder als „Deutschlands teuerster und härtester Rhetorik-Trainer" ist geschaffen. Andere Medien greifen diesen Satz auf, Ruhleders Bekanntheit steigt sprunghaft – und mit ihr sein Honorar. Seine Methode „Form vor Inhalt" bringt er jetzt zur Vollendung.

Die große Show

Rolf H. Ruhleders Welt ist die Bühne. Gefragt nach seinem größten beruflichen Erfolg, antwortet er: „Dortmunder Westfalenhalle mit 14.000 Teilnehmern." Manche seiner Anhänger reisen 200 oder 300 Kilometer, um die

Porträt

Ruhleder-Show zu erleben. „Ich habe eine große Fangemeinde, Menschen, die bis zu dreißig Mal zu mir kommen."

90 Minuten, in denen sich das Universum um ein Zentrum dreht – um Rolf H. Ruhleder. Was vor allem hängen bleibt: Auf keinen Fall „Aber" sagen, niemals den Kopf schütteln oder mit den Schultern zucken. Das wirke einem Menschen gegenüber respektlos oder hilflos – vor allem aber birgt es die Gefahr, auf die Bühne zu müssen. Denn Rhetorikmeister Ruhleder wartet nur darauf, dass der erste den Kopf schüttelt oder mit den Schultern zuckt. „Erste Regel der Etikette: Jackett schließen", empfängt Ruhleder sein Opfer, das ahnungslos mit offenem Sakko die Bühne betreten hat. „Wenn das nicht mehr geht, Schneider wechseln." Wieder geht es darum, unfaire Fragen zu kontern: „Warum sind Sie so unmöglich angezogen?", fragt ihn der Meister. Und dann: „Warum sind Sie eigentlich im Schritt offen?"

„Ruhleder nutzt die Kraft der Blamage", schrieb treffend einmal eine Journalistin des Rheinischen Merkur. „Gnadenlos fährt er dazwischen, wenn die ganz Selbstgewissen die Arme vor der Brust verschränken. Bei der Ertappten-Ausrede ‚Eigentlich bin ich ganz anders' spitzt er die Stimme ironisch an: ‚Dass ich das noch erleben durfte.'" Ob solcher Methoden fühlte sich ein Redakteur der WirtschaftsWoche, selbst einmal Teilnehmer eines Ruhleder-Seminars, in ein Trainingscamp versetzt: „Die Seminar-szenen erinnern eher an die Ledernackenausbildung des amerikanischen Marinecorps als an ein Führungskräftetraining. Zuerst müssen die Rhetorikrekruten lernen, dass sie nichts können und aus ihnen zumindest rhetorisch nie etwas würde – wenn es nicht Ruhleder gäbe."

Ruhleder, der seine Methode selbst als „Lernen durch Falschtun" bezeichnet, lässt seine Schüler erst ins Fettnäpfchen treten, bevor er zeigt, wie es geht. „Ich provoziere sehr stark", gibt er selbst unumwunden zu. „Ich bin verdammt aggressiv zwischendurch." Zweck der Übung ist es, den Teilnehmern beizubringen, wie sie sicherer auftreten und verbale Angriffe abwehren können. Gegenfragen, lernen Ruhleders Schüler, verschaffen Luft. „Wenn Sie jemand angreifen will, oder Sie selbst unsicher sind bei der Beantwortung einer Frage, dann stellen Sie einfach eine Gegenfrage."

Form trifft auf Form. Worum es in einem Gespräch geht, spielt hier kaum eine Rolle. Wie für den Surfer die perfekte Welle, so zählt für den Ruhleder-Teilnehmer der perfekte Konter. So überrascht es mich auch nicht, dass Teilnehmer einer Ruhleder-Veranstaltung, denen ich ernst gemeinte Fragen stelle, nur zu gerne mit einem Konter reagieren. Auf die Frage, was ihm denn an Herrn Ruhleder so sehr gefalle, was er von ihm gelernt habe, sagt mir ein mittelständischer Unternehmer: „Ich darf Ihnen ein Beispiel sagen. So wie Sie jetzt dastehen, mit den Händen in der Tasche, hätte ich das früher auch gemacht." Die Hände aus der Tasche? Ich erkenne den Meister im Schüler: Ich stelle eine Frage nach Inhalten – und bekomme Formantworten.

Der Meister ganz privat

Alleine aus den Prinzipien Form und Frechheit erschließt sich mir Ruhleders Erfolg noch immer nicht. Also spreche ich mit Teilnehmern seiner Privatissima, eintägiger Eins-zu-eins-Coachings mit dem Meister höchstpersönlich – zunächst mit dem Geschäftsführer eines IT-Unternehmens: „Im Endeffekt war es gut angelegtes Geld", urteilt er über das eintägige Vier-Augen-Training. Der Firmenchef plante damals den Börsengang seines Unternehmens und musste sich auf harte, auch unfaire Fragen der Analysten gefasst machen. „Es braucht ja nur einer im Raum zu sitzen, der Sie unfair angreift, weil er den Ausgabepreis ein bisschen drücken möchte." Eine falsche Reaktion kann dann die übrigen Kapitalgeber schnell verunsichern und das Kaufinteresse beeinträchtigen. „Das Kritische an der Situation ist doch, dass man auf alle sachlichen Fragen antworten kann, aber ganz schön schnell einknickt, wenn eine Frage bewusst etwas unter die Gürtellinie zielt."

Von Teilnehmern der Privatissima erfahre ich auch, dass Rolf Ruhleder nicht nur der extrovertierte Showman ist. „Im Einzelgespräch kann er sich ein kleines Stück zurücknehmen", urteilt ein Versicherungsvorstand. „Ich erlebte mit Herrn Ruhleder einen vertrauensvollen, sehr persönlichen Tag, der mich weitergebracht hat. Es waren neun, zehn intensive Stunden, in denen er sich auf mich konzentrierte und ich aus einem großen Erfahrungsschatz schöpfen konnte." Dieses Urteil überrascht ein wenig, weil der Versicherungsvorstand

Porträt

von seinem Wesen her eher das Gegenteil des Ruhleder´schen Verkäufertyps und so gar nicht in dessen Welt zu passen scheint. „Am Anfang hatten wir ein hartes Gespräch", berichtet er über das Privatissimum. „Ich habe mich beharrlich dagegen gewehrt, Mechanismen zu übernehmen, von denen ich nicht überzeugt war: Das bin ich nicht." Doch Ruhleder lenkte ein, versuchte nicht, die Persönlichkeit seines Klienten zu verändern, sondern rückte dessen Authentizität in den Mittelpunkt. Mit Erfolg: „Ich fand die Ruhe und Sicherheit, mir eine Diktion zuzulegen, die mir selbst entspricht", sagt der Vorstand.

Aha, da ist also der sensible Ruhleder, dessen Universum sich für einen kleinen Moment nicht um sich selbst dreht. Vielleicht mag er deshalb Privatissima nicht so gerne wie den Auftritt auf der großen Bühne. Zu schaffen macht ihm die Erwartungshaltung im Privatissimum, die ein Tagessatz von 17.500 Euro zwangsläufig mit sich bringt: „Wer so viel Geld bezahlt, erwartet natürlich auch Wunderdinge." Vor großem Publikum kann Ruhleder eine schwierige Frage mit einem rhetorischen Kniff kontern, nicht aber im Einzeltraining: „Da muss ich tatsächlich mitdenken."

„Der Betrag ist sicher exorbitant", räumt ein Privatissimum-Teilnehmer ein. Und wagt einen Erklärungsversuch: „Ich glaube, Herr Ruhleder bekommt diesen Betrag, weil er ihn fordert – weil es ein Alleinstellungsmerkmal im Markt ist, diesen Betrag zu fordern. Natürlich erwartet man dann auch eine Leistung, die sich ebenso exorbitant von anderen Trainern unterscheidet, die 1.000 Euro bis 2.000 Euro am Tag erhalten. Und in der Tat bekommt man eine Leistung, die mit nichts anderem vergleichbar ist. Insofern ist es sehr geschickt gemacht." Und wieder Form plus Frechheit.

Kein Wunder also, dass ich auch im Interview nicht von einer Attacke verschont bleibe. Der Blick von Deutschlands teuerstem Trainer fällt auf meine Schuhe aus der nordenglischen Schuh-Manufaktur Grenson. Sie haben in seinen Augen einen entscheidenden Makel: „Braune Schuhe tragen nur feurige Italiener."

Ganz am Schluss geht es mir wie vielen: Ich mag ihn trotzdem, den Meister Ruhleder.

Erfolgsfaktor 5: Gelassen sein

Was den Erfolg ausmacht ...

▶ Sie behalten Ihre Ziele im Blick und gehen unbeirrt Ihren Weg – auch bei Tiefschlägen, Durststrecken oder Auftragsflauten.

▶ Ihre (selbst-)kritischen Gedanken sind keine Bremse, sondern ein nützlicher Entwicklungsmotor.

▶ Sie lassen Ängste zu – aber nicht ihr Handeln bestimmen. Ein gewisses (Ur-)Vertrauen spüren Sie, Ihre positive Grundhaltung kultivieren Sie.

„Gelassen zu sein ist gar nicht schwer." Stimmt – solange Sie sich stark und gut fühlen, alles in Ihrem Sinne verläuft, solange Sie absehen können, was Sie erwartet, und es auch so eintritt. Was aber, wenn Ihr Leben gerade verrückt zu spielen scheint – oder nur der „normale Wahnsinn" des Traineralltags regiert:

Der „normale Wahnsinn" des Traineralltags

▶ Wenn zu der ständigen Ungewissheit der Auftragslage im nächsten Vierteljahr auch noch der erwartete Großauftrag abgesagt wird und (mal wieder) die Existenzangst an Ihnen nagt?

▶ Wenn es dauert und dauert, bis das Marketing greift und Ihr Kontostand Sie an Ihren Vorhaben zweifeln lässt.

▶ Wenn nach Ihrem Workshop selbstkritische Gedanken den Erfolg vernebeln, wie „Hätte ich nicht doch noch den vierten Praxisteil mit einflechten sollen?" – „Die Teilnehmer kamen mir so distanziert vor, denen hat das sicher nicht gepasst." – „Ich habe gerade mal die Hälfte meiner Themen gebracht!" – und zwar trotz positiver Rückmeldungen und eines Bewertungsschnitts von 1,x?

▶ Wenn Ihnen vor Ihrem Fachartikel oder Buchprojekt das panikartige Grauen kommt: „Habe ich überhaupt genug zu sagen?" – „Das wurde doch alles schon geschrieben." – „Ist meine Sichtweise eigentlich die Richtige?" „Will das jemand wirklich lesen?"

Negative Emotionen, überkritische Gedanken und Zweifel trüben nicht nur die Laune – sie bremsen uns aus, zehren an Kräften, Tatendrang und Erträgen. Das kennt jeder, aber der Trainer ganz besonders: Denn für ihn sind ausgeprägte Selbstreflexion und hohe Ansprüche an die eigene Person charakteristisch (und machen ihn so gut in seinem Job!), aber diese Fähigkeit begünstigt destruktive Selbstkritik. Zudem lässt den Trainer die enge Verbindung von Person und Beruf jegliche Kritik von außen schneller persönlich nehmen. Denn Tatsache ist: Wer sich selber verwirklicht, wird auch stärker mit seiner eigenen Wirklichkeit konfrontiert, das heißt, Kritiker von außen, innere Stimmen sowie ungelöste Themen wie Selbstzweifel zeigen sich ungeschminkt. Das wirkt sich unmittelbar auf Beruf und Lebenserfolg aus – und um das in konkreten Zahlen auszudrücken, unter anderem mit um die 30 Prozent Prozent geringeren Honoraren (vgl. Download der Studie „Was Deutschlands Trainer bewegt"). Da rund jeden dritten Trainer Selbstzweifel und übersteigerte Selbstkritik plagen, ist dieser Punkt keineswegs eine Randerscheinung, sondern vielmehr ein sehr ernst zu nehmender Erfolgsfaktor.

Objektiv gesehen befinden Sie sich in einer beneidenswerten Lage, und dennoch zermürben Sie sich mit unangenehmen Gefühlen und Gedanken – während das Leben Ihres Kollegen vielleicht gerade wirklich Kopf steht und er eine heftige Niederlage einstecken musste. Trotzdem ruht er noch voller Zuversicht in sich! Wie schafft er das nur?

Gefühle und Gedanken gekonnt steuern

In diesem Kapitel erfahren Sie, wie Sie Ihre Gefühle und Gedanken gekonnt steuern und für sich nutzen. Dies ist neben einer klaren inneren Ausrichtung, einer fundierten Strategie, einem stützenden Netzwerk und dem bewussten Umgang mit Risiken ein weiterer wesentlicher Baustein der inneren Gelassenheit. Denn selbst, wenn die anderen Säulen stehen, schwindet jede professionelle Gelassenheit, wenn im Alltagswahnsinn kreisende Gedanken und belastende Gefühle überhand nehmen.

Die erste große Erleichterung erfahren die meisten meiner Kunden, wenn sie die Mechanismen verstehen, nach denen Gedanken und Gefühle wirken – was Sie wieder Oberhand gewinnen lässt. Das erfahren Sie im folgenden Abschnitt *Sich sicher managen im Wirbel der Gedanken und Gefühle,* ab Seite 194.

Anschließend lesen Sie, was Sie benötigen, um hinderliche Gefühle und Gedanken schnell zu erkennen, zu verstehen und sie dann wieder in die richtige Bahn zu steuern – in den drei Unterkapiteln: *„Wenn Angst & Co regieren"* (ab Seite 203) – *Wenn Kritik und Zweifel regieren"* (ab Seite 197) – *Wenn Sie das Ruder in die Hand nehmen* (ab Seite 207).

Tagtäglich sehe ich bei meinen Kunden, dass auch hier je nach Persönlichkeit, Fähigkeit und Situation andere Instrumente und Methoden sinnvoll sind. Daher stelle ich Ihnen im darauf folgenden Abschnitt *Drei Hebel zu mehr Gelassenheit* vor, aus denen Sie den für Sie passenden auswählen können:

Drei Hebel zu mehr Gelassenheit

Hebel 1: Emotion und Gedanke = Freund & Helfer
Sie sind in den Strudel der Gedanken und Gefühle geraten? Hier erhalten Sie zehn Sofortmaßnahmen, aus denen Sie sich am besten gleich ein wirksames Notfallset aus drei bis fünf Übungen zusammenstellen! Sie wollen vorbeugen? Es folgen zehn Übungen für eine lange Freundschaft (ab Seite 211).

Hebel 2: Bändigen Sie Ihr inneres Team
Klarheit über Ihr gedankliches und emotionales Innenleben erlangen Sie mit einer „Äußeren Konferenz der inneren Stimmen". Lernen Sie Ihre inneren Stimmen kennen, klären Sie „Streitigkeiten" und hören Sie regelmäßig auf das, was sie Ihnen mitteilen wollen – dann bleibt die Luft rein, und Sie erhalten vielleicht wichtige Hinweise und nützliche Ideen (ab Seite 216).

Hebel 3: Negative Gedanken reduzieren, positive kultivieren
Hier erhalten Sie ihre Anleitung zum Glücklichsein. Das können Sie erreichen, indem Sie Ihre Gedanken immer wieder in die richtige Richtung lenken und erkennen, was Sie in der Gegenwart Glück empfinden lässt (ab Seite 219).

Sich sicher managen im Wirbel der Gedanken und Gefühle

Die gute Seite: Gedanken und Gefühle machen das Leben lebendig, die Angst warnt uns vor Gefahren, der innere Kritiker spornt uns an und weist auf mögliche Schwierigkeiten hin; er fördert die Selbstreflexion und neue Ideen. Diese positiven Eigenschaften kritischer oder ängstlicher Stimmen gilt es zu bewahren.

Gefühle haben eine begrenzte Haltbarkeit

Gut zu wissen, dass Gefühle – so schlimm sie sich momentan auch anfühlen mögen – immer nur eine begrenzte Haltbarkeit haben: Sie kommen, aber sie *gehen* auch wieder. Unangenehm werden sie vor allem, wenn sie die Oberhand gewinnen und anfangen, Ihr Leben einzuengen. Die nützliche Fähigkeit, sich von den eigenen Gefühlen zu dissoziieren (sich also innerlich von ihnen zu lösen), entwickelt sich bereits in der Kindheit, in Erwachsenen-Worten ausgedrückt: „Meine Gefühle und Gedanken sind ein Teil von mir. Aber ich bin nicht meine Gedanken. Ich bin nicht meine Gefühle." Eine grundlegende Erkenntnis in vielen Weisheitstraditionen, die uns auch im Traineralltag ein gutes Maß Ruhe bringen kann.

Im Alltag stehen wir immer wieder vor der Herausforderung, dass wir uns mit unseren Gefühlen identifizieren und von ihnen beherrscht werden. Wir befinden uns in rasender Wut oder klagen uns gnadenlos selbst an, ohne einen vernünftigen Gedanken fassen zu können, verlieren gar die Kontrolle über unser Handeln. Stellen Sie sich mal vor, die folgende Darstellung (abgeleitet vom ICH-Modell des US-amerikanischen Philosophen und Autors zur Intergralen Theorie Ken Wilber, „Ganzheitlich Handeln". Arbor-Verlag, 2001) sei die Draufsicht eines Zyklons. Das Innere ist der ruhige Kern und entspricht Ihrem Selbst (oder: Seele und fest mit Ihnen verbundene Persönlichkeitsmerkmale). Dieses ist direkt umgeben von Ihrem Körper und darin eingebettet. In den beiden weiter außen liegenden Persönlichkeitsschichten befinden

sich Ihre Gedanken und Emotionen; sie sind kein fester Teil Ihrer Persönlichkeit, sondern veränderbar – die Gedanken leichter als die Gefühle, diese wiederum leichter als der Körper.

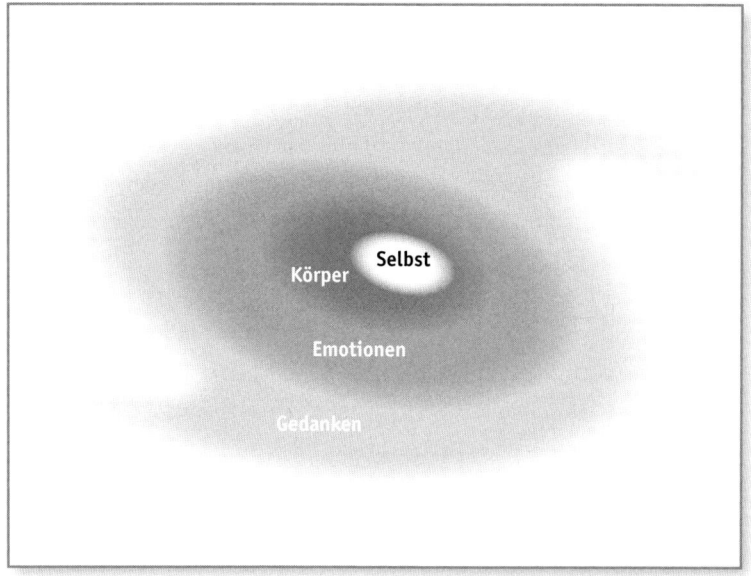

Also: Das Selbst stellt das ruhige Zentrum des Wirbelsturms dar. Von hier aus können Sie ganz in Ruhe beobachten, was um Sie herum geschieht, emporgeschleuderte Autos, abgerissene Dächer und Bäume, tausend Gedanken und Emotionen wirbeln um Sie herum: Schaffe ich es, die Präsentation rechtzeitig abzuliefern? Ich muss meinen Anzug noch aus der Reinigung holen. Wie sage ich meinem Kunden, dass ich das Training doch noch mal verschieben muss? Was mache ich, wenn der große Auftrag platzt? Herr xy treibt mich noch in den Wahnsinn mit seinen nervigen Kommentaren …

Das Selbst stellt das ruhige Zentrum des Wirbelsturms dar

Sobald Sie sich in diesen Gedanken oder Gefühlen verhaken oder sich gar mit ihnen identifizieren, wie Sie es noch aus der frühesten Kindheit kennen, reißt Sie der Strömungswind aus dem Zentrum – und Sie wirbeln orientierungslos umher. Doch aus dem Physikunterricht wissen wir: Je mehr Sie wieder in die Mitte gelangen, desto langsamer wird die Geschwindigkeit … und Sie können wieder klarer erkennen, was gerade geschieht. Denn ganz im Zentrum herrscht wieder Stille.

Geraten Sie in den Wirbel, sind demnach die beiden wichtigsten Schritte hin zu erneuter Gelassenheit und Ruhe:

Zwei Schritte hin zu erneuter Gelassenheit

▶ Besinnen Sie sich auf Ihren Körper (auf Ihren Atem, auf die Stelle, an der Sie Ihre Gefühle körperlich wahrnehmen).

▶ Begeben Sie sich in die Beobachterposition: So treten Sie innerlich von Gedanken und Gefühlen zurück (Sie verlassen also den umherfliegenden Baum) und begeben sich in das sichere Innere des Wirbelsturms. Gedanken und Gefühle wirbeln zwar noch immer umher, allerdings können Sie diese nun klar sehen und sind selber wieder handlungsfähig.

Nun werden Sie es kaum schaffen, stets und ständig in dieser ruhigen Mitte zu verweilen. Gut so, denn wenn Sie das ganze Leben nur noch aus dieser (reflektierenden) Beobachtungsposition sähen, wäre das Leben schal. Schließlich macht es Spaß und das Leben lebendig, „Karussell zu fahren" und mitten im Fühlen und Erleben zu sein! Für den goldenen Weg der „lebendigen Gelassenheit" ist es entscheidend, dass Sie Ihre Steuerungsmöglichkeiten beherrschen und anwenden, um mal den belebenden Schritt in den Wirbelwind zu gehen und bei Bedarf wieder in die ruhige Mitte des Zyklons zurückzukehren. So können Sie die Dynamik des Lebens wirklich genießen.

Um diese Gelassenheit im Traineralltag zu erreichen, folgen Sie prinzipiell immer drei Schritten, die wir uns nun genauer ansehen:

▶ Erkennen Sie umherfliegende Gedanken und Gefühle, denn sobald Sie sie erkennen, dissoziieren Sie sich bereits von ihnen.
▶ Nehmen Sie die Gefühle und Gedanken erst einmal an und fragen Sie nach ihrer Botschaft.
▶ Übernehmen *Sie* jetzt das Ruder und handeln *Sie*, anstatt sich „etwas vorschreiben" zu lassen.

Wenn Angst & Co. regieren

Was passiert eigentlich, wenn uns die Gefühle übermannen? Und warum reagieren wir manchmal so heftig? Die Antworten darauf zu kennen, macht es einfacher, seine Gefühle zu managen.

Wut, Angst, Trauer, Neid sind Gefühle, die häufig unterdrückt werden, denn sie werden als wenig angenehm empfunden, und der Umgang mit ihnen fällt meist schwer. In der Vergangenheit waren diese Emotionen sogar verpönt (das galt und gilt nach wie vor für Männer mehr als für Frauen). In vielen Familien herrschte kaum ein offener Umgang mit ihnen – oder sie wurden ungefiltert ausgelebt, zum Leidwesen des sozialen Umfelds. Hinzu kommt die Angst vor Ablehnung, wenn wir unseren Unmut äußern, oder vor Kontrollverlust, wenn diese Gefühle überhand nehmen.

Die gängige Unterdrückungsstrategie ist allerdings kontraproduktiv. Denn Gefühle sind wie kleine Kinder: Sie wollen wahrgenommen und gehört werden. Wenn sie das nicht erreichen, werden sie immer lauter und treiben ihr Unwesen hinterrücks. Nehmen Sie Ihre Gefühle also frühzeitig und regelmäßig wahr, dann sind sie nicht nur verhältnismäßig harmlos, sondern auch hilfreiche und durchaus angenehme Gefährten.

Gefühle wollen wahrgenommen werden

Lähmende und kaum zu zähmende Gefühle – nützlich und gut?

Was aber ist das Gute an der Angst? Versetzen Sie sich mal ein paar Jahrtausende zurück: Sie sammeln im Sonnenschein Ihr Abendessen – und plötzlich türmt sich ein gewaltiger Säbelzahntiger vor Ihnen auf. Stellen Sie sich vor, Sie hätten weder Speer noch Angst! Das wäre Ihr Ende – und für den Tiger ein herrlicher Festschmaus. Glücklicherweise

Klassische Muster der Alarmbereitschaft haben Sie Angst, denn sie versetzt den Körper in Alarmbereitschaft, was sich in einem der drei folgenden Zustände äußert:

1. Wir erstarren

Sehr nützlich beim Säbelzahntiger: Entweder bemerkt er uns gar nicht erst, oder wir sind für ihn uninteressant, da er uns für „tot" hält.

2. Wir mobilisieren alle Kräfte

Adrenalin durchströmt jede Zelle des Körpers, die Muskeln spannen sich zum Angriff, das Gesicht versteinert zur gefährlichen Grimasse: Nun sollte unser Gegenüber Angst bekommen und fliehen. Falls es das nicht tut, ist es erledigt! (Okay, ein Säbelzahntiger vielleicht nicht gerade, der würde bei dieser Variante wahrscheinlich am längeren Hebel sitzen ...)

3. Wir fliehen

Das ist angesichts eines Säbelzahntigers wahrscheinlich die beste Wahl (sofern ein Baum in der Nähe steht, den wir als Fluchtort nutzen können). Bei dieser Option reagieren wir meist reflexartig, in der heutigen Zeit würden wir beispielsweise intuitiv beiseite springen, wenn ein Auto aus der Einfahrt schießt.

Säbelzahntiger müssen wir Menschen des 21. Jahrhunderts zwar nicht mehr fürchten, aber die alten Muster stecken in unseren Genen. Starre, angespannte Glieder und der Drang, sich aus dem Staub zu machen, sind automatisierte Reaktionen, die uns im Traineralltag (meist) wenig nützen. Dennoch haben wir damit etwas sehr Positives und Wünschenswertes in der Hand: Wir ändern umgehend unser bisheriges Verhalten. Wir sind „alarmiert", halten inne, können horchen, worauf uns das Gefühl aufmerksam machen will, und entscheiden, wie wir uns nun verhalten werden.

Gefühl erkannt – Gefahr gebannt

Wir sind oft ängstlich oder wütend, erinnern uns aber selten daran, weil wir die (leisen) Signale nicht bewusst wahrnehmen. Das ist schade, denn diese Signale möchten uns zu einer Verhaltensänderung

animieren. Bekommen die leisen Emotionen keine Aufmerksamkeit, werden sie (wie ein kleines Kind) lauter und ungemütlicher, so ungemütlich, dass uns in den unmöglichsten Situationen (etwa mitten in einem Vortrag vor 230 Menschen) die Spucke weg bleibt oder wir uns vor einem lohnenden Auftrag lieber in unserer Höhle verschanzen.

Wenn wir aber die Angst im Anfangsstadium zulassen, anschauen und sinnvolle Konsequenzen daraus ableiten – sie also frühzeitig vom Unbewussten in das Bewusstsein holen –, kann sie uns kaum mehr etwas anhaben: Der Säbelzahntiger schrumpft auf das Kaliber einer Schnabelente.

Angst frühzeitig vom Unbewussten ins Bewusstsein holen

Wie äußert sich Angst bei Ihnen?

Hier ein paar nützliche Fragen, die Sie sich für jedes Gefühl stellen sollten:

▶ Welche Auswirkungen hat das Gefühl auf meinen Körper?
▶ Was nehme ich in dieser Situation besonders wahr?
▶ Welche Gedanken begleiten dieses Gefühl?
▶ Welche Impulse verspüre ich? Was würde ich am liebsten tun?

Je besser Sie Ihre einzelnen Gefühle kennen, desto früher können Sie auf Ihre Signale hören. Dies setzt natürlich voraus, dass Sie Ihre Gefühle nicht verdängen, sondern bewusst zulassen. Sie können es jetzt gleich probieren, indem Sie unterdrückte Emotionen mobilisieren. Halten Sie einfach einmal inne:

▶ Was ist gerade los?
▶ Welche Emotionen spüre ich? Angst, Wut, Traurigkeit, Freude …?
▶ Vor was/auf wen/um was/worüber? Worauf bezieht sich das Gefühl?

Diese Fragen haben einen wunderbaren Nebeneffekt: In dem Moment, wo wir uns Fragen zu unseren Gefühlen stellen, sind wir schon weniger in ihnen gefangen. Wir dissoziieren uns vom Gefühl und betrachten es von außen, mithilfe unseres Verstandes. Das ist der erste wichtige Schritt, um Herr über emotionale Ausbrüche und ihre Auswirkungen zu werden.

Vom Gefühl dissoziieren

Warum wir reagieren, wie wir reagieren

Warum reagieren Sie plötzlich so heftig, obwohl Sie sonst so gelassen bleiben? Wieso geht Ihr Kollege an die Decke, während Sie entspannt beobachten, was gerade geschieht? Giso Weyand erklärt dies (in einem noch unveröffentlichten Manuskript) mit drei wesentlichen Faktoren, welche die eigene *Wahrnehmung der Gefühle* beeinflussen, und mit emotionalen Filtern, welche die eigene (bewusste und unbewusste) *Wertung der Gefühle* ausmachen.

1. Die eigene Wahrnehmung der Gefühle

Drei Faktoren der Wahrnehmung

Wie (stark) wir eine Emotion erleben, ist vor allem von drei Faktoren abhängig:

Das Ereignis

Sie erhalten ein verlockendes Angebot von einem Kunden.

Der Kontext

Es ist einer Ihrer besten Kunden und der Verdienst wäre gigantisch. Aber Sie stehen zwischen den Stühlen: „Zusagen, auch wenn das Risiko des Scheiterns immens ist? Oder absagen und riskieren, dass ich einen meiner besten Auftraggeber ernsthaft verärgere? Zudem missfällt mir die Art des Personalleiters – er nötigt mich geradezu, das Konzept bereits zur Vorstandssitzung in vier Tagen zu präsentieren."

Die momentane Verfassung

„Ich fühle mich erschöpft von der vielen Arbeit der vergangen Wochen und hatte mich gerade auf eine Verschnaufpause gefreut. Ich fühle mich zurzeit leicht überfordert; selbst Kleinigkeiten sind mir da einfach zu viel. Andererseits freue ich mich riesig über meine Erfolge, die schmeichelnden Worte und die wichtige Aufgabe, die mir anvertraut wird."

Ein Schwanken zwischen den Extremen: der Euphorie und der Angst vor dem Versagen.

Ereignis und Kontext können Sie in der Regel wenig beeinflussen, allerdings hilft es zu erkennen, in welchen Zusammenhängen Sie wie

reagieren. So können Sie in komplexen Gefühlslagen die einzelnen Elemente leichter voneinander trennen und gezielter lösen. Den größten Einfluss hat Ihre aktuelle Verfassung: Sind Sie angespannt und müde, erleben Sie gerade negative Gefühle stärker und lassen sich schneller aus Ihrem Gleichgewicht (dem Auge des Zyklons) bringen.

Zum reinen Empfinden kommt die Bewertung des Gefühls. Je besser Sie auch hier Ihre Reaktionsmuster und emotionalen Strukturen kennen, desto besser sind Sie in der Lage, grundlegende Themen und Spontanreaktionen zu unterscheiden und auf den verschiedenen Ebenen zu lösen.

2. Die Bewertung der Gefühle

Wir bewerten unsere Gefühle bewusst und unbewusst nach ...

Kriterien der Bewertung

unseren Erfahrungen und Assoziationen

Was verbinde ich mit der Situation, die ich gerade erlebe? Habe ich eine ähnliche Herausforderung vor einiger Zeit gut hinbekommen, oder hängen mir noch Erinnerungen an eine misslungene Vorstandspräsentation nach?

unseren gelernten Normen und Verhaltensweisen

„Man darf keine Gefühle zeigen." – „Schuster, bleib bei Deinen Leisten." – „Lass Dich nicht drängen, das ist nie gut." – „Du brauchst eine Pause, sonst wirst Du krank."

dem Grad der eigenen Betroffenheit

Wie nah kommt diese Information oder Situation an mich heran? Wer seiner Leidenschaft folgt, ist besonders emotional mit seiner Arbeit verbunden. Emotionen wirken dann stärker als bei denen, die mit mehr innerem Abstand arbeiten. Tiefschläge treffen härter, auch sachliche Kritik an der eigenen Leistung wird leicht persönlich genommen.

der eigenen Persönlichkeit

Welche Emotionen habe ich kultiviert, sprich, welche erlebe ich regelmäßiger als andere? Welche Emotionen entsprechen meinen persönlichen Werten? Welche Gefühle aus vergangen Situationen haben sich aufgestaut? Wie intensiv erlebe ich Emotionen generell?

Beobachten Sie eine Weile Ihr Gefühlsleben nach diesen Kriterien, und Sie werden Ihre Reaktionen und Muster immer besser kennen und bewältigen können.

O-Ton

Gedächtnisexperte Markus Hofmann über die Zukunftsangst.

„Die für mich größte emotionale Hürde war die Ungewissheit im Hinblick auf die mittlere Zukunft. Zwar hatte ich Aufträge für die nächsten zwei Monate, doch ob sich dies auch in sechs Monaten oder einem Jahr so fortsetzen würde, konnte ich nicht sicher sagen. Ich fragte mich häufig, ob die Nachfrage nach meinen Vorträgen und Seminaren anhalten würde, ob Gedächtnistraining derzeit nur trendy sei oder doch ein Langzeitthema. Wird meine Qualität ausreichen, um langfristig am Markt zu bestehen? Ich konnte es nicht vorhersehen, und das beunruhigte mich.

Ich habe ich mich meiner Angst gestellt und mich gefragt, was ich tun kann, um mehr Sicherheit für die Zukunft zu erlangen. Ich habe an mir gearbeitet: meine Persönlichkeit weiterentwickelt, mich auf Seminaren von Trainerkollegen weitergebildet und die Qualität meines Angebots stetig verbessert. Ich lebe nach dem Motto: ‚Wer nicht mit der Zeit geht, der geht mit der Zeit.‘ Der Punkt ist, immer am Ball zu bleiben und offen zu sein für Neues.

Heute kann ich mit den Anforderungen des Trainerdaseins sehr viel besser umgehen. Ich habe gelernt, auch einmal loszulassen, und bin insgesamt gelassener geworden. Ich habe mir Inseln geschaffen, die mir erlauben abzuschalten. Dies kann ein gutes Essen in angenehmer Atmosphäre sein, eine Städtereise, beim Segeln, Klettern oder Golfen. Zugegebenermaßen besitze ich diese Gelassenheit auch erst seit ein paar Monaten.“

Wenn Kritik und Zweifel regieren

Ähnlich wie mit den Gefühlen verhält es sich mit Selbstzweifeln, die ein Eigenleben entwickeln. Häufig fallen wir in selbstzerstörerische Verhaltensmuster.

Typische Reaktionsmuster

Wir unterdrücken Kritik und Zweifel mit Gedanken wie: „Ich bin halt keine Geschäftsfrau." Auf diese Weise gehen nicht nur mögliche wertvolle Hinweise des inneren Kritikers verloren, sondern es kostet Körper und Geist viel Kraft. So kommen wir inhaltlich nicht voran und führen zudem innerlich einen immerwährenden Kampf. Denn auch diese inneren Anteile, die inneren Kritiker und Zweifler, wollen wahrgenommen werden und an Ihrem Leben teilhaben.

Kritik wird unterdrückt

Wir nehmen die Zweifel mit zusammengebissenen Zähnen hin nach dem Motto: „Da muss ich halt durch." Das führt erfahrungsgemäß dazu, dass wir vor neuen Herausforderungen zurückschrecken, kleine Brötchen backen, anstatt unsere Wünsche zu verwirklichen und unser volles Potenzial zu nutzen. Ein mühevoller Weg.

Zweifel werden hingenommen

Ungebremst lassen wir die „Übeltäter" zu, schelten uns zusätzlich, dass wir nicht „perfekt" waren und sind enttäuscht über unsere Leistung. Das bringt Ärger und Frust, das Selbstwertgefühl sinkt, wir setzen uns unnötig unter Druck oder scheuen uns vor neuen Aufgaben und Herausforderungen. Eine gute Strategie, um im Hamsterrad der Perfektion zu landen (und beim Burn-out zu enden) oder im Nichtstun zu verweilen.

Wir werfen uns vor, dass wir uns wieder so stark kritisieren und zweifeln. Ein häufiges Phänomen, das die oben genannten Effekte natürlich noch verstärkt.

Dabei ist die fatale Wirkung negativer Gedanken nicht zu unterschätzen: Sie ziehen entsprechend negative Ereignisse an wie der Baum den Skifahrer: In tiefem Schnee fährt er auf herrlich weiter Piste. Freie Fahrt, nur ein einziger Baum ziert das weite Feld. „Den nur nicht treffen", mahnen die Gedanken – und schon ist es passiert! Wenn Sie Ihre Gedanken auf ein Hindernis fokussieren – sei es der Baum auf der Skipiste oder der „Troublemaker" in Ihrem Training –, steuern Sie genau darauf zu. Das Prinzip ist immer dasselbe: „Gleich und gleich gesellt sich gern." Wenn Sie also auf negative Eigenschaften von Menschen oder auf Probleme ausgerichtet sind, so strahlen Sie genau diese Energie aus und werden diese anziehen.

Positiv formulieren: Das Unterbewusstsein kennt keine Verneinungen

Aus den Regeln der Zielsetzung ist Ihnen sicherlich bekannt, dass Ziele immer positiv formuliert sein sollten. Der Hintergrund: Das Unterbewusstsein kennt keine Verneinungen. Wenn Sie also einen Wunsch äußern oder ein Ziel formulieren „Ich möchte keine Troublemaker in meinem Seminar haben", versteht Ihr Inneres „Ich möchte Troublemaker im Seminar haben" – und flugs haben Sie sie da jemanden sitzen ...

Innerer Kritiker erkannt ...

Die Hauptursache für Probleme mit dem inneren Kritiker oder Selbstzweifeln ist, dass wir uns wie mit den Gefühlen auch mit diesen Gedanken identifizieren und sie ungefiltert für wahr halten. Wir reagieren emotional, oft mit Angst und Stress-Symptomen. Dabei beziehen sich die meisten Gedanken auf die Vergangenheit oder die Zukunft, und sie enthalten zahlreiche (oft fantasievolle) Interpretationen. Dagegen hilft vor allem, gerade negative Gedanken bewusst wahrzunehmen. So können sie nicht mehr unbewusst wirken, und Sie identifizieren sich sofort weniger mit ihnen.

Wie aber erkennen Sie den anschleichenden Kritiker oder inneren Zweifler frühzeitig? Beobachten Sie mal, was bei Ihnen geschieht, wenn Negativgedanken Sie überkommen:

▶ In welchen Situationen melden sie sich?
▶ Woran können Sie erkennen, dass sich der Kritiker anschleicht?
▶ Woran erkennen Sie konkret, dass es der Zweifler/Kritiker ist?

▶ Wie tritt er in Erscheinung (flüstert er Ihnen von hinten warnend ins Ohr, türmt er sich wie ein Bär vor Ihnen auf, oder sitzt er auf einmal wie ein Schraubstock zwischen Ihren Schulterblättern?)

▶ Wie fühlen Sie sich? Was hören Sie? Wie spricht er?

▶ Wie reagieren Sie normalerweise?

Beobachten Sie Ihren inneren Kritiker

Die Beantwortung dieser Fragen wird Ihnen helfen, destruktive Gedanken schneller wahrzunehmen: Vielleicht merken Sie, dass Ihnen unwohl wird, sich Ihre Schultern verhärten oder Sie sich vielleicht kleiner machen, als Sie sind. Oder jedes Mal, wenn Sie etwas tun, was Sie noch nie zuvor gemacht haben oder eine neue Herausforderung bedeutet, „quasselt" Ihnen der Kritiker gedanklich im Befehlston dazwischen „Du musst ..., Du darfst nicht ..., das geht sowieso schief!" und lässt Sie über sich selber wütend werden. Oder Sie haben das Gefühl von Zerrissenheit und Bedenken, die gar nicht von Ihnen, sondern eher von anderen zu stammen scheinen, die Sie jedoch unbewusst übernommen haben.

O-Ton

Schauspielerin und Coach Adele Landauer über (zu) hohe Ansprüche.

„Die größte emotionale Hürde war der hohe Druck, den ich mir früher selbst gemacht habe: ‚Ich muss in jedem Moment mein eigenes Programm vertreten. Denn ich kann von meinen Kunden nicht verlangen, dass sie bei Präsentationen in jeder Sekunde jeden Menschen im Raum erreichen müssen, wenn ich es selbst nicht einlöse.' Das hat mich viel Energie gekostet. Gerade bei Kunden, die zu den Obersten in Politik, Wirtschaft und Kultur gehören, ist es kräftezehrend, sich selbst so unter Druck zu setzen, statt voll und ganz auf die Person und ihren speziellen Bedarf einzugehen.

Wenn es darum geht, dass ich jede Minute meine eigenen Werte nicht nur lebe, sondern auch für jeden sichtbar ausstrahle und mein Geld zu 100 Prozent wert bin (das ist mein Anspruch an mich selbst), weiß ich heute, dass ich nicht alles selbst machen kann und muss

– so vertraue ich mittlerweile auch einer höheren Führung und der Verbindung, die zwischen uns entsteht. Ich habe erfahren, dass es in erster Linie um das eigentliche Zusammentreffen, um die Begegnung mit meinem Klienten geht – und nicht um meine Instrumentarien, mein recherchiertes Wissen über diese Person oder andere Vorbereitungen. Mit diesem Vertrauen kann ich mich voll auf die Person einlassen, ihr mit ungeteilter Aufmerksamkeit und Wertschätzung begegnen, gerade weil ich keine Konzepte mehr verfolge, sondern mich auf den Menschen konzentriere und auf das, was momentan tatsächlich vorgeht und geschieht. Daher geht es ‚nur' noch darum, voll und ganz präsent und mit dem anderen verbunden zu sein.

Dennoch ist die Vorbereitung auf meine Coachings nach wie vor das A und O, sie ist nur anders geworden. Sie dreht sich nicht um die Methoden, Fragetechniken oder Erklärungsmodelle, die wir ja alle zur Genüge gelernt haben. Die sind da. Das heißt, ich gehe nicht mit einem konkreten Plan oder konkreten Übungen in meine Coachings – jedes Coaching läuft ohnehin völlig anders ab, weil Menschen eben verschieden sind und jeder woanders seine Stärken oder Reserven bzw. Blockaden hat.

Meine Hauptaufgabe besteht jetzt darin, dass ich zum einen meine Werte und meine Dienstleistung, mein ‚Produkt', lebe und zum anderen voll präsent und aufmerksam bin. Also sorge ich zur Vorbereitung erst mal für mich – ich gehe regelmäßig laufen, meditiere, ernähre mich gesund, um selbst in Balance zu sein. Besonders direkt vor einem Termin sorge ich dafür, dass ich mich gut fühle, voll präsent bin und dadurch kompetent und angenehm auf meinen Klienten wirke, damit er sich vollständig öffnen kann: Ich kleide mich entsprechend und richte meine ungeteilte Aufmerksamkeit auf meinen Klienten. Wenn ich ihm mit Charisma und Charme begegne, kann ich ihn dafür begeistern, das auch Menschen gegenüber zu tun, denen er seine wertvolle Botschaft vermitteln will. Ich möchte einfach, dass er sich während des Coachings rundum wohl fühlt, mit meiner Dienstleistung, mit dem, was er dabei lernt und über sich selbst erfährt, und mit mir als seinem Gesprächspartner und Coach. Das ist der Rahmen. Und solange ich dazu innerlich präsent bin und diesen offenen und vertrauensvollen Rahmen geschaffen habe, spüre ich, was mein Gegenüber gerade braucht, und gehe genau darauf ein. Dadurch kann etwas entstehen, das man nicht steuern und voraussagen und mit keinem Konzept der Welt herstellen könnte."

Wenn *Sie* das Ruder in die Hand nehmen

Wer negative Gefühle und Gedanken schnell entlarven kann, ist schon nicht mehr von ihnen bestimmt und wieder in der Lage, selbst das Ruder zu übernehmen.

Dazu gehört,
▶ auftretende Gedanken und Gefühle anzunehmen.
▶ zu hören, was sie von mir wollen.
▶ bewusst und selbstbestimmt zu handeln.

Wichtig ist, die Ursprünge der eigenen Gedanken und Gefühle zu erkennen: „Ist es die Stimme meines Vaters, die da ertönt? Die Angst, nicht geliebt zu werden, wenn ich Fehler mache oder einfach mal faul bin?" Wenn wir diese Ursachen mehr und mehr entdecken, fällt es gemeinhin leichter, ihnen offen oder gar liebevoll zu begegnen: „Hallo Papa, was möchtest Du mir denn sagen? Ja, ich kenne Deine Argumente und Absichten, nur haben sich die Zeiten geändert. Ich bin erwachsen und trage jetzt die Verantwortung für mein Leben. Ich finde, ich mache das richtig so – auf meine Art." Natürlich lassen sich tiefere psychologische Muster aus der Kindheit nicht unbedingt so leicht lösen, wie hier beschrieben, dennoch hilft es bereits, die eigene Aufmerksamkeit auf mögliche Ursachen zu richten und diese oder weitere Lösungsmöglichkeiten zu testen.

Der innere Dialog: Ermitteln Sie die Ursprünge negativer Gedanken

Dieser innere Dialog ist eine von vielen Möglichkeiten, mit einem (über-)mächtigen inneren Kritiker und häufigen Zweifeln umzugehen (siehe auch Seite 211). Welche bei Ihnen am besten wirkt, hängt häufig mit Ursprung der Bedenken oder kritischen Stimmen zusammen. In der Regel treffen verschiedene Gründe zusammen und verstärken einander. Es reicht also beispielsweise nicht, eine Ursache nur auf der Verhaltensebene zu lösen, indem Sie eine Botschaft rechtzeitig erkennen und ihre Relevanz abwägen, solange in Ihnen noch der Glaubenssatz aus Ihrer Kindheit schlummert „Aus Dir wird sowieso nie etwas Vernünftiges". Wenn Sie ein tendenziell kritischer oder pessimistischer Mensch sind, wird Ihnen die Analyse der Fakten mehr Gelassenheit bringen als der reine Glaube daran, dass sich die Dinge zum Guten entwickeln.

Überprüfen Sie daher vorab mögliche Ursachen anhand der folgenden Checkliste: Je mehr Punkte auf Sie zutreffen, desto stärker kann der innere Kritiker wirken. Horchen Sie in sich hinein: Bei welchen Punkten klingeln Ihnen die Ohren? Welche Lösungsansätze fallen Ihnen spontan ein?

CHECK: Wie stark wirkt Ihr innerer Kritiker?

Welche Ursachen für negative Gedanken und Gefühle erkennen Sie bei sich?

	Ja	Nein	Manchmal
▶ Ich identifiziere mich häufig mit meinen Gedanken und Gefühlen. Mir fällt es schwer, Abstand zu gewinnen.	❑	❑	❑
▶ Ich denke viel an die Vergangenheit und das, was wohl in der Zukunft passieren wird.	❑	❑	❑
▶ Ich habe negative Erfahrungen gemacht, von denen ich mich innerlich noch nicht gelöst habe.	❑	❑	❑
▶ Ich habe viele Pessimisten und Zweifler in meinem Umfeld.	❑	❑	❑
▶ Anerkennung von anderen ist mir sehr wichtig. Ich habe Angst, nicht angenommen und akzeptiert zu werden.	❑	❑	❑
▶ Ich muss dafür sorgen, dass alles gut läuft.	❑	❑	❑
▶ Mir fehlen positive Erfahrungen – oder sie sind mir nicht präsent.	❑	❑	❑
▶ Ich habe nie so richtig ausprobiert, was wirklich in mir steckt.	❑	❑	❑
▶ Ich tendiere dazu, ein Glas eher als halb leer zu sehen als halb voll.	❑	❑	❑
▶ Oh ja, da hängt wohl noch der eine oder andere Glaubenssatz wie „Das kannst Du nicht" – „Geld verdienen bedeutet immer harte Arbeit" – „Frauen sind keine Unternehmertypen" – „Du musst Dich anstrengen!" – „Du musst anderen gefallen!"	❑	❑	❑

	Ja	Nein	Manchmal
▶ Ich nehme meine Erfolge gar nicht so wahr, sondern widme mich nach Abschluss des einen Projektes gleich dem nächsten.	❑	❑	❑
▶ Im Eifer des Gefechts kommen mir meine Gedanken schnell wie die Realität vor, ohne dass ich sie überprüfe.	❑	❑	❑
▶ Mir kommt es vor, als seien meine Gefühle intensiver als der aktuellen Situation angemessen – als stecke da noch mehr dahinter.	❑	❑	❑
▶ Ich habe gerne die Kontrolle.	❑	❑	❑

Welche anderen Ursachen für negative Gedanken und Gefühle erkennen Sie?

▶ _____

Die Schaltzentrale: Emotionale Intelligenz

Lassen Sie die inneren Stimmen zu Wort kommen – aber geben Sie ihnen nicht das Ruder in die Hand! Hören Sie hin und wägen Sie ab, ob die Kritik berechtigt ist, lassen Sie die aktuellen Gefühle etwas verrauchen, bis Sie entdecken, was genau hinter ihnen steckt. Häufig ist es auch hilfreich, ein wenig zu warten und einen konkreten Termin mit der kritischen inneren Stimme zu „vereinbaren", wann und wie sie sich bei Ihnen melden darf. Geben Sie ihr beispielsweise eine feste Zeit, zum Beispiel jeden Freitagnachmittag, und legen Sie fest, dass sie sich wie in der Schule mit Handzeichen meldet, anstatt einfach draufloszureden. So übernehmen Sie wieder die Führung über die Situation.

„Vereinbaren" Sie konkrete Termine mit Ihrer kritischen inneren Stimme

Bildlich sind Sie im Inneren des Zyklons, in der „Schaltzentrale". Von hieraus können Sie Ihre Gedanken beobachten und abwägen, Emotionen wahrnehmen und ihre Bedeutung hinterfragen: Ist es die leise Stimme Ihrer positiv agierenden Intuition, die da spricht, oder ist es eine alte Erfahrung, die das Unbehagen über das verlockende, aber risikoreiche Angebot auslöst?

Nun wissen Sie, wie Gedanken und Gefühle bei Ihnen wirken und über welche Mechanismen Sie sie steuern können. In Ihrer Schaltzentrale gibt es allerdings viele Hebel und Knöpfe, die Sie betätigen können. Drei große stelle ich Ihnen in den folgenden Unterkapiteln vor – hinter jedem verbergen sich konkrete Methoden und Übungen. Sie haben die Wahl, was für Sie am besten passt!

CHECK: Konstruktive und destruktive Gedanken und Gefühle

So unterscheiden Sie konstruktive von destruktiven Gedanken und Gefühlen.

Destruktive Gedanken und Gefühle	Konstruktive Gedanken und Gefühle
kommen vom Verstand	kommen aus Ihrer Intuition, Ihrem Herzen
Verneinungen	positive Impulse
„weg von"	„hin zu"
„Ich muss", „Ich sollte" (Vernunft)	„Ich will", „Ich möchte"
Gefühl von Angst, Fremdbestimmung, Zwang	Anziehungskraft, der positive Impuls, etwas zu tun
Angst, Druck, Anspannung	Freude, Leidenschaft
Vergangenheit, Zukunft	Gegenwart

Drei Hebel zur Gelassenheit

Hebel 1: Emotion und Gedanke = Freund und Helfer

Hier erhalten Sie eine Auswahl an schnell umsetzbaren Übungen, die Sie meist ohne großen Aufwand in Ihren Traineralltag integrieren können. Einige Maßnahmen für mehr Gelassenheit im Alltag wirken kurzfristig – Sie fungieren wunderbar als Notfallset. Andere brauchen etwas Zeit, Übung oder Regelmäßigkeit – sie wirken dafür auch in schwierigeren Situationen prompt und schaffen dauerhaft ein gesundes Miteinander mit Zweifeln, (überhöhter) Selbstkritik und übermannenden Gefühlen. Stellen Sie sich bei der Auswahl die Fragen:

▶ Welche der folgenden Übungen kennen Sie bereits?
▶ Was haben Sie schon probiert?
▶ Was wirkt bei Ihnen besonders effektiv?

Tipp:
Stellen Sie Ihr persönliches Kritiker-Notfallset aus drei bis fünf Übungen zusammen, und bewahren Sie sie in Ihrem Kalender oder Portemonnaie auf – für alle Fälle.

Stellen Sie sich Ihr persönliches Kritiker-Notfallset zusammen

Das Notfallset – Zehn Sofortmaßnahmen für den Ernstfall

Unterbrechen Sie, was Sie tun
Sagen Sie innerlich „Stopp!", atmen Sie tief durch, und bringen Sie sich durch einen Spaziergang an der frischen Luft oder ein Telefonat mit einem netten Kollegen oder Freund auf andere Gedanken.

Fokussieren Sie Ihre Aufmerksamkeit auf Ihren Atem
Spüren Sie, wie der Atem durch Ihre Nase in Ihren Körper fließt und wie sich Ihr Bauch hebt und senkt ... Wenn Sie einige Male tief ein-

und ausatmen und sich voll auf Ihren Atem konzentrieren, können Sie nicht mehr bei Ihren blockierenden, ängstlichen oder zweifelnden Gedanken verweilen. Sie können den Effekt noch verstärken, indem Sie sich innerlich sagen: „Meine Gedanken sind ruhig." (Siehe auch Übung auf Seite 104.)

Kommen Sie in die Gegenwart

Begeben Sie sich in die Gegenwart

Die Realität besteht nur im Hier und Jetzt, alles andere sind in der Regel Gedankenkonstrukte. Kommen Sie zurück in die Gegenwart, indem Sie beispielsweise all Ihre Sinne auf einen Apfel in Ihrer Hand konzentrieren, ohne Ihre Eindrücke gedanklich zu bewerten: Wie fühlt er sich an, wie riecht er? Wie sieht er mit all seinen Details aus? Wie hört es sich an, wenn Sie zubeißen? Wie schmeckt er?

Befördern Sie Ihren Kritiker in Urlaub

Schicken Sie ihn beispielsweise auf eine lange Schiffsreise um die Welt, in den Wald, auf den Balkon – oder verabreden Sie einen Gesprächstermin mit ihm, an dem er sich wieder melden darf und Sie sich um seine Bedürfnisse kümmern. Sie dürfen über diese Maßnahme natürlich schmunzeln, aber für viele ist sie sehr wirkungsvoll.

Erlauben Sie sich Fehler

Geben Sie sich einen Zeitrahmen oder einen Raum, wo Sie alles tun dürfen, und verinnerlichen Sie: „Ich kann und darf jetzt alles probieren."

Tun Sie so, als ob

Auch wenn Ihre inneren Stimmen das Gegenteil behaupten, tun Sie einfach so, als seien Sie der Experte und könnten den Artikel perfekt schreiben. Sehr effektiv ist auch, sich auszumalen, Sie hätten ihn schon geschrieben, erhalten Standing Ovations und höchste Aufmerksamkeit. Was hören, sehen, fühlen Sie dabei? Bedanken Sie sich bei allen, die Sie bei diesem Erfolg unterstützt haben. Genießen Sie dieses Gefühl in vollen Zügen – und dann schreiben Sie einfach los.

Betrachten Sie das Leben als Spiel

Eine herrliche Übung, denn diese Einstellung lässt Sie mit mehr Freude und Leichtigkeit agieren – einfach mal etwas anderes zu probieren und durch Fehler zu lernen, anstatt lange zu grübeln.

Geben Sie die Führung ab

Das ist vor allem sehr wirkungsvoll, wenn Sie nicht mehr weiter wissen. Wenn Sie an eine höhere Instanz glauben, an Gott oder eine übergeordnete (universelle) Kraft, übergeben Sie ihr die Führung. Bitten Sie sie, die Dinge für Sie zu regeln oder um eine Antwort auf Ihre Frage – und seien Sie anschließend offen für Einfälle, Geschehnisse und Begegnungen, die Ihnen weiterhelfen. Vertrauen Sie Ihrer Intuition und der höheren Instanz. Damit Sie die Hinweise auch wahrnehmen, sollten Ihre Gedanken allerdings still sein, sonst übertönen sie die feine Stimme der Intuition.

Antworten Sie selbstbewusst

Sagen Sie der zweifelnden inneren Stimme auf ihre ängstliche Frage: „Wird mein Artikel wirklich so gut werden, wie ich es mir ausgemalt habe?" schlicht und ergreifend mit einem überzeugten „Ja, wird er!" – oder noch besser: „Das ist er schon, er muss nur noch aufs Papier gebracht werden."

Geben Sie Ihrem Kritiker Kontra

Bauen Sie Ihren Gedanken Brücken

Der Gedanke „Ich trage die Verantwortung" verursacht häufig Angst. Darum wandeln Sie ihn einfach um in: „Ich habe das Steuer in der Hand." Die lähmende Angst, „Fehler" zu machen, vermeiden Sie mit dem positiven Glaubenssatz: „Es gibt keine Fehler, sondern nur Ergebnisse und (Lern-)Erfahrungen" – und Sie haben den notwendigen Mut zum Handeln.

Meine fünf wirkungsvollsten Notfallmaßnahmen

1. ...

2. ...

3. ...

4. ...

5. ...

Kritiker, Angst & Co. – Zehn Übungen für eine lange Freundschaft

Probieren Sie die Notfallmaßnahmen aus

Durch ausprobieren können Sie am leichtesten herausfinden, welche Maßnahmen bei Ihnen zu welchen Situationen am besten funktionieren. Wenn Sie diese außerdem noch regelmäßig üben, gelingen die gewählten Maßnahmen im „Ernstfall" umso sicherer.

Reflektieren Sie den Tag

Überlegen Sie: „Welche Erfolge und schönen Erlebnisse hatte ich heute? Welche guten Dinge sind auf mich zugekommen?" Holen Sie sich diese Ereignisse in Erinnerung und bedanken Sie sich dafür.

Kreuzen Sie den Zweifel aus

Mit dem Kalender arbeiten

Bärbel Mohr hat eine schöne Idee zum Zweifel: Machen Sie bei jedem Zweifel ein Kreuz in Ihren Kalender, und freuen Sie sich darüber, dass Sie ihn bemerkt haben. Dabei können Sie sich auch vorstellen, wie Sie Ihre Zweifel durchstreichen. Sie werden sehen, wie sie von Woche zu Woche weniger werden, Schwarz auf Weiß (aus: Bärbel Mohr „Die Mohr-Methode", Koha, 2005).

Wandeln Sie negative Glaubenssätze in positive um

„Ich darf Fehler machen und aus ihnen lernen. Ich bin gut genug. Ich darf ich selber sein.", „Ich darf mir die Zeit nehmen, die ich brauche. Ich darf meinen Rhythmus und meine Form berücksichtigen.", „Ich darf offen sein für Zuwendung wie für Konfrontation. Ich darf mir Hilfe holen.", „Ich darf mich selber und meine Bedürfnisse ernst nehmen. Ich bin okay, auch wenn jemand unzufrieden mit mir ist." Integrieren Sie Ihre Glaubenssätze in den Alltag, beispielsweise auf einer Postkarte mit passendem Motiv auf Ihrem Schreibtisch, als Begrüßungstext auf Ihrem Handy-Display oder an exponierter Stelle in Ihrem Terminkalender. (Mehr zum Umwandeln von Glaubenssätzen siehe Buchtipp Byron Katie: „Lieben was ist". Goldmann, 2002.)

Meeting innerer Stimmen

Verabreden Sie mit kritischen, zweifelnden, ängstlichen Stimmen einen festen Termin in der Woche, an dem Sie ihnen zuhören. So fühlen

sie sich respektiert und treiben ihr Unwesen nicht mehr im Dunkeln. (Mehr hierzu auf Seite 216.)

Stimmen Sie sich auf den Tag ein

Bleiben Sie morgens noch fünf Minuten im Bett liegen, und visualisieren Sie, wie sie ihn positiv und erfolgreich durchleben werden – in diesen Minuten gehen all Ihre Vorstellungen und Wünsche in Erfüllung. Erleben Sie das mit allen Sinnen. Bedanken Sie sich im Vorhinein für diesen schönen, erfolgreichen Tag und den konstruktiven Umgang mit Ihren Gedanken. Und dann: Glauben Sie daran, dass es genau so kommen wird, und seien Sie offen für das, was Ihnen (intuitiv) begegnet.

Üben Sie, sich zu vertrauen

Nehmen Sie bewusst Ihre Intuition wahr, vertrauen Sie ihr und einer höheren Führung (sofern Sie daran glauben). Machen Sie sich regelmäßig Ihre Aufgabe in der Welt bewusst. Visualisieren Sie, wie Sie Ihre eigenen Stärken kennen und diese Potenziale optimal einsetzen.

Feiern Sie Ihre Erfolge

Meilensteine setzen

Schließen Sie Ihren Tag ab, indem Sie Ihre kleinen und großen Erfolge des Tages Revue passieren lassen. Hierbei ist keine Kritik erlaubt, konzentrieren Sie sich wirklich nur auf Erfolge, ggf. auf Vorhaben und Ziele für den nächsten Tag! Legen Sie bei Ihrer Planung immer auch Meilensteine fest, bei deren Erreichung Sie sich belohnen oder mit anderen feiern.

Bringen Sie kritische Gedanken oder Zweifel mit in Ihr Projekt ein

Wenn diese beispielsweise während der Arbeit an Ihrem Buchmanuskript auftreten, schreiben Sie ein „Tagebuch zum Buch". Das schafft Raum für die emotionale Seite, den nötigen Abstand durch die Reflexion und bringt häufig auf neue Ideen für Ihre Projekte.

Bleiben Sie dran

Je geübter Sie im Umgang mit Ihren alltäglichen Gedanken und Gefühlen sind, desto gelassener und zielführender reagieren Sie selbst in Extremsituationen.

Hebel 2: Bändigen Sie Ihr inneres Team

Sie haben ein ständiges Wirrwarr an Gedanken im Kopf? Sie wollen
mehr Klarheit über Ihr gedankliches und emotionales Innenleben? Eine
äußerst wirkungsvolle Methode für den Umgang mit Gefühlen und Gedanken ist die Arbeit mit dem inneren Team. Viele Trainer haben ein
ganzes Orchester an inneren Stimmen – ängstlichen, kritischen, kindlichen, erwachsenen, perfektionistischen, kontrollierenden, faulen,
künstlerischen, wütenden, verletzten, eitlen, neidischen, behütenden.
Halten Sie doch einmal eine Versammlung mit Ihren inneren Anteilen.

Tipps und Quellen

Friedemann
Schulz von Thun
▶ Der Psychologe und Kommunikationswissenschaftler Prof. Dr. Frie-
demann Schulz von Thun gibt hierzu in seinen Pubilkationen gute
Anregung.

Dennis Genpo
Merzel Roshi
▶ Ein wundervoller Prozess ist das gemeinsame Erleben der inneren
Anteile unter Anleitung des US-amerikanischen Zen-Meisters Dennis
Genpo Merzel Roshi: Er nahm einige der zentralen Entdeckungen der
westlichen Psychologie – besonders den Dialog der inneren Stimmen und die der Subpersönlichkeiten – und fand einen erstaunlich
schnellen und effektiven Weg, das Beste der kontemplativen Tradi-
tionen zu integrieren. In einem Big-mind-Prozess leitet er an, über
die inneren Stimmen seine eigene wahre Natur zu entdecken (siehe
DVD-Tipp).

Äußere Konferenz der inneren Stimmen

Zu Anfang ist es empfehlenswert, sich bei dieser Übung von einem
erfahrenen Coach begleiten zu lassen, der Sie sicher durch die einzelnen Phasen führt. Sind Sie bereits mit Methoden wie dieser vertraut,
können Sie sie effizient nutzen, um sofortige Klarheit im Gefühls- oder
Gedanken-Tumult zu erlangen.

216

▶ Halten Sie sich eine Situation oder ein konkretes Problem vor Augen, und definieren Sie die inneren Anteile, die dabei eine Rolle spielen. Notieren Sie die jeweiligen Anteile auf Moderationskarten.

▶ Beschreiben Sie möglichst genau die einzelnen inneren Teile: Ist ein bestimmter innerer Teil männlich oder weiblich? Welchen Namen hat er? Wie sieht er aus, welche Kleidung trägt er? Größe, Haarfarbe und -länge, Alter? Welche Charaktermerkmale hat er? Worin unterscheidet er sich von den anderen? Was fällt Ihnen noch zu ihm ein? Notieren Sie die Antworten auf der Rückseite der entsprechenden Moderationskarte.

▶ Schreiben Sie eine weitere Karte für sich als „Teamleiter", „Dirigent des inneren Orchesters", „Minister" oder welche Bezeichnung Ihnen für diese innere Runde am besten gefällt. Legen Sie erst Ihre Karte des „Teamleiters" an eine Stelle im Raum (auf einen Stuhl oder auf den Boden), und ordnen Sie dann aus dieser Position heraus die Moderationskarten im Raum, wie es Ihnen für die aktuelle Situation stimmig erscheint.

▶ Begeben Sie sich nun auf Ihre Position und schauen, ob die Platzierung der einzelnen Teile stimmig ist. Was fällt Ihnen auf? Gehen Sie jetzt intuitiv zu einer Stimme, setzen oder stellen Sie sich darauf, und spüren Sie, was sie Ihnen gerne mitteilen möchte. Dann beantworten Sie aus dieser Position heraus die folgenden Fragen und notieren die Antworten auf einer weiteren Moderationskarte:
– Stimme, wie fühlst Du Dich?
– Was ist Deine Absicht?
– Was möchtest Du damit erreichen?
– Wogegen wehrst Du Dich?

Gehen Sie nacheinander intuitiv auf die nächsten Teile ein, und beantworten Sie die gleichen Fragen.

Wichtig: Achten Sie darauf, dass Sie die einzelnen Teile stets vollständig verlassen. Schütteln Sie sie ab, indem Sie sich etwas bewegen, Ihre Hände ausschütteln oder sie (nach der gesamten Übung) waschen bzw. sich duschen.

Die Phasen

▶ Manchmal entsteht ein Dialog zwischen verschiedenen Teilen. Dann wechseln Sie häufiger zwischen den Stimmen, die miteinander kommunizieren. Führt der Austausch nicht weiter, gehen Sie in die Teamleiter-Position zurück und verändern die Lage der Karten oder geben den einzelnen Stimmen Anweisungen, wie sie sich verhalten sollen, um das Thema zu lösen. Vielleicht fallen Ihnen auch weitere Fragen ein, die Sie den Stimmen stellen möchten. Beantworten Sie diese dann aus der Position der jeweiligen Stimme heraus.

▶ Zum Schluss begeben Sie sich wieder in die Teamleiter-Position, schauen, ob alles stimmig ist und bedanken sich bei allen inneren Teilen und nehmen Sie dann gedanklich wieder in sich auf, indem Sie alle Karten einsammeln und zusammen aufbewahren.

▶ Reflektieren Sie im Anschluss: Welche neuen Erkenntnisse haben Sie gewonnen? Wie haben sich Ihre Wahlmöglichkeiten erweitert? Welche Ideen haben Sie, um die neuen Erkenntnisse in Ihren Alltag zu integrieren?

Diesen Prozess können Sie in regelmäßigen Abständen wiederholen.

Hinweis

Wie reif sind Ihre inneren Stimmen? Die inneren Stimmen haben häufig ein gewisses Alter. Sie können beispielsweise einen unreifen oder einen sehr weise agierenden inneren Kritiker haben. Ersterer wird für Sie anstrengend sein, während Letzterer Sie hilfreich unterstützen wird. Den jungen, kindlichen Anteilen können Sie vorschlagen, ihre weise Seite zu entwickeln und entsprechend zu handeln – bis Sie mit der Zeit ein reifes inneres Team entwickelt haben, das sich gegenseitig unterstützt und das Sie als Teamleiter dirigieren.

Hebel 3: Negative Gedanken reduzieren, positive kultivieren

Der dritte Hebel, mit dem Sie mehr Gelassenheit erfahren können, ist schlichtweg Glücklichsein. Es gibt Hunderte von Studien und ebenso viele Bücher zu diesem Thema, aber der US-amerikanische Psychologe Martin E.P. Seligmann bringt es auf den Punkt, und für Sie stelle ich in diesem Unterkapitel eine Essenz aus seinem Buch „Der Glücks-Faktor" (Lübbe, 2005) zusammen. Damit erlernen Sie, wie Sie Ihre Gedanken positiv ausrichten und das in Ihrem privaten und beruflichen Leben kultivieren, was Sie zufriedener und glücklicher sein lässt ...

Jeder hat einen gewissen Grund-Level an Glück, das sich aus verschiedenen Faktoren zusammensetzt. Einiges ist mitgegeben, kann also nicht verändert werden, andere Bereiche kann jeder für sich beeinflussen, indem man negative Sicht-, Denk- und Gefühlsmuster reduziert und positive ausbaut. Der Effekt: Wenn es Ihnen gut geht, Sie glücklich sind und Ihr Gefühls- und Gedankenkonto ein klares Plus zeigt, begegnen Sie Ihrem Alltag mit mehr Gelassenheit.

Der Autor fasst es in einer einfachen Formel zusammen:

Die Glücks-Formel

Glück = Vererbung + Lebensumstände + Wille

Das *Vererbte* entspricht einem bestimmten Glücks-Level, auf den man automatisch immer wieder zurückkehrt. Denn Momente des Glücks oder Unglücks verändern das Glücksempfinden nur kurzzeitig, bis es sich wieder zum angeborenen Level zurückbewegt.

Vererbung

Sie können Ihr Glücks-Level allerdings nachhaltig anheben, indem Sie Ihre *Lebensumstände* ändern (sie sind zwar nur seltener sinnvoll zu beeinflussen, aber dennoch ist dies eine mögliche Variante): Die Studien zeigen, dass Menschen mehrheitlich glücklicher sind, die in einer wohlhabenden Demokratie leben (und nicht in einer verarmten

Lebensumstände

Diktatur), verheiratet sind, negative Lebensereignisse und Emotionen vermeiden, ein reiches soziales Netzwerk aufbauen oder einen religiösen Glauben haben. Soweit es um Lebenszufriedenheit und Glück geht, haben mehr Geld, Gesundheit, weitere Ausbildungen, Zugehörigkeit zu einer anderen ethischen Gruppe oder Auswandern in ein sonnigeres Klima allerdings keine wesentliche Verbesserung gebracht.

Der willentlich steuerbare Bereich

Ihr mit Abstand größtes Veränderungspotenzial liegt im *willentlich steuerbaren Bereich*, indem Sie Ihre Gedanken und Gefühle bewusst lenken.

Positive Emotionen können Sie entwickeln mit Blick auf ...
- die Zukunft (Optimismus, Zuversicht, Glauben, Vertrauen),
- die Gegenwart (Freude, Ekstase, Gelassenheit, Schwung, Überschwang, Vergnügen und – am wichtigsten – Flow, also völlig in Ihrer Tätigkeit aufzugehen),
- die Vergangenheit (Genugtuung, Zufriedenheit, Erfüllung, Stolz, Behagen).

Verringern Sie negative Gedanken und erhöhen Sie die positiven

Wichtig ist zu erkennen: Negative Emotionen und Gedanken hängen nicht unmittelbar mit diesen positiven zusammen. Sie können nebeneinander bestehen, allerdings behindern die negativen das Erleben der (zarteren) positiven Regungen. Daher geht es im Hinblick auf ein prall gefülltes Glückskonto im Wesentlichen um zwei Dinge: Verringern Sie negative Gedanken und Emotionen *und* erhöhen Sie die positiven.

Wie können Sie Ihre Denkmuster erkennen – und sie umwandeln?

Der Einfluss der *Vergangenheit*

Hinderliche Elemente:
- Der Glaube, dass die Vergangenheit die Zukunft bestimmt (unterstützt die Tendenz, sich passiv treiben zu lassen).
- Der Glaube, Wut und Zorn ausleben zu müssen (verstärkt das Auftreten von Wut, und die Genugtuung bringt nur einen Kurzzeiteffekt).
- Die guten Seiten der Vergangenheit werden nicht genug wertgeschätzt.
- Die schlechten Seiten werden überbewertet.

220

Möglichkeit der Veränderung:

Dankbar sein
Dankbarkeit erhöht den Genuss und die Wertschätzung der guten Erfahrungen!

Übungen:
▶ Welchen wichtigen Menschen aus Ihrer Vergangenheit möchten Sie Dankbarkeit ausdrücken? Tun Sie es (wenn möglich bei einem persönlichen Treffen).
▶ Notieren Sie täglich fünf Dinge, für die Sie im Leben dankbar sind.

Vergeben
So befremdlich dieses Thema vielen Menschen zunächst erscheinen mag – es ist eines der wirkungsvollsten Mittel, um innere Ruhe zu finden. Das Vergeben schwächt die Macht der schlechten Ereignisse, denn Wut und Zorn blockieren Zufriedenheit und machen Gelassenheit und Frieden nahezu unmöglich. Durch Nicht-Vergeben besteht keine Chance, den „Täter" zu treffen, aber durch Vergeben kann man sich selbst befreien. Denn Vergebung verwandelt Bitterkeit in Neutralität oder sogar in positiv gefärbte Erinnerungen und ermöglicht so eine sehr viel größere Lebenszufriedenheit. Was es bedeutet zu vergeben und wie Sie dabei vorgehen, erfahren Sie in folgender Übung.

Übung: Der Prozess des Vergebens – „REACH"

▶ *Recall*: Rufen Sie sich den Schmerz ins Gedächtnis zurück, so sachlich wie möglich, ohne den anderen zu verteufeln und ohne Selbstmitleid. Atmen Sie dabei tief ein und aus.
▶ *Empathie*: Versuchen Sie aus dem Blickwinkel des Täters zu verstehen, warum dieser Mensch (oder innerer Anteil von Ihnen) Ihnen das angetan hat. Fühlte er sich bedroht, war er ängstlich oder in einer schwierigen Situation, hat er gehandelt, ohne nachzudenken?
▶ *Altruistisches Geschenk der Vergebung:* Dies ist der schwierigste Schritt. Erinnern Sie sich an einen Moment, in dem Ihnen vergeben wurde. Machen Sie Ihrem „Täter" das Geschenk der Vergebung. Sagen Sie sich selbst, dass Sie über Verbrechen und Strafe, über Schuld und Sühne hinauswachsen können.

▶ *Commit*: Legen Sie sich fest, indem Sie öffentlich vergeben. Schreiben Sie dem Täter einen Brief, ein Gedicht, oder erzählen Sie einem guten Freund, was Sie getan haben. So bekommt Vergebung eine vertragsartige Verbindlichkeit.

▶ *Hold on to forgiveness*: Vergeben heißt nicht ausradieren, sondern die Umetikettierung einer Erinnerung. Auch wenn die Erinnerung zurückkommt: Bleiben Sie dabei, dass Sie vergeben haben.

Optimismus beim Blick in die *Zukunft*

Drei Varianten, Gedanken zu formulieren

Neben dem förderlichen Umgang mit der Vergangenheit haben Sie auch in Hinblick auf die Zukunft einen wirkungsvollen Hebel, Ihr Glückskonto zu füllen. Denn Sie entscheiden, wie Sie die Zukunft betrachten. Es gibt diesbezüglich drei Varianten, wie wir denken oder unsere Gedanken formulieren. Wir beurteilen,

▶ ob etwas beständig oder ein kurzzeitiges Phänomen ist (= Permanenz),

▶ ob es einmalig aufgetreten ist oder allgemein gültig (= Allumfassenheit),

▶ und wir betrachten mit diesen beiden Sichtweisen die Zukunft („Prinzip Hoffnung").

In Bezug auf diese Varianten haben Sie nun die Möglichkeit, eine pessimistische oder optimistische Sichtweise einzunehmen. In der folgenden Tabelle sind die negativen den positiven (glücklich machenden) Formulierungen gegenübergestellt. Das Prinzip wird schnell klar.

Permanenz	**Permanent (pessimistisch)** Der Mensch geht davon aus, dass die Ursachen schlechter Ereignisse, die ihm widerfahren, permanent sind. („Die Ursachen werden fortbestehen und mein Leben ständig negativ beeinflussen.")	**Temporär (optimistisch)** Der Mensch kämpft gegen Hilflosigkeit an, glaubt, dass die Ursachen schlechter Ereignisse temporär sind.
	Aussagen:	*Aussagen*:
	„Ich bin total kaputt."	„Ich bin erschöpft."
	„Diäten funktionieren nie."	„Diäten funktionieren nicht, wenn man im Restaurant essen geht."
	„Du nörgelst immer herum."	„Du nörgelst, wenn ich mein Zimmer aufräume."
	„Der Personalleiter ist ein Scheißkerl."	„Der Personalleiter hat schlechte Laune."
	„Nie redest Du mit mir."	„Du hast in letzter Zeit wenig mit mir gesprochen."
	Temporär (pessimistisch) Der Mensch glaubt, dass gute Ereignisse nur temporäre Ursachen haben.	**Permanent (optimistisch)** Menschen, die glauben, dass gute Ereignisse permanente Ursachen haben.
	Aussagen:	*Aussagen*:
	„Mein Glückstag."	„Ich habe immer Glück."
	„Ich strenge mich an."	„Ich habe Talent."
	„Mein Mitbewerber ist zurzeit müde."	„Mein Mitbewerber ist nicht so gut wie ich."

Allumfas-senheit	**Universell (pessimistisch)** Ein Mensch, der für sein Scheitern universelle Erklärungen hat, gibt, wenn er auf einem speziellen Gebiet scheitert, gleich alles auf. Gefühl lang anhaltender Hilflosigkeit. *Aussagen*: „Alle Lehrer sind unfair." „Ich bin ein abstoßender Mensch." „Bücher sind nutzlos."	**Spezifisch (optimistisch)** Ein Mensch, der für ein Scheitern spezifische Erklärungen findet, kann auf dem einen Gebiet hilflos werden, schreitet aber auf anderen Gebieten mutig voran (Stehaufmännchen-Mentalität). *Aussagen*: „Professor Meier ist unfair." „Er findet mich abstoßend." „Dieses Buch ist nutzlos."
	Spezifisch (pessimistisch) Ein Mensch, der glaubt, dass gute Ereignisse nur durch spezifische Faktoren erzeugt werden. *Aussagen*: „In Rhetorik bin ich gut." „Mein Broker kennt sich bei Ölaktien aus." „Ich war charmant zu ihr."	**Universell (optimistisch)** Ein Mensch, der davon ausgeht, dass gute Ereignisse alles, was er tut, günstig beeinflussen. *Aussagen*: „Ich bin einfach gut." „Mein Broker kennt sich an der Wallstreet aus." „Ich bin charmant."

Hoffnung	**Hoffnungslos (schlechte Ergebnisse)** Ein Mensch, der permanente und universelle Ursachen für Unglück findet, hat es schwerer, nach Niederschlägen wieder auf Trab zu kommen.	**Hoffnungsvoll (schlechte Ergebnisse)** Ein Mensch, der für ein Unglück temporäre und spezifische Ursachen finden, wird der Sorgen und Probleme rasch Herr.
	Aussagen:	*Aussagen*:
	„Ich bin dumm."	„Ich bin übermüdet."
	„Männer sind Tyrannen."	„Mein Mann hatte schlechte Laune."
	„Mit 50-prozentiger Wahrscheinlichkeit ist dieser Knoten Krebs."	„Es steht fifty-fifty, dass diese Geschwulst überhaupt nichts bedeutet."
	Hoffnungslos (gute Ereignisse) Ein Mensch, der temporäre und spezifische Ursachen für gute Ereignisse findet, neigt dazu, unter Druck zusammenzubrechen.	**Hoffnungsvoll (gute Ereignisse)** Ein Mensch, der permanente und universelle Ursachen für gute Ereignisse findet, kommt beim ersten Erfolg schnell wieder auf Trab.
	Aussagen:	*Aussagen:*
	„Ich hab Glück gehabt."	„Ich habe Talent."
	„Meine Frau kümmert sich um meine Kunden."	„Meine Frau ist einfach bezaubernd."
	„Deutschland wird gegen Italien gewinnen."	„Deutschland wird in allen EM-Spielen stark sein!"

Optimismus und Hoffnung stärken

Sobald Sie das Prinzip verstanden haben, wird es Ihnen leicht fallen, pessimistische Gedanken zu erkennen und umzuwandeln. Hier noch einige konkrete Tipps:

Tipps

▶ Tun Sie so, als wären Ihre Gedanken die Ihres Gegners und entkräften Sie sie argumentativ
  - Was sind Tatsachen (Was ist wirklich wahr?) und was sind „Denksachen" (mein Glaube, meine Vermutungen, Interpretationen, Verdrehung der Situation, Anschuldigungen mir selbst gegenüber)?
  - Kann ich einfach an das Gegenteil glauben?
  - Welche Beweise gibt es für das Gegenteil?

▶ Suchen Sie Gründe und Alternativen
  - Welche Ursachen können dazu geführt haben?
  - Was wären die weniger schlimmen Gründe?
  - Welche Gründe wären veränderbar?
  - Welche Alternativen habe ich?

▶ „Entkatastrophisieren" Sie
  - Auch wenn das, was Sie behaupten, wahr ist – was folgt daraus?
  - Ist das Ergebnis wirklich so dramatisch?

▶ Machen Sie sich die Folgen Ihres Denkens bewusst
  - Was bringt mir mein Glaube, ist er vielleicht kontraproduktiv?
  - Wie können Sie ihn ändern?

Glück in der *Gegenwart*

Vergnügungen und Belohnungen

Sie sehen, im Umgang mit der Vergangenheit und der Zukunft können Sie Ihr Glücksempfinden erheblich steigern. Kommen wir nund zum Glück in der Gegenwart: Glück und Zufriedenheit im Hier und Jetzt setzen sich aus deutlich anderen Gemütszuständen zusammen als das Glück, das man aus der Vergangenheit oder Zukunft bezieht. Seligman unterscheidet Vergnügungen und Belohnungen:

226

Vergnügungen

Vergnügungen sind Freuden, die fühlbar sinnliche und stark emotionale Komponenten haben (zum Beispiel Ekstase, Spannung, Orgasmus, Entzücken, Fröhlichkeit, Überschwang). Sie sind kurzlebig und bedürfen keines (Nach-)Denkens.

Belohnungen

Belohnungen ergeben sich aus Aktivitäten, die wir liebend gern unternehmen, sie sind jedoch nicht unbedingt begleitet von tieferen Empfindungen: Wir tauchen ab in diese Aktivitäten, verlassen unsere Selbstbefangenheit, zum Beispiel im Gespräch mit einem guten Freund, beim Tanzen, beim Lesen eines guten Buches oder bei dem Versuch, den Abschlag auf dem Golfplatz zu perfektionieren. Die Zeit scheint stillzustehen, und wir sind in Kontakt mit unseren Stärken. Diese Belohnungen sind langlebiger und stabiler als Vergnügungen, und Sie erfordern auch mehr Denken und Deuten.

Belohnungen sind langlebiger als Vergnügungen

Vergnügungen und Belohnungen steigern

Was können Sie also tun, um Ihr Glückskonto in der Gegenwart zu füllen? Hier lesen Sie vier wirkungsvolle Möglichkeiten:

▶ Der Gewohnheit entfliehen
Suchen Sie kurzfristige Freuden nicht zu häufig, und wechseln Sie sie ab, damit sie ihre Spannung behalten und keine Abhängigkeit entsteht.
▶ Kosten Sie einzelne Momente mehr aus
Sonnen Sie sich in Lob und Glückwünschen, danken Sie für Wohltaten und schöne Momente, staunen Sie über den Zauber eines Augenblicks, pflegen Sie Momente der Muße, indem Sie sich den Sinneswahrnehmungen hingeben.
▶ Üben Sie Achtsamkeit
Lenken Sie Ihre Aufmerksamkeit auf den gegenwärtigen Moment. Die klassische Methode, dies zu erlernen, ist die Meditation (mehr dazu ab Seite 268).
▶ Machen Sie Dinge, in die Sie komplett eintauchen können
Nach dem Flow-Prinzip sind dies Tätigkeiten, in denen Sie voll aufgehen und die Ihre menschlichen Stärken und Tugenden mobilisieren.

Was sind Ihre Tugenden? Das tiefste und dauerhafteste Glücksempfinden erreichen Menschen, wenn sie ihr Leben nach den eigenen Stärken und Tugenden ausrichten. Was sind Ihre Tugenden? Integrieren Sie sie in Ihren Alltag!

Weisheit und Wissen

- ▶ Neugier/Interesse für die Welt
- ▶ Lerneifer
- ▶ Urteilskraft/kritisches Denken/geistige Offenheit
- ▶ Erfindergeist/Originalität/praktische Intelligenz/Bauernschläue
- ▶ Soziale Intelligenz/personale Intelligenz/emotionale Intelligenz
- ▶ Weitblick
- ▶ Tapferkeit und Zivilcourage
- ▶ Durchhaltekraft/Fleiß/Gewissenhaftigkeit
- ▶ Integrität/Echtheit/Ehrlichkeit

Menschlichkeit und Liebe

- ▶ Menschenfreundlichkeit und Großzügigkeit
- ▶ Lieben und sich lieben lassen

Gerechtigkeit

- ▶ Fairness und Ausgleich
- ▶ Menschenführung

Mäßigung

- ▶ Selbstkontrolle
- ▶ Klugheit/Ermessen/Vorsicht
- ▶ Demut und Bescheidenheit

Transzendenz

- ▶ Sinn für Schönheit und Vortrefflichkeit
- ▶ Dankbarkeit
- ▶ Hoffnung/Optimismus/Zukunftsbezogenheit
- ▶ Spiritualität/Gefühl für Lebenssinn/Glaube/Religiosität
- ▶ Vergeben und Gnade walten lassen
- ▶ Spielerische Leichtigkeit und Humor
- ▶ Elan/Leidenschaft/Enthusiasmus

(Auflistung nach Seligman)

Je besser es Ihnen geht, sprich, je höher Ihr Glücks- und Gelassenheits-Level , desto weniger verlieren Sie sich in destruktiven Gedanken und Gefühlen. Viel Erfolg und Freude dabei!

Literaturtipps

▶ Vera F. Birkenbihl, „Jeden Tag weniger ärgern! Das Anti-Ärger-Buch. 59 konkrete Tips, Techniken, Strategien". mvg, 2007.

▶ Mihalyi Csikszentmihalyi, „Das flow-Erlebnis. Jenseits von Angst und Langeweile: im Tun aufgehen". Klett-Cotta, 2008.

▶ Gerhard Huhn/Hendrik Backerra, „Selbstmotivation. Flow statt Stress oder Langeweile". Hanser, 2007.

▶ Byron Katie, „Lieben was ist:. Wie vier Fragen Ihr Leben verändern können". Goldmann, 2002.

▶ Bärbel Mohr, „Die Mohr-Methode. Ihr persönliches Grundlagenprogramm zu privatem Glück und beruflichem Erfolg". Koha, 2005.

▶ Candace B. Pert/Hainer Kober, „Moleküle der Gefühle: Körper, Geist und Emotionen". Rowohlt, 2001.

▶ Marshall B. Rosenberg, „Gewaltfreie Kommunikation. Eine Sprache des Lebens". Junfermann, 2007.

▶ Wolf Schneider, „Glück! Eine etwas andere Gebrauchsanweisung". Rowohlt, 2008.

▶ Martin E. P. Seligman, „Der Glücks-Faktor. Warum Optimisten länger leben". Lübbe, 2005.

▶ John Selby, „Wer warten kann, hat mehr vom Leben. Der entspannte Weg zu mehr Gelassenheit". Kösel, 2000.

▶ Thich Nhat Han, „Ärger: Befreiung aus dem Teufelskreis destruktiver Emotionen". Arkana, 2007.

Medientipp

▶ Genpo Roshi, DVD „Big Mind – Big Heart Revealed". Big Mind Publishing.

Porträt

Sabine Asgodom: „Der schönste Beruf der Welt"

Von Giso Weyand

Zugegeben: Zunächst hatte ich Vorbehalte. Diese lachende, strahlende, Geschichten erzählende, wieder lachende, wieder strahlende, wieder Geschichten erzählende Frau war mir suspekt. War das nicht ein bisschen zu fröhlich, vielleicht ein bisschen zu viel des Guten? Ich war mir nicht sicher, was ich von Sabine Asgodom halten sollte.

Doch schon bald erlebe ich eine erste Überraschung. Bei mir zu Hause lege ich die Hör-CD „Greif nach den Sternen – von und mit Sabine Asgodom" ein. Meine Frau, die zunächst nur nebenbei ein wenig mithört, fängt plötzlich an zu lachen. Ihr gefällt, was sie hört; zunehmend interessiert verfolgt sie die Rede auf der CD. Asgodom fasziniert meine Frau – das hätte ich nicht erwartet, und mein Bild gerät erstmals ins Wanken.

Zumal auch die Fakten für sich sprechen: Sabine Asgodom ist eine der bekanntesten Manager-Trainerinnen Deutschlands. Sie coacht einflussreiche Persönlichkeiten aus Politik, Wirtschaft und Showgeschäft und tritt als Toprednerin auf Kongressen und Veranstaltungen auf. Unter der Schlagzeile „Die Trainerin der Manager" zählt die „Financial Times" sie zu den 101 wichtigsten Frauen der deutschen Wirtschaft. Der früheren Journalistin und Ressortleiterin bei „Cosmopolitan" ist es gelungen, mit zugkräftigen Themen vor allem Frauen anzusprechen und auflagenstarke Bücher zu schreiben. Hierzu zählen Bestseller wie „Eigenlob stimmt", „Die zwölf Schlüssel zur Gelassenheit" und, 2007 mehr als sechs Monate lang auf der SPIEGEL-Bestsellerliste, „Lebe wild und unersättlich".

Trotzdem. Noch immer bin ich skeptisch, etwas irritiert. Welches Geschäfts-modell steht hinter diesen Erfolgen?

Um Sabine Asgodom auf die Spur zu kommen, fahre ich zum Interview nach München. Zusammen mit meinem Kameramann komme ich bei ihrer Wohnung an, eine halbe Stunde zu früh. Ich bin so unhöflich und klingle trotzdem. Und wieder erlebe ich eine Überraschung. Anstatt ihre Assistentin vorzuschicken, die bereits im Hause ist, öffnet Sabine Asgodom selbst die Tür. Sie hat es sich nicht nehmen lassen, uns persönlich zu begrüßen – ungeschminkt, in Hausklamotten, noch nicht zurechtgemacht. Ganz selbstverständlich führt sie uns in die Bibliothek, in der sie sonst ihre Kunden zum Coaching emp-fängt. Sie bittet uns, kurz zu warten, schon einmal die Kamera aufzubauen – und kehrt dann geschminkt und schick zum Interview zurück.

Der Mut, sich selbst zu befreien

Mein Bild über Sabine Asgodom wankt nun nicht mehr – es befindet sich im freien Fall. Diese Frau redet nicht nur über Authentizität, sondern ist auch selbst authentisch. Sie gibt sich, wie sie ist, sie ist mit sich selbst im Reinen. Dieses „Mach, wonach Du Dich fühlst" steht offenbar nicht nur in ihren Büchern, es ist ihr Lebensmotto.

Ein Eindruck, den das Interview bestätigt. Sabine Asgodom schafft es, mich in ihre Welt zu ziehen und meine Zweifel vollends zu beseitigen. „Mit Men-schen arbeiten, Menschen begeistern – ich finde, wir haben den schönsten Beruf der Welt", sagt sie gegen Ende des Gesprächs, worauf ich feststelle, wie sehr sie doch von ihrer Arbeit beseelt wirke. „Ja, das bin ich", antwortet sie. „ Ich habe viel Glück in meinem Leben gehabt – aber ich glaube, dass ich mindestens genau so viel Mut bewiesen und gesagt habe: Ich will."

Den Mut, sich selbst zu befreien. Aus ihrer Zeit als junge Journalistin erzählt Sabine Asgodom folgende Anekdote: Nachdem sie ein Jahr lang kommissa-risch für eine Tageszeitung als Rathausreporterin gearbeitet hatte, fragte sie der Chefredakteur, ob sie den Job übernehmen wolle. Und sie antwortete ganz bescheiden: „Ich glaube, das kann ich nicht." Insgeheim erwartete

Porträt

sie, dass ihr Chefredakteur sagen würde: „Doch, doch, das können Sie, ich glaube an Sie!" Doch der sagte nur „Schade!" und stellte einen Mann als Rathausreporter ein. Der Kollege bekam den Titel, das Geld, die Ehre – und sie die Arbeit. „Ich brauchte damals wirklich ewig lang, um einzusehen, dass ich selbst die Sache verpatzt hatte", erinnert sie sich, „und dass dies vor allem an meiner Unfähigkeit lag, stolz auf mich selbst zu sein."

Ganz anders heute, 25 Jahre später. „Ich bin richtig gut", schreibt sie selbstbewusst in ihrem Buch „Eigenlob stimmt". „Ich begeistere mein Publikum, reiße jeden müden Kongress herum, motiviere Menschen, bringe Dinge auf den Punkt, mache Mut und verbreite Lebensfreude." Früher hätte sie sich lieber die Zunge abgebissen, als so etwas von sich selbst zu behaupten, fügt sie hinzu.

Was war geschehen? Sabine Asgodom ist aus ihrem früheren Leben ausgebrochen. Sie selbst drückt es poetischer aus: „Als Kind haben wir eine Spirale aus Papier ausgeschnitten, auf eine Stopfnadel gesetzt, die andere Seite der Nadel in einen Korken gesteckt und das Ganze auf eine Heizung gestellt", erzählt sie. Die aufsteigende Wärme bringt die Spirale in Bewegung: „Dann dreht sich das. Und so ist unser Leben. Wir kommen immer wieder an die gleiche Stelle, müssen die Dinge immer wieder durchmachen – aber wenn's geht, jedes Mal ein Stück weiter oben."

Das Wärmespiel hat Sabine Asgodom weit nach oben getragen. Wobei sie die Spirale mit Energie, Mut und Geschick selbst angestoßen hat: „Du musstest erst einmal zeigen, dass Du es kannst, dass Du durchhältst, dass Du Konstanz hast, dass Du jeden Tag gleich professionell auftreten kannst. Dann passieren die Dinge, das finde ich toll. Dann baut alles aufeinander auf, der Kreis schließt sich – und ich denke: Was ein schönes Leben." Heute vermittelt sie die Spielregeln auch anderen Menschen. Sabine Asgodom hat sich nicht nur selbst befreit, sondern lässt auch ihre Leser, Zuhörer und Kunden an diesem Erlebnis teilnehmen und davon profitieren.

Von der Journalistin zum eigenen Unternehmen

Die Journalistin, die aus ihrem Redakteursleben ausgebrochen ist – gespannt frage ich sie nach ihrem Lebensweg.

Mit 13 Jahren veröffentlicht sie ihr erstes Gedicht in der Heimatzeitung. „Von da an wusste ich: Ich möchte meinen Namen in der Zeitung lesen", erzählt sie. Einige Jahre später bewirbt sie sich bei der Deutschen Journalistenschule in München, erhält unter 800 Bewerbern einen der begehrten 30 Plätze und zieht von Niedersachsen nach Bayern. Kaum angekommen, lernt sie ihren Mann kennen, mit dem sie die folgenden 30 Jahre zusammen sein wird. Nach der Ausbildung an der Journalistenschule arbeitet sie sechs Jahre bei der Tageszeitung „TZ". Sie ist gewerkschaftlich engagiert und wird Betriebsrätin. „In dieser Zeit habe ich kämpfen gelernt", meint sie rückblickend. „Ich hab mich damals mit allen angelegt."

Mit 27 Jahren bekommt sie ihr erstes, mit 29 ihr zweites Kind. Es folgen schwierige Jahre – Arbeitslosigkeit, ABM-Stelle, Sekretärinnen-Job. Der Wiedereinstieg in den Journalismus gelingt ihr mit einem Artikel über Eifersuchtsverhalten unter Kindern, den sie an die Zeitschrift „Eltern" schickt. Fünf Jahre lang schreibt sie als Redakteurin für dieses Magazin, trifft anregende Interviewpartner, von denen sie viel lernt. Von Alice Miller besonders, mit der sie über längere Zeit Kontakt hat. „Man kann sagen, das war meine Trainerausbildung", meint sie heute.

1990, mit 36 Jahren, übernimmt sie die Leitung des Ressorts „Karriere" beim Frauenmagazin „Cosmopolitan". Ein Traumjob, nicht nur inhaltlich. Eine Vier-Tage-Woche gibt ihr die Chance, Neues auszuprobieren. Gleich im ersten Jahr stolpert sie über den Begriff „Balancing" und spürt das Potenzial, das in diesem Thema steckt. Sie macht daraus ihr erstes Buch, das 1991 unter dem Titel „Balancing – Beruf und Privatleben im Gleichgewicht" erscheint. Das erste Buch in Deutschland über Work-Life-Balance, das als Longseller immer noch verlegt wird.

Ein neuer Lebensabschnitt beginnt. Aus der Journalistin, die über andere Menschen schreibt, wird die Autorin, die selbst etwas zu sagen hat: „Als

Porträt

Journalistin hatte ich das geschrieben, was andere sagen. Jetzt fing ich an, mit meinen eigenen Ansichten nach draußen zu gehen. Das war der große Unterschied." Sie schreibt weitere Bücher (21 bis jetzt), wird bekannt, hält Vorträge – und bekommt hierüber ihre ersten Trainingsaufträge.

„In dieser Zeit habe ich angefangen, mich ernsthaft zu mögen", erinnert sich Sabine Asgodom. Dies sei vorher nicht so gewesen, da habe sie mit Gewichtsproblemen gekämpft und ständig in der Angst gelebt, ihr Mann würde sie für eine schönere Frau verlassen. „Mit 38 habe ich mir dann gesagt: Ich bin erfolgreich, bin nett verheiratet, habe zwei zauberhafte Kinder. Warum muss ich auch noch aussehen wie Claudia Schiffer? Die Antwort war: muss ich gar nicht." Eine Erkenntnis, die nicht vom Himmel fiel, sondern aus einem langen Ringen um Selbstbewusstsein hervorgegangen war, „durch Erfahrungen, Therapien, Gespräche – durch Menschen, die einem geschickt werden".

Stück für Stück baut sich Sabine Asgodom neben ihrem Hauptjob als Cosmopolitan-Redakteurin ein neues Leben auf. Bescheiden fängt sie an: Das erste Seminar hält sie vor frustrierten Ehefrauen an der Volkshochschule Puchheim-Bahnhof, einem Vorort von München. So lernt sie, worauf es ankommt, gewinnt Sicherheit und Spaß an der Sache. Sie fängt an, Vorträge über ihre Buchthemen zu halten. Und bekommt mehr und mehr das Gefühl, dass „etwas passieren muss in meinem Leben, dass ich raus muss aus dieser 100.000-fach zitierten Komfortzone". Sie will auf die Bühne, ins Fernsehen, zu den Talkshows: „Ich muss es tun, um zu wissen, ob es meins ist", schildert sie ihr damaliges Gefühl. „Ich muss es riskieren, ich muss mich da reinstürzen, ich muss tausend Tode sterben. Ich muss auf diese Bühne. Nur dann weiß ich hinterher: Ja, das ist es. Ja, ich möchte mehr davon! Da muss ich durch."

Bald weiß sie: Die Bühne ist ihr Ding. Es geht aufwärts. Sieben Jahre behält sie noch ihre Redakteursstelle, dann sind die Kinder 16 und 18 Jahre alt, und sie wagt den Sprung in die Selbstständigkeit. 1999 gründete sie in München ihr eigenes Unternehmen „Asgodom Live. Training. Coaching. Potenzialentwicklung".

Nicht einen Augenblick muss Sabine Asgodom an Kaltakquise denken – die Kunden kommen von selbst. „Aus jedem Auftrag entsteht mindestens ein neuer", erzählt sie. Auf der einen Seite läuft das Rednergeschäft immer besser: „Große Hallen, 1.400 Leute. Da bin ich richtig bei mir", schwärmt sie. „Es macht Spaß, wenn die Menschen Dir zuhören, wie sie lachen und toben. Da fühle ich mich auf so einer Bühne total glücklich und eins mit dieser Welt. Was für ein Geschenk!" Ebenso gut entwickelt sich auf der anderen Seite das Einzelcoaching. Mit Erstaunen stellt sie fest: Je weiter sie das Honorar erhöht, desto mehr Aufträge bekommt sie. „Je teurer ich werde, umso mehr Spaß macht mir meine Arbeit – weil die Klienten spannender werden, mit denen ich arbeite."

Eine gute Mischung

Und woher kommt dieser Erfolg? „Ich bin eben nicht diese Gazelle mit dem blonden Pferdeschwanz, wie man sie so kennt", überlegt Sabine Asgodom. „Ich bin fleißig, suche immer neue Themen, weiß, was gerade Trend ist und was die Menschen beschäftigt." Und: „Wir zicken nicht herum, ich bin keine Diva. Unser Büro ist bekannt dafür, dass alles pünktlich geliefert wird." Für entscheidend hält sie eine gute Mischung aus Authentizität und Professionalität: „Nur ich – ich mit meinen Werten, meinen Erlebnissen, meinen Erfahrungen, das reicht nicht", ebenso wichtig seien klare Ziele, strategisches Denken, Gelassenheit, Techniken und Methoden.

Auf geschickte Weise kombiniert Sabine Asgodom zweierlei: zum einen die journalistische Basis. Als Journalistin hat sie gelernt, Themen zu entdecken, auf den Punkt zu bringen und zu besetzen. Beispiele sind die Work Life Balance, ihr erstes Buch, dann das Thema „Selbst-PR", ein Begriff, den sie selbst erfunden hat. Sie hat ein Gespür dafür, Themen aus dem Leben zu greifen – zu entdecken, was Menschen bewegt. Während die meisten Referenten zehn Minuten vor ihrem Auftritt anreisen, den Vortrag halten und wieder verschwinden, ist Sabine Asgodom stets vor der ersten Kaffeepause da und bleibt auch anschließend noch eine Weile. Sie beobachtet, erzählt und hört zu. „Da bekommst Du Geschichten geschenkt, kostenlos und ohne

Porträt

Ende", verrät sie. Die Nase im Wind, das Ohr an den Menschen, hören, was diese sagen – das ist die Journalistin Sabine Asgodom.

Zum anderen vermittelt Sabine Asgodom ihren Zuhörern, Lesern und Kunden ein Stück von sich selbst. Sie lässt sie teilhaben an ihrer Geschichte – wie sie aus ihrem früheren Leben ausgebrochen ist, ihre Selbstzweifel überwunden hat, wie sie den Mut hatte, die Komfortzone zu verlassen und mit eigenen Ideen ein neues Leben zu begründen. Danach gefragt, was einen guten Trainer oder guten Coach ausmacht, sagt sie: „Er braucht ein Thema, eine Mission, in dem Sinn, dass er sich fragt: Was glaube ich, was in dieser Welt besser sein müsste? Und was kann ich, was diese Welt ein Stückchen besser macht?"

Sabine Asgodom hat ihre Antwort gefunden: Ihre Mission ist die Selbstbefreiung.

Erfolgsfaktor 6: Kraftvoll sein

Was den Erfolg ausmacht ...

▶ Sie wissen, wie voll Ihr Krafttank aktuell ist und womit Sie ihn am besten füllen.

▶ Sie können Energielecks schnell entlarven und flicken.

▶ Sie tanken körperlich, geistig und seelisch auf – als Teil Ihres Alltags.

Deutschlands Trainer schätzen laut der Studie „Was Deutschlands Trainer bewegt", dass sie im Schnitt 25 Prozent mehr Kraft und Energie zur Verfügung hätten, wenn sie allein ihre zwei vordringlichsten Probleme gelöst hätten. Ein erstaunlich hoher Anteil, wie ich finde. Und ein riesiges Potenzial an vorhandenen Energien, die viel sinnvoller eingesetzt werden könnten, wenn denn nur die „Energie-Fresser" überwunden sind. Wie schätzen Sie Ihre Energie ein?

Schätzen Sie Ihre Energie ein

Einstiegstest: Wie steht es um Ihre Kraft?

Schätzen Sie Ihr aktuelles Kraft-Level auf einer Skala von 1 bis 10:
(1 = keine Kraft, 10 = volle Energie)

1
keine Kraft

10
volle Energie

Woran merken Sie, dass Sie auf diesem Punkt der Skala sind?
Beispiel: *„Morgens fühle ich mich immer erholt, aber schon mittags
baue ich schnell ab, und abends kann ich mich noch nicht mal mehr
zum Spaziergang aufraffen."*

▶ ___

Woran würden Sie merken, dass Sie zwei Punkte höher sind?
Beispiel: *„Nach der Arbeit bin ich noch kreativ und habe Lust, etwas
zu unternehmen. Auch nach anstrengenden Beratungstagen fühle ich
mich schon nach kurzer Erholungspause wieder fit."*

▶ ___

Was müssten Sie Ihrer Meinung nach tun, um das zu erreichen?
Beispiel: *„Mindestens alle 14 Tage einen Erholungstag einplanen,
an dem ich nur das tue, wozu ich in dem Moment gerade Lust
habe. Konsequent meine täglichen Pausen einhalten und alle zwei
Tage bewegen (Sport, Spaziergang)."*

▶ ___

Bei welchem Wert liegt Ihr Wohlfühl- und/oder Wunschziel?

▶ ___

*20-25 Prozent mehr
an Energie sind
schnell erreicht!*

20 bis 25 Prozent mehr Energie sind schnell erreicht. Das wäre mehr
Energie für einen Tag in der Woche, eine Woche im Monat oder gar drei
Monate im Jahr! Stellen Sie sich vor, Sie könnten auch diese Zeit mit
Kraft, Freude und im Flow-Zustand verbringen!

Wer wünscht sich nicht, seinen ausgewogenen, individuellen Lebensstil zu finden, mit ausreichend Raum für Beruf *und* Privates, voller
Energie, Gesundheit und Lebensfreude. Doch ist das mit den täglichen
Trainer-Herausforderungen überhaupt möglich? Die Trainer sind selbst
ihr wichtigstes Kapital – aber sorgen sie entsprechend für sich, für den
notwendigen Ausgleich und Entspannung, für Bewegung und Gesundheit? Erfolgreiche Trainerpersönlichkeiten beweisen: Es ist möglich!

Das Gros der Trainer erkennt allerdings meist erst (zu) spät, welche Bedeutung der achtsame Umgang mit sich selbst hat: wenn ihnen der Körper die „rote Karte" zeigt. Denn sobald der Körper streikt und der Trainer ausfällt, bleiben die Einnahmen aus. Ist er körperlich nicht fit, leiden zwangsläufig Leistungsfähigkeit und Qualität – und Ängste, kreisende Gedanken sowie Fremdbestimmung erhalten eine breitere Angriffsfläche.

Fakten: Wie kraftvoll sind Deutschlands Trainer?

Die genannte Studie zeigt: 35 Prozent der Trainer planen keine festen Freiräume für Bewegung, Entspannung und gesunde Ernährung ein – obwohl die beruflichen Strapazen genau das erfordern. Beinahe jeder dritte Trainer hat das Gefühl, nicht genügend Zeit und Muße für Dinge zu haben, die ihm neben der Arbeit wichtig sind. Und sogar jeder zweite kürzt regelmäßig seinen Urlaub für die Arbeit oder plant ihn nur kurzfristig, was letztlich oft nichts anderes bedeutet.

Jeder dritte Trainer plant keine entlastenden Freiräume für sich ein

Da verwundert es kaum, dass bei 40 Prozent Durchhänger nach Feierabend und Energielosigkeit am Morgen zum Alltag gehören. Einem Drittel der befragten Trainer macht das Reisen und der unregelmäßige Arbeitsrhythmus zu schaffen. In besonders stressigen Zeiten, wenn die Aufträge boomen, halten 80 Prozent zwar gut durch und fühlen sich sogar besonders kraftvoll, aber sobald der Adrenalinpegel sinkt und Entspannung eintreten sollte, tritt der Körper auf die Bremse. Typische Symptome sind dann die Erkältung zu Urlaubsbeginn, andauernde Energie- und Motivationslosigkeit oder gar ernsthaftere Erkrankungen.

Auf ihrer Prioritätenliste, so wird ganz deutlich, verbannen Trainer sich selbst, ihre psychische wie physische Gesundheit, oft weit nach unten – nach dem Motto: „Wenn noch Zeit bleibt, dann gönne ich mir auch mal Ruhe." Diese Zeit bleibt allerdings viel zu selten, wenn man sie sich nicht aktiv nimmt, und zwar als feste Termine im Kalender: für den Tag, für die Woche, für den Monat, für das Jahr.

Erkennen Sie sich wieder? Wollen Sie Ihren Energie-Level erhöhen oder zumindest konstant halten? Dann ist dringend Umdenken und Umlen-

Welcher Kraft-Cocktail Ihnen guttut, können Sie nur selber herausfinden

ken angesagt. Leider gibt es kein Patentrezept, wie Sie Ihre Leistungsfähigkeit dauerhaft steigern oder konstant halten. Denn jeder braucht dazu etwas anderes: Der eine tankt auf, indem er nach dem Seminar mit Freunden ausgeht, der andere braucht seinen Rückzug in der Meditation, beim Dritten ist die Laufeinheit ein Muss. Und doch benötigt vermutlich jeder ein wenig von allen drei Kraftquellen – wobei sich die Anteile an Sozialleben, Ruhe und Bewegung erfahrungsgemäß je nach Situation und Lebensphase verändern. Entsprechend kann Ihnen niemand sagen, welcher Kraft-Cocktail Ihnen guttut, das können Sie nur selbst herausfinden (oder sich gegebenenfalls von einem Coach unterstützen lassen). Entsprechend erhalten Sie hier auch keine Zeit- oder Trainingspläne, sondern die Grundregeln und die wesentliche Zutaten, damit Sie Ihren eigenen Energie-Cocktail mischen können.

Um in den Genuss Ihrer vollen Kraft zu kommen, müssen Sie diesem Thema die nötige Aufmerksamkeit widmen – und die Verantwortung für Ihren Energiezustand übernehmen. Stöhnen Sie gerade bei dem Gedanken, die eigenen Bedürfnisse über die Arbeit zu stellen? Dann sind Sie in guter Gesellschaft, denn so geht es den meisten unseres Berufs. Meine Einladung: Lesen Sie die Sicht- und Lebensweisen erfolgreicher Trainer, das motiviert!

Mehr auf den eigenen Kräftehaushalt zu achten bedeutet auch immer eine Veränderung der Gewohnheiten. Doch das Gesetz der Homöostase, also der Selbstregulierung des Körpers, um einen stabilen Zustand zu erhalten, wirkt gegen jede grundlegende Veränderung. Wie Sie diesen Widerständen Paroli bieten und Ihre neuen Vorhaben erfolgreich im Alltag etablieren, erfahren Sie ab Seite 273.

Kraft und Gesundheit: Die Säulen Ihres Trainerdaseins

Das Gebäude Ihres Trainerdaseins macht es deutlich: Nur mit der nötigen Energie, Kraft und Gesundheit sind Sie in der Lage, Ihre Visionen und Ziele mit Freude und Leichtigkeit zu erreichen und Ihre Unternehmen voranzubringen. Ihre Energie und Gesundheit fußt dabei auf vier Säulen Ihrer Person:

240

- ▶ Die körperliche Ebene (Bewegung, Ruhe, Ernährung)
- ▶ Die geistige Ebene (Informationsaufnahme, Lesen, Schreiben, Diskutieren, Gedankenhygiene)
- ▶ Die seelische Ebene (Selbstentwicklung, Innenschau, Meditation, Affirmation)
- ▶ Die Herzensebene (Beziehungen zu anderen, Ausdruck von Gefühlen, Hingabe, Bedürftigen helfen)

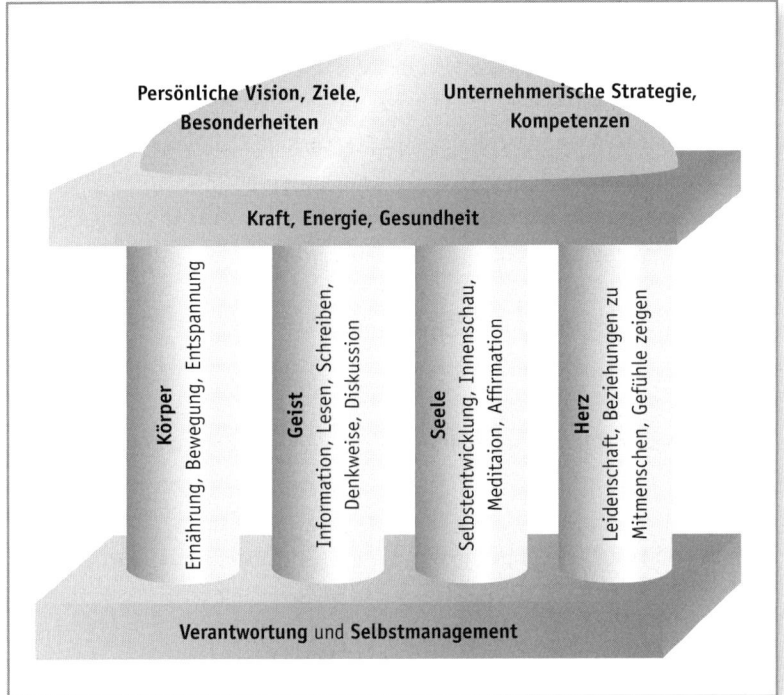

Abb.: Die Säulen Ihres Trainerdaseins.

Alle diese Säulen wollen erhalten bleiben und brauchen ein Mindestmaß an „Nahrung". Sicher ist es nur allzu realistisch, dass mal die eine, mal die andere Ebene mehr Beachtung erhält. Entscheidend ist aber, dass Sie prinzipiell alle vier Tragelemente in Ihrer alltäglichen Planung berücksichtigen und keines dauerhaft Schaden nimmt. Haben Sie dies im Fokus, werden Sie selbst ein Gespür dafür entwickeln, welche Dosis an Nahrung Sie für welchen Bereich benötigen.

Berücksichtigen Sie prinzipiell alle vier Säulen in Ihrer Tagesplanung

Kurzum: Wenn Sie im Alltag darauf achten, diese Säulen zu stärken und gesund zu erhalten, werden Sie Ihr volles Kraftpotenzial erreichen können. Genau das liegt in Ihrer täglichen Verantwortung als selbstständiger Trainer und ist eine Frage des eigenen Managements. Wie Sie diese Säulen gesund und stark halten, erfahren Sie in diesem Kapitel, konkrete Anregungen und Hilfen zum Thema Selbstmanagement erhalten Sie in dem Abschnitt *Beständig sein* ab Seite 277.

Denken Sie daran, Regenerationen einzubauen

Natürlich werden Sie im Traineralltag nicht ständig vor Kraft und Energie strotzen. Schließlich sind die Belastungen oft so hoch, dass wir den eigenen Krafttank auch mal auf Reserve fahren (müssen). Achten Sie jedoch unbedingt darauf, auch im hektischen Alltag kleine Kraftquellen oder direkt nach dem Mammutprojekt längere Einheiten der Regeneration einzubauen. So verhindern Sie, dass Ihr Körper Sie schachmatt legt und Ihnen eine Zwangspause verordnet.

Hier das Rezept für Ihren Kraft-Cocktail:

Ihre Energie-Tankstellen (Seite 244)	*Leckere Zutaten und ihre Wirkungen kennen*
Was raubt Ihnen Energie? (Seite 247)	*Schädliches gründlich abbürsten*
Wie erkennen Sie Ihren Energie-Level? (Seite 250)	*Dosierung messen und regelmäßig überprüfen*
Essen (Seite 255) Bewegen (Seite 260) Entspannen (Seite 266)	*Bitte im richtigen Maß hinzufügen und gut mixen!*
Noch mehr Futter ... für Geist, Herz, Seele (Seite 271)	*Fein abschmecken*
Was brauchen Sie? (Seite 273)	*... und genießen!*

242

O-Ton

Dr. Marco Freiherr von Münchhausen über Kraft im Traineralltag.

„Das klingt immer so toll, mit voller Kraft ... Es gibt Zeiten, da bin ich voll in meiner Kraft, und es gibt Zeiten, da bin ich überhaupt nicht in meiner Kraft. Ich nenne das die Brachlandzeiten, und es gehört dazu, diese einfach zu akzeptieren. So wie im Winter ein Ackerboden brach liegt, um dann im Frühjahr neu bestellt zu werden, müssen wir Menschen akzeptieren, dass es auch Phasen gibt, in denen wir wenig Energie haben, in denen Zweifel da sind, wir vielleicht mit uns selber hadern – und dann gibt es auch wieder Zeiten, in denen wir richtig erfolgreich sind.

Wie ich meine Kraft aufrecht erhalte? Ich bin jemand, der jeden Tag läuft. Ich meditiere viel, ich nehme immer wieder Auszeiten, in denen ich mich komplett abschirme und ganz alleine bin, um dann intensiv zu schreiben. Ich höre viel Musik. Ich habe also bestimmte Quellen, die mich innerlich nähren. Ich schaue, dass ich sehr viel für meine innere Verfassung tue, die mir letztlich wichtiger ist als das, was außen drum herum ist. Was nicht heißt, dass ich ein schönes Hotel, gutes Essen und ein schickes Auto nicht genießen kann. Aber der entscheidende Dreh- und Angelpunkt ist innen.“

Ihre Energie-Tankstellen

Was gibt Ihnen Energie? Häufig sind uns unsere kleinen und größeren Energie-Tankstellen nicht bewusst, und wenn wir „ausgepowert" sind, erinnern wir uns erst recht nicht daran, was zu tun ist, damit wir uns wieder besser fühlen. Dabei kann es oft ganz einfach sein, wieder zu sich und seinen Kräften zu finden: eine heiße Dusche, drei Minuten lang die Vögel in den Bäumen beobachten oder die Jogging-Einheit (selbst wenn die Couch gerade so verlockend ruft!).

Was sind Ihre effektivsten Kraftspender? Listen Sie Ihre effektivsten Kraftspender am besten gleich auf. Nennen Sie jeweils fünf bis sieben Energiequellen, die Sie schnell zwischendurch anzapfen können, und solche, die etwas mehr Zeit und/oder Planung bedürfen.

Schnelle Energiespender

▶ *Atemübung an frischer Luft*
▶ *Kurzes Telefonat mit einem guten Freund*
▶ *Lachen*
▶ ...
▶ ...
▶ ...
▶ ...

Große Energiequellen

▶ *Urlaub, z.B. ...*
▶ *Zeit „nur für mich" (2-3 Std. oder ein ganzer Tag)*
▶ *Regelmäßig Salsa tanzen*
▶ ...
▶ ...
▶ ...
▶ ...

 244

Mögliche Kraftspender

	Innerlich (nicht sicht- oder messbar)	Äußerlich (sicht- oder messbar)
Individuell „Ich"	**Wer bin ich?** **Was will ich?** ▶ Erfüllte Werte, mich verwirklichen ▶ Freude, Glücksgefühle ▶ Entspannung bei Musik ▶ Schöne Momente, im Hier und Jetzt sein ▶ Zeit für mich, Nichtstun ▶ Gelassenheit und Frieden spüren ▶ Kreativ sein, malen, tanzen ▶ Spiritualität ▶ Im Erleben sein, Flow erleben ▶ Lust und Leidenschaft ▶ Abenteuer, Abwechslung ▶ Erfolgserlebnisse, feiern ▶ Spaß haben, (über mich selber) lachen	**Wie wirke ich?** **Wie verhalte ich mich?** ▶ Gesundes und leckeres Essen ▶ Eine Tasse leckeren Tee ▶ Ins Bett kuscheln ▶ Schlafen ▶ Baden, Körperpflege, Massage ▶ Zum Frisör gehen ▶ Ein gutes Buch lesen ▶ Ein Seminar besuchen ▶ Erfahrungen austauschen ▶ Spazieren gehen ▶ Joggen, Schwimmen, Squash, Golf ... ▶ Yoga, Meditation, Entspannung ▶ Tanzen gehen, flirten
Kollektiv „Wir"	**Wie soll das Miteinander sein?** ▶ Ein gutes Gespräch mit Freunden ▶ Bedürftigen Menschen helfen ▶ Kunst und Kultur erleben ▶ Sex und Leidenschaft ▶ Ein romantischer Abend ▶ Geborgenheit spüren ▶ Mit Kindern spielen ▶ Liebe ▶ Unterstützung anderer spüren ▶ Frieden erleben oder schaffen ▶ Harmonische Beziehungen ▶ Erleben von Gruppenzugehörigkeit ▶ Mit anderen lachen ▶ Gemeinsame Erlebnisse	**Wie lebe und arbeite ich?** ▶ Schöne Musik in Trainingspausen/ auf Reisen ▶ Ein angenehmes Büro ▶ Naturspaziergang in der Mittagspause ▶ Das Familienleben ▶ Das wohlige Zuhause ▶ Ordnung ▶ Wellnesshotel mit eingeplanter Saunazeit ▶ Etwas bewegen, verändern ▶ Anerkennung, Feedback einholen ▶ Das Gefühl der Sicherheit ▶ Passende Arbeitsumgebung ▶ Dinge, an denen ich mich täglich erfreue: frische Blumen, ein schönes Schreibset ...

O-Ton

Nicola Fritze über ihre Kraft-Tankstellen.

„Zum einen schöpfe ich sehr viel Energie, wenn ich positives Feedback von meinen Kunden bzw. Seminarteilnehmern bekomme. Das ist wohl das Energie-Elixir eines jeden Trainers.
Zum anderen: Joggen, Yoga und Meditation. Meine Yogamatte ist immer in meinem Koffer. Für mich ist der körperliche Ausgleich sehr wichtig. Ich habe in meinem Büro einen Rebounder(eine besondere Art Mini-Trampolin), auf dem ich hüpfe, um wieder Energie und Ideen zu bekommen. Und im Wohnzimmer steht mein Spinning-Rad. Dazu gönne ich mir seit einiger Zeit regelmäßig Massagen und auch Akupunktur – und ich genieße es sehr, mir das zu gönnen. Das ist wichtig. Nach dem Motto: ‚Ich habe es mir auch verdient.'

Eine weitere wichtige Unterstützung ist der Austausch mit meinen Netzwerkpartnern und unsere Supervisionen. Was noch? Volle Kraft, dauerhaft ... O ja, ich habe noch eine schöne Schatztruhe und einen ganz besonderen E-Mail-Ordner. Die Schatztruhe ist voll mit wunderbaren Karten und Briefen von meinen Kunden. Also positive Feedbacks, Danksagungen, Glückwünsche usw. Und die E-Mails dieser Art sammele ich in meinem E-Mail-Ordner. Das sind ganz wundervolle Energiequellen für zwischendurch. Einfach in die Schatztruhe greifen oder eine beliebige Mail anklicken, lesen und auftanken."

Was raubt Ihnen Energie?

Jetzt wird es spannend – denn jeder hat unzählige heimliche und unheimliche Energiesauger in seinem Alltag. Das kann die hakende PC-Maus sein, ein seit Monaten fälliger Anruf bei einem Freund oder Kunden, die Buchhaltung, das Bürochaos oder die vernachlässigte Akquise, die neben dem schlechten Gewissen noch abnehmende Aufträge beschert. Bei Energieräubern kann es sich aber auch um Details handeln, die als Einzelnes vielleicht nicht der Rede wert sind. In der Summe und Häufigkeit, in der sie stören, können sie aber einen beträchtlichen Teil unserer Energie beanspruchen. Dabei sind viele von uns Profis im Durchhalten – insbesondere, wenn es darum geht, diese „nervigen Angelegenheiten" nicht zu ändern. Und so verbraucht sich nach und nach unsere Energie, die wir eigentlich für wirklich wichtige Dinge benötigten.

Was raubt Ihnen Energie? Betrachten Sie einmal die vergangene Woche, dann den vergangenen Monat. (Am besten nehmen Sie sich gleich einige Blätter, denn häufig wird die Liste lang.)

Nehmen Sie sich vor, jede Woche zwei kleine Dinge und alle zwei Wochen einen aufwendigeren Energieräuber zu eliminieren. Welche sind bei Ihnen als Erstes dran?

*Energieräuber
konstant angehen*

Eliminieren Sie Ihre Energieräuber

Woche 1:   1. kleine Angelegenheit: ___
            2. kleine Angelegenheit: ___

            1. größere Angelegenheit: ___

Woche 2:   3. kleine Angelegenheit: ____
             4. kleine Angelegenheit: ____

Woche 3:   5. kleine Angelegenheit: ____
             6. kleine Angelegenheit: ____

             2. größere Angelegenheit: ____

Woche 4:   7. kleine Angelegenheit: ____
             8. kleine Angelegenheit: ____

Woche 5:   9. kleine Angelegenheit: ____
             10. kleine Angelegenheit: ____

             3. größere Angelegenheit: ____

...

Was meinen Sie, wie viel mehr Energie Ihnen nach acht Wochen zur Verfügung stehen wird? Nutzen Sie wieder die Skala von 1-10 (1 = keine Kraft, 10 = volle Energie), und orientieren Sie sich an den eingangs definierten Kriterien.

Ihre Schätzung: ____

Tragen Sie Ihre Schätzung in Ihren Kalender ein und überprüfen Sie sie wöchentlich.

Mögliche Energieräuber

	Innerlich (nicht sicht- oder messbar)	**Äußerlich** (sicht- oder messbar)
Individuell „Ich"	**Wer bin ich?** **Was will ich?** ▶ Negative Emotionen wie Wut, Ärger, Angst, Überwindung ▶ Unsicherheit ▶ Schlechtes Gewissen ▶ Nicht erreichte Ziele oder Ziellosigkeit ▶ Unerfüllte Werte ▶ Langeweile, Überforderung ▶ Allgemeine Unlust ▶ Innere Konflikte oder Anspannung ▶ Nicht bei mir sein ▶ Gefühl der Fremdbestimmung ▶ Mangelnde Selbstliebe/-achtung	**Wie wirke ich?** **Wie verhalte ich mich?** ▶ Körperliche Beschwerden ▶ Zu wenig/zu viel/das falsche Essen ▶ Zu wenig Wasser trinken ▶ Körperliche Anspannung ▶ Zu viel/zu wenig Bewegung ▶ Aggressives Verhalten gegenüber anderen ▶ Unwissenheit in Bezug auf ... – Mangelnde Erfahrung – Über-/Untergewicht – Gewohnheiten und Abhängigkeiten (Rauchen, Trinken)
Kollektiv „Wir"	**Wie soll das Miteinander sein?** ▶ Fremdbestimmung ▶ Seelische Abhängigkeiten ▶ Mangelnde Unterstützung ▶ Ausstehende Aussprachen ▶ Stress oder Konflikte in der Familie/Partnerschaft/mit Kollegen/Kunden ▶ Einsamkeit ▶ Hohe Erwartungen anderer ▶ Mangelnde Anerkennung, Missachtung ▶ Unberücksichtigte soziale Aspekte	**Wie lebe und arbeite ich?** ▶ Unerledigte Dinge ▶ Wenig Zeit für das Wesentliche ▶ Schlechtes Zeit- und Selbstmanagement ▶ Umfeld mit wenig oder negativer Energie ▶ Einschränkende Regeln, Vorschriften ▶ Unliebsame oder uneffiziente Strukturen/Prozesse ▶ Unordnung zu Hause/im Büro ▶ Nachteilige Arbeitsumgebung ▶ Mangelnde Infrastruktur ▶ Finanzielle Probleme

Wie erkennen Sie Ihren Energie-Level?

Damit Ihnen ein unangenehmes Erwachen (in Form von Migräneanfall, fiebriger Erkältung oder Schwächeanfall während des Vortrags) erspart bleibt, sollten Sie bereits die kleineren Warnsignale Ihres Körpers und Ihres Umfelds wahrnehmen. Die signalisieren Ihnen nämlich frühzeitig, wenn sich Ihr Energie-Level senkt und Sie wieder nachladen sollten. Schärfen Sie den Blick für sich selber – so können Sie schnell reagieren.

Woran erkennen Sie bei sich, dass die Energie nachlässt?

	Innerlich (nicht sicht- oder messbar)	**Äußerlich** (sicht- oder messbar)
Individuell „Ich"	**Wer bin ich?** **Was will ich?** ▶ ▶ ▶ ▶ ▶	**Wie wirke ich?** **Wie verhalte ich mich?** ▶ ▶ ▶ ▶ ▶
Kollektiv „Wir"	**Wie soll das Miteinander sein?** ▶ ▶ ▶ ▶ ▶	**Wie lebe und arbeite ich?** ▶ ▶ ▶ ▶ ▶

Häufige Merkmale sinkender Energie

	Innerlich (nicht sicht- oder messbar)	Äußerlich (sicht- oder messbar)
Individuell „Ich"	**Wer bin ich?** **Was will ich?** ▶ Verringerte Aufmerksamkeit ▶ Konzentrationsschwäche ▶ Vergesslichkeit (Namen, Absprachen) ▶ Fokussierung, z.B. Meditation, fällt schwer ▶ Nicht mehr abschalten können ▶ Verminderte Wahrnehmung ▶ Demotivation, Antriebsschwäche ▶ Weniger Ausgeglichenheit ▶ Gereiztheit, unerwartete/heftige Gefühlsausbrüche, Gefühllosigkeit ▶ Stärkere Ich-Bezogenheit ▶ Kreisende Gedanken, innere Unruhe ▶ Stressanfälligkeit ▶ Erhöhtes Gefühl der Machtlosigkeit ▶ Innere Unzufriedenheit	**Wie wirke ich?** **Wie verhalte ich mich?** ▶ Anfälligkeit für Krankheiten ▶ Morgens kaum aus dem Bett kommen ▶ Auffallende Gewichtszunahme/-abnahme ▶ Essgelüste/Appetitlosigkeit ▶ Körperlich schlapp oder weniger fit ▶ Empfindlicher auf Kälte/Wärme reagieren ▶ Energielosigkeit ▶ Ungesunde Gesichtsfarbe, Augenringe ▶ Lichtempfindlichkeit ▶ Körperliche Verspannungen ▶ Verminderte Reaktionsfähigkeit, Sachen fallen herunter ▶ Subjektive Selbsteinschätzung per Kraftskala (siehe Seite 237) ▶ Erhöhter Blutdruck, erhöhter Cholesterinspiegel, Stress-Level, Zitterigkeit ▶ Alte Gewohnheiten/Verhaltensweisen schleichen sich ein
Kollektiv „Wir"	**Wie soll das Miteinander sein?** ▶ Beziehungsprobleme ▶ Höheres Konfliktpotenzial ▶ Disharmonie ▶ Gefühl des Getrenntseins von anderen ▶ Fehlendes Mitgefühl ▶ Verstärkter Unmut anderer ▶ Oberflächlichere Beziehungen/Gespräche	**Wie lebe und arbeite ich?** ▶ Negatives Feedback von anderen zu Aussehen, Aufmerksamkeit, Konzentration etc. ▶ Chaos auf dem Schreibtisch, im Terminkalender, sich stapelnde Wäsche ▶ Wichtige Dinge bleiben liegen ▶ Sich häufende Kundenbeschwerden ▶ Schlechtere Teilnehmer-Feedbacks

Alle Lebensbereiche im Lot?

Zwei Signalgeber Es dauert nur wenige Minuten, und Sie sind punkto Energie auf der sicheren Seite – indem Sie zwei Signalgeber in Ihre Alltagsplanung einbauen:

Wöchentlich

▶ Überprüfen Sie Ihren Energiestand anhand der eingangs verwendeten Energieskala von 1-10.

Alle drei Monate

▶ Füllen Sie das folgende Rad aus. Das Prinzip entspricht dem Werterad aus dem ersten Kapitel – diesmal ist es detaillierter, so dass möglichst alle Aspekte Ihres Lebens erscheinen. Sie können die einzelnen Aspekte für sich anpassen. Wie erfüllt sind die jeweiligen Bereiche?

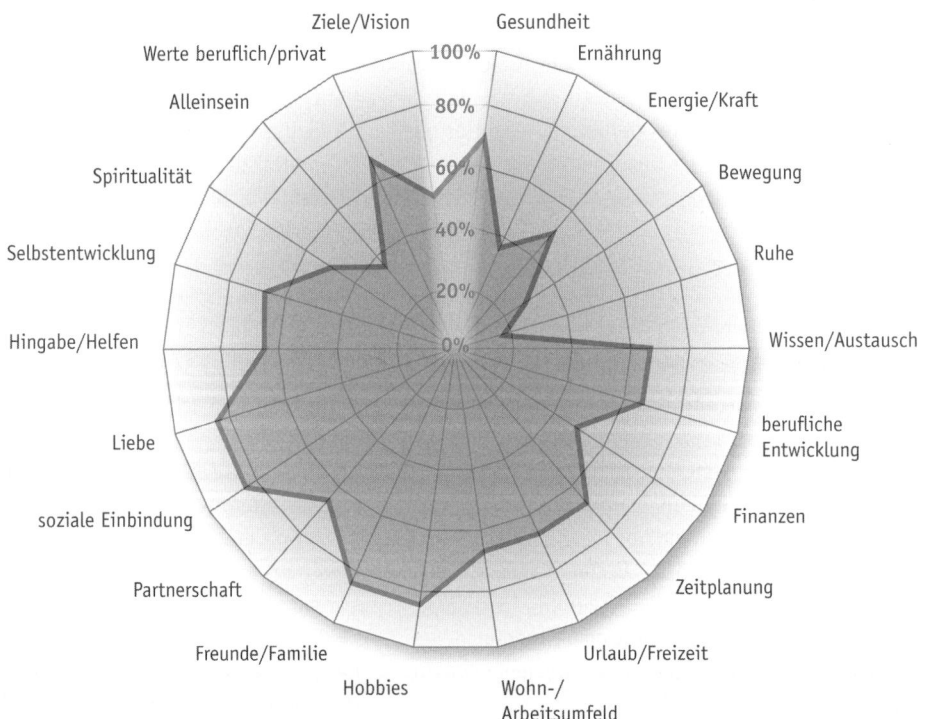

Stellen Sie sich vor, Sie wollen einen Reifen (den von Ihrem Fahrrad oder einen Hula-Hoop-Reifen) über das Pflaster rollen. Ist er ebenmäßig rund, läuft er wunderbar leicht. Kurz angestoßen, legt er ohne Mühe so einige Meter zurück. Wenn Sie die Felge Ihres Fahrrads in der Luft halten und anstoßen, lässt die ausgewogene Schwungmasse das Rad drehen und drehen ... Aber wehe, Sie haben eine „Acht", eine Beule oder einen Klumpen Dreck an einer Stelle! Das ist wie Fahren mit angezogener Handbremse. Und genau so fühlen sich viele Trainer in ihrem Alltag: Hakt es bei einigen Aspekten, verlieren sie an Schwung, das Vorankommen kostet mehr Energie, es lahmt.

Die Darstellung des Rads schafft Ihnen die nötige Klarheit: Dort, wo die größten „Beulen" sind, befindet sich oft auch der wichtigste Hebel, um Ihre Situation zu optimieren und neuen Schwung zu erlangen.

Suchen Sie nach den großen „Beulen"

Zielführende Fragen

An welchen Stellen sind die gravierendsten „Einbuchtungen"?

Wo ist Ihr wichtigster Energie-Hebel?

Was müssten Sie nun am dringendsten angehen?

Wie wollen Sie das machen?

Welche ersten drei Schritte werden Sie unternehmen?

1. ...

2. ...

3. ...

O-Ton

Vernetzungsspezialistin Sabine Piarry über das Kraftschöpfen.

*„... Mit Liebe und Dankbarkeit. Das mag im Beruf für viele
fremd sein, aber ich bin dankbar für sämtliche Geschäftsbeziehungen. Ich pflege einen sehr wertschätzenden Umgang mit
allen, besonders mit meinem Team, das für die Regionalgruppen verantwortlich ist. Persönliche Kontakte sind mir wichtig, und daraus schöpfe ich große Kraft. Ob ich manchmal als
Person zu kurz komme? Überhaupt nicht. Ich achte strikt darauf, habe meine persönlichen
Zeiten. Ich mache jeden Morgen mein Yoga, mache genügend Pausen – ich achte darauf,
dass ich mich nicht auspowere."*

O-Ton

Der international beschäftigte Trainer, Berater und Coach
Hendrik Backerra berichtet über seinen Kraft-Cocktail.

*„Ich wechsle die Phasen des konzentrierten Arbeitens mit re-
gelmäßigen Phasen ab, in denen ich meine privaten Interessen verfolge, zum Beispiel den
Austausch mit Freunden, den Genuss von Kultur und Musik oder Sport. Ich habe mir auch zu
Eigen gemacht, täglich Entspannungstechniken zu praktizieren, um Kraft zu schöpfen und
mich bereit zu machen für das Neue."*

Sie wissen nun, wie es um Ihre Kraft und Energie steht und wo Sie
Handlungsbedarf haben. Aber wie packen Sie es am besten an, und
welche Lösungen sind für Sie und Ihre Alltagssituation passend? Hier
einige Informationen und bewährte Tipps für die wesentlichen Kraftquellen.

Essen

Warum ist es nur so schwer, auf gesunde Ernährung oder die von allen Seiten empfohlene Bewegung zu achten? Die Hauptursache liegt in der eigenen Wahrnehmung. Wir fühlen uns recht gut und glauben nicht, dass auch wir im Burn-out oder mit einem Bandscheibenvorfall enden könnten. Es sind irreführende Glaubenssätze, die uns ein anscheinend ruhiges Gewissen machen, wie „Das passiert anderen" – „In meiner Familie passiert so etwas nicht" – „Älter werden wir später" – „Man gönnt sich ja sonst nichts" – „Mir geht es doch gut".

Dabei zeigen sich gerade Ernährungsfehler und mangelnde Bewegung fast immer erst langfristig. Aber nur, wenn der Leidensdruck hoch genug ist (beispielsweise die Erkrankung tritt ein), ist der Mensch offenbar bereit zur Veränderung. Falsche Sicherheit durch übernommene und gewohnte Verhaltensweisen, trügerische Werbeaussagen, die Überflutung mit zum Teil widersprüchlichen Ernährungsinformationen sowie Einfluss und Druck der Gruppe und des sozialen Umfelds tragen viel zu diesem gesundheitsschädlichen Denken und Handeln bei.

Welches Essen ist nun das richtige – und was können Sie im Alltag umsetzen? Jeden Mittag einen frischen Salat mit Sprossen & Co. zuzubereiten, fünf kleine Mahlzeiten am Tag einnehmen, Ernährung nach Trennkost oder den fünf Elementen? Nach meiner Erfahrung stimmen alle und keine dieser Vorgaben, da die Bedürfnisse je nach eigener Kondition und Belastungslage extrem unterschiedlich sind – und stur umsetzen lässt sich im Traineralltag das wenigste davon, oder es bereitet mehr Frust als Energie und Genuss.

Welches Essen ist das richtige?

Daher besteht aus meiner Sicht der erfolgreichste Weg zu wohltuender und genussvoller Ernährung darin, die eigene Körperwahrnehmung zu schulen (Was tut mir gut und was nicht?) und danach zu handeln. Natürlich geht das nicht von heute auf morgen, daher hier ...

Sieben Tipps, wie Futter(n) gut tut

Machen Sie sich klar, warum Sie essen

Nahrung ist die Nummer eins der Energielieferanten unseres Körpers! Braucht der Körper Energie, signalisiert er Hunger. Sie geben ihm etwas zu essen, ein Sättigungsgefühl entsteht. In unserem Alltag hakt diese Kette häufig an drei Stellen:

Typische Ernährungsfehler

▶ Wir essen, obwohl wir etwas anderes bräuchten (z.B. Schlaf, Liebe, soziale Kontakte, Genuss/sich etwas gönnen). Also: Wann hat Ihr Magen das letzte Mal geknurrt? Warten Sie mal wieder auf Ihr Hungergefühl (und wenn Sie etwas anderes brauchen, können Sie das ohne Essen viel befriedigender erreichen).

▶ Wir essen das Falsche – es gibt uns nicht die Nährstoffe oder Energie, die der Körper eigentlich bräuchte. (Hinweis: Vitaminpräparate sollten prinzipiell nur kurzfristig in Extremsituationen eingenommen werden.) Achten Sie genau darauf, welches Essen Ihrem Körper gut tun würde, bevor Sie es bestellen oder zubereiten. Spüren Sie nach dem Essen nach, wie Sie sich fühlen. Liegt es schwer im Magen? Sind Sie matt und müde, oder fühlen Sie sich frisch und energievoll? Wie lange hält es vor?

▶ Wir essen zu viel. Das Sättigungsgefühl ist längst erreicht, aber das Schmausen geht munter weiter. Achten Sie darauf, nach wie viel Ihr Körper wirklich verlangt. Fühlen Sie sich satt oder voll? Wie bekommt Ihnen das Drei-Gänge-Hotelmenü am späten Abend? In der Regel können Sie Ihre Gabel ganz getrost bereits einige Happen vor dem Sättigungsgefühl beiseite legen, also sobald Sie keinen Hunger mehr verspüren.

Essen Sie bewusst

Nehmen Sie sich Zeit für das Essen. Planen Sie Essenspausen und Zeit für das Bereiten einer Mahlzeit bewusst in Ihren Alltag ein. Es braucht seine Zeit, kann aber richtig Spaß machen und ein entspannendes Ritual werden. Selbst im Restaurant können Sie ganz in Ruhe Ihre Pause genießen. Kommen Sie innerlich zur Ruhe, atmen Sie einige Male tief ein, bevor Sie die Gabel in die Hand nehmen. Betrachten, riechen,

schmecken Sie, was vor Ihnen liegt. Und nehmen Sie dann jeden Bissen mit Genuss: Kauen Sie (35 mal pro Bissen wird empfohlen!), spüren Sie, wie die warme Mahlzeit in Ihren Magen gelangt und Ihnen neue Kraft gibt.

Genießen Sie

... insbesondere, wenn das Eis oder der Wein locken! Gönnen Sie sich ab und zu Dinge, von denen Sie vermuten, dass Sie nicht dem Ernährungsratgeber entsprechen. Ein schlechtes Gewissen und heimliches Essen sind schädlicher als die zwei Kugeln Eis oder das Glas Wein. Gönnen Sie sich ruhig mal etwas „lecker Ungesundes" – stehen Sie dann aber auch dazu und genießen Sie es in vollen Zügen!

Gönnen Sie sich ruhig mal etwas „lecker Ungesundes"

Es gibt kein gutes und schlechtes Essen

Entscheidend ist das richtige Maß und was Ihnen persönlich guttut. Also lösen Sie sich davon, Essen zu bewerten oder in die Kategorien „gut" und „schlecht" zu unterteilen. Vielleicht ist das Stückchen Schokolade vor dem Schlafengehen ein wunderbares Ritual für Sie und Ihre Seele. Wir sind zu unterschiedlich, als dass eine Ernährungsvorgabe für alle passen würde.

Als hilfreich hat sich allerdings erwiesen, verschiedene Ernährungsweisen auszuprobieren und so zu ermitteln, wie sie auf Ihren Körper und Ihr Empfinden wirken: Trennkost, die Ernährung der Traditionellen Chinesischen Medizin, Ayurveda, sanftes Fasten etc. Sich dogmatisch und über lange Zeit an die jeweiligen Vorgaben zu halten ist für viele allerdings zehrender als nachhaltig effektiv (und im Traineralltag erst recht). Es eine Weile zu probieren (z.B. im Urlaub oder per Kur) hat allerdings häufig sehr positive Auswirkungen: So schärft sich die Wahrnehmung der Nahrungsaufnahme und damit der verbundenen Köperreaktionen ungemein. Und was Ihnen guttut und passt, können Sie dann gezielt in Ihren Alltag integrieren!

Motivieren Sie sich

Gerade beim Essen ist die größte Hürde die Macht der Gewohnheit. Sie ist am schwierigsten zu überspringen (siehe Seite 302). Zudem steht zwischen Denken und Handeln immer noch das *Gefühl*: Derzeit verknüpfen Sie Essen vielleicht mit gemütlichem Beisammensein, ei-

nem wohligen Ausgleich zum hektischen Seminartag. Daher gilt es vor allem, die Motivation für eine veränderte Ernährungsweise zu wecken. Denn jede Umstellung durchläuft üblicherweise Phasen von Euphorie über Ernüchterung, Verärgerung, Enttäuschung bis hin zur Verweigerung.

Motivieren Sie sich positiv und reagieren Sie wohlwollend auf Rückfälle

Verinnerlichen Sie, was Ihnen die neue Ernährungsweise bringt: Sie fühlen sich belastbarer, haben weniger Beschwerden (Völlegefühl, Müdigkeit), Sie beugen finanziellen Ausfällen vor, finden innerliche Ruhe und Gelassenheit beim Essen ... Entscheidend ist, dass Sie sich positiv motivieren und wohlwollend (!) reagieren, wenn Sie auch bisweilen in alte Verhaltensmuster zurückfallen.

Finden Sie Ihr Maß und realistische Lösungen

Sie haben in der Seminarpause keine Zeit zum Essen, bräuchten aber etwas mehr Energie? Probieren Sie, welche nahrhaften Müsliriegel Ihnen bekommen. Nehmen Sie sich eine Nudelsuppe zum Aufbrühen mit, kaufen Sie Sushi und den Bio-Gemüse-Mix fürs Tiefkühlfach (in der Pfanne in drei bis fünf Minuten servierfertig!), oder bestellen Sie sich regelmäßig einen Obst- und Gemüsekorb nach Hause, wenn Sie nicht zum Einkaufen kommen. Möglichkeiten gibt es viele, auch im hektischen Traineralltag auf wohltuende Ernährung zu achten – seien Sie kreativ und probieren Sie es aus!

Achten Sie auf Ernährungszusammenhänge

Wie geht es Ihnen, wenn Sie am Tag wenig Flüssigkeit zu sich nehmen – vielleicht spüren Sie einen Unterschied in Ihrer Leistungsfähigkeit? Oder Ihr Körper fühlt sich nach den Käsespätzle zum Mittag schwer und müde an, weil der Körper gerade um die 60-70 Prozent seiner Energie verwendet, um diese leckere, aber schwer verdauliche Mahlzeit zu verarbeiten. Wie viel Fett, Obst, Beilagen sind denn nun eigentlich empfehlenswert? Nachfolgend finden Sie einen angepassten Wochencheck, der ursprünglich als Ernährungsplan für Kinder entworfen wurde. Der Vorteil: Leicht und übersichtlich können Sie einfach mal überprüfen, was Sie die Woche über zu sich nehmen!

Ein exemplarischer Ernährungsplan

	Getränke	Brot, Beilagen und Getreide	Obst, Gemüse und Salat	Milchprodukte / Fisch, Fleisch, Ei	Koch-/ Streichfett	Süßigkeiten, Snacks, Kuchen
	Sattessen erlaubt! ☺☺☺			In Maßen genießen ☺☺	Sparsam/ selten genießen ☺	
Eine Portion entspricht:	1 Glas Wasser oder Früchtetee. 1 Glas Obstsaft/Schorle 2 Liter Wasser trinken	1 Scheibe Brot 1 Brötchen (am besten Vollkorn) je 1 Handvoll Reis, Nudeln, Kartoffeln, Müsli	1 Handvoll Gemüse oder Salat, z.B. Kohlrabi, Karotte, Tomate. 1 Handvoll Kirschen, 1 Banane, 1 Apfel	1 Glas Milch 1 Joghurt 1 Scheibe Käse 1 Stück Fisch 1 Stück Fleisch oder 1 Ei oder 2-3 Scheiben Wurst (3 Portionen sollten aus Milchprodukten und NUR EINE aus Fleisch, Fisch oder Ei bestehen)	1 EL Öl, Butter oder Margarine	1 Riegel Schokolade 1 Glas Limonade 1 Handvoll Chips oder Pommes/ Pizza 5 Bonbons 1 Stück Gebäck/ Kuchen
Ein Kästchen entspricht einer Portion ...						
Montag	❑❑❑❑❑ ❑❑❑❑❑	❑❑❑❑❑	❑❑❑❑	❑❑❑ ❑	❑❑	❑
Dienstag	❑❑❑❑❑ ❑❑❑❑❑	❑❑❑❑❑	❑❑❑❑	❑❑❑ ❑	❑❑	❑
Mittwoch	❑❑❑❑❑ ❑❑❑❑❑	❑❑❑❑❑	❑❑❑❑	❑❑❑ ❑	❑❑	❑
Donnerstag	❑❑❑❑❑ ❑❑❑❑❑	❑❑❑❑❑	❑❑❑❑	❑❑❑ ❑	❑❑	❑
Freitag	❑❑❑❑❑ ❑❑❑❑❑	❑❑❑❑❑	❑❑❑❑	❑❑❑ ❑	❑❑	❑
Samstag	❑❑❑❑❑ ❑❑❑❑❑	❑❑❑❑❑	❑❑❑❑	❑❑❑ ❑	❑❑	❑
Sonntag	❑❑❑❑❑ ❑❑❑❑❑	❑❑❑❑❑	❑❑❑❑	❑❑❑ ❑	❑❑	❑
Wochenbilanz	——— von 70	——— von 35	——— von 28	——— von 21 ——— von 7	——— von 14	——— von 7

Im Brennglas Beratercoach unter www.beratercoach.info finden Sie den
Ernährungscheck zum Ausdrucken – so können Sie gleich loslegen!

Bewegen

Jeder hat ein anderes Bedürfnis nach Bewegung – Studien belegen allerdings, dass wir alle Bewegung zum Gesundsein brauchen (s. Folgeseite *Fakten aus einer umfassenden Havard-Studie*). Trainer mit hohem Bewegungsdrang etablieren in der Regel auch mehr Bewegung in ihren Alltag: Die Laufschuhe sind im Standardgepäck, die Hotels nach Fitnessmöglichkeiten ausgewählt, oder die Seminare enthalten Bewegungselemente für Teilnehmer wie Trainer. Ohne diesen Grundantrieb zum Bewegen fällt es oft schwerer, die Ration Spazierengehen oder Schwimmen, die einem guttut, im Alltag umzusetzen.

Vorteile regelmäßiger Bewegung

Egal, ob Sie das Bewegungselement neu im Alltag einbauen oder Ihre Sportdosis auf Ihr gesundes Wohlfühlmaß hoch (oder herunter!) schrauben, es wird sich in vielerlei Hinsicht positiv auswirken: auf Zellerneuerung, Stimulierung des Immunsystems, Flexibilität, Kraft, Ausdauer, Fettverbrennung, Stoffwechsel, Organtätigkeit, Stabilität des Bewegungsapparats, Ausgleich und Kompensation von Fehlhaltungen (und damit Vorbeugung von langfristigen Schäden).

Das ist noch nicht alles. Ein wesentlicher Vorteil regelmäßiger Bewegung liegt darin, dass Sie sensibler für Ihren Körper werden. Ob es nun um die Wahrnehmung von negativen Gefühlen und Gedanken, um Anspannung, Umgang mit Stress oder Ihre Ernährung geht: Ihr Körper ist einer Ihrer hilfreichsten Signalgeber. Je besser Sie ihn kennen und wahrnehmen, desto schneller können Sie seine Signale nutzen.

Nadine Hamburger: Glücklich als Trainer

Fakten aus einer umfassenden Harvard-Studie

(aus „Gesundheit und das Elixier des Trainings" von Peter Ragnar, erschienen in der „WIE", dt. Ausgabe September 2008)

Training wofür? Für ein längeres Leben!

Hier einige zentrale Ergebnisse aus der Harvard-Studie:

Training steigert die Lebenserwartung

▶ Jene (durchweg männlichen) Studienteilnehmer, die pro Woche nur 500 Kalorien durch Training verbrauchten, hatten die höchste Sterberate.

▶ Jene, die 1.000 Kalorien verbrauchten (entspricht Fußmarsch von 8-16 km pro Woche), hatten eine um 22 Prozent niedrigere Sterberate.

▶ Bei einem Training von 5-10 Stunden pro Woche, wobei bis zu 3.500 Kalorien verbrannt werden, stieg die Lebenserwartung um erstaunliche 54 Prozent!

Wahrscheinliche Ursachen und weitere positive Effekte

▶ Bis zu 80 Prozent der während des Trainings verbrannten Kalorien entstammen freien Fettsäuren, und aufgrund des erhöhten Stoffwechsels muss man sich um die Kalorienzufuhr sorgen.

▶ Stress, Spannungen und Aggressionen werden abgebaut und die Produktion des Glückshormons Endorphin steigt. Das heißt, die Chemie im Gehirn normalisiert und die Nerven beruhigen sich. Dies führt zur Reduzierung von Angst und Depressionen sowie zu tieferem Schlaf.

▶ Gifte und Schwermetalle werden abgeführt, da sich die während des Trainings entstehende Milchsäure mit diesen verbindet und alles zusammen herausgespült wird.

Bewegung oder Ruhe? Das richtige Maß

Tipps für Sportliche

Absolvieren Sie bereits Ihr mehrstündiges Sportprogramm pro Woche? Haben Sie gerade wieder mit dem Bewegungsprogramm begonnen, fühlen sich aber eher schlapp als erfrischt nach dem Sport? Dann trainieren Sie vielleicht zu häufig, zu intensiv oder mit zu wenigen Erholungsphasen. Der alltägliche Adrenalinpegel sollte durch den Sport nicht kontinuierlich hoch gehalten werden, der Körper braucht auch Ruhe- und Erholungszeiten. Im Spitzensport hat sich der Dreier-Rhythmus bewährt: Drei Tage Training, ein Tag Pause. Drei Wochen Training, eine Woche mit Rekonvaleszenz-Einheiten, also niedrigerer Intensität zum Erholen. Vielleicht erinnern Sie sich, dass Sie wegen einer Verletzung, Erkältung oder hoher Arbeitsbelastung mal zwei Wochen Sportpause machen mussten – und sich beim nächsten Training fast fitter fühlten? Dann hat Ihr Körper diese Ruhephase voll genutzt!

Tipps für „Bewegungsfaule"

Wer neu oder wieder in den Sport einsteigt, sollte – neben der Absicherung, dass Sie körperlich gesund genug sind – unbedingt langsam beginnen. Bänder, Gelenke und Kreislauf müssen sich in jedem Fall an die Belastung gewöhnen, und Sie vermeiden zudem unangenehmen Muskelkater oder Müdigkeit nach dem Sport. Auch Ihre Pulsfrequenz und Belastungsdauer sollten Sie nur allmählich steigern. Ein Daumenmaß sind maximal 15 Prozent Steigerung pro Woche. Joggen Sie diese Woche 30 Minuten, sind es in der kommenden Woche also 35 Minuten usw.

Aber auch ausreichend Schlaf ist wichtig. „Ausreichen" können für den einen sechs, für den anderen sieben oder gar neun Stunden, Sie kennen Ihren individuellen Bedarf am besten. Klar, es gibt immer wieder Tage, in denen man auch mit wenig Schlaf auskommen muss aber die Regel sollte es nicht werden. Manchmal können auch 5-15 Minuten Schlaf oder Tiefenentspannung (mit Musik oder einer entsprechenden Technik) zwischendurch ein Stück Ruhe in den hektischen Traineralltag bringen. Ob Sie nun mehr Bewegungsmensch sind oder tendenziell weniger: Erst der Wechsel zwischen beiden Elementen bringt Energie und Kraft in Ihr Leben.

Der Trainingsplan für Trainer

Vielleicht ist es für Sie mit Ihrem unregelmäßigen Arbeitsrhythmus eine gewisse Herausforderung, den passenden Trainingsplan zu ermitteln – mit etwas Fantasie, Recherche und dem nötigen Willen werden Sie aber in jedem Fall das Richtige für sich finden, oder Sie entwickeln ihn zusammen mit einem Coach. Hier einige Anregungen:

Günstige Gelegenheiten

▶ Eine Decke im Hotelzimmer der Länge nach falten, so dass sie dreifach liegt, und dann 5x pro Seite den Sonnengruß (dynamische Yoga-Übung), Gymnastikreihe, Kräftigungsübungen (beispielsweise Liegestütze, Sit-ups, Dips und Kniebeugen) oder Stretching durchführen. Einige dieser und weitere praktische Übungen finden Sie beispielsweise in „Das kleine Wellness Buch – Fit und entspannt in 90 Sekunden" von Rolf Herkert (dtv, 2005).

▶ Bauen Sie Bewegungselemente in Ihren Seminaren ein. Bewegung brauchen alle (und Sie machen mit!), das fördert Aufmerksamkeit und Leistungsfähigkeit.

▶ Schwimmbäder gibt es überall – mit etwas Glück gleich im Hotel. Öffentliche und private Thermen und Bäder mit Öffnungszeiten erfragen Sie im Hotel oder recherchieren Sie auf den Internetseiten der Stadt oder des Kreises.

▶ Optimal sind natürlich Sportarten wie (Nordic) Walking oder Joggen. Sie haben frische Luft und können es überall, jederzeit und bei jedem Wetter einbauen! Aber auch ein flotter Spaziergang oder Treppensteigen statt Aufzugfahren tun Kreislauf, Körper und Geist schon gut. Auch das gute alte Springseil können Sie überall mit hinnehmen.

▶ Yoga-Übungen sind generell extrem praktisch und wirkungsvoll. Mit bequemer Kleidung und ggf. einer Yogamatte im Gepäck (oder der Hoteldecke) können Sie drinnen wie draußen Ihre Übungen machen. Für Einsteiger empfiehlt es sich, einen Kurs zu belegen, damit Sie die Übungen anschließend auch alleine korrekt durchführen. Je nach Zeitplan können Sie einen Wochenendkurs, wöchentliches

Training, offene Termine bei der Fitnesskette oder private Stunden wahrnehmen. Für unterwegs und zu Hause lassen Sie sich am besten von einem erfahrenen Yogalehrer Ihre eigenen Übungsreihe zusammenstellen. So werden die Übungen genau auf Ihre Bedürfnisse abgestimmt: Üben Sie eher (noch steif) am Morgen, brauchen Sie etwas zum Munterwerden und um den Kreislauf anzuregen oder eine ruhigere Einheit zum Entspannen nach dem Seminartag? Benötigt Ihr Körper eher Flexibilität, Kraft, Ausdauer oder alles im Mix?

▶ Sie wünschen sich jemanden, der mit Ihnen trainiert und Sie auch mal „mitzieht"? Suchen Sie sich in verschiedenen Städten Trainingspartner für Squash, Badminton oder für Ihre Laufeinheit. Wenn Sie es einrichten können, sind natürlich regelmäßige Termine wie Volleyball- oder Rudertraining sehr motivierend. Das hilft, die Sportzeiten konsequent einzuplanen und einzuhalten.

▶ Vielleicht können Sie aber auch eine Ihrer alten Leidenschaften wieder aufleben lassen wie etwa Golfspielen, Tennis, Bogenschießen oder Reiten?

Ihr individueller Bewegungsplan
Stellen Sie Ihren individuellen Trainingsplan zusammen, der Ihnen guttut, praktikabel ist und vor allem Spaß macht! Also:
▶ Welche Art von Bewegung würden Sie am liebsten machen?
▶ Welche Möglichkeiten haben Sie, sie in Ihren Alltag zu integrieren?
▶ Welchen ersten Schritt werden Sie unternehmen? Und wann?

O-Ton

Gedächtnistrainer Gregor Staub über Ruhe und Fitness.

„Ich habe nie einen Masterplan aufgestellt und gesagt, ich mache das jetzt so und so. Ich habe einfach mit der Zeit herausgefunden, wie ich mit meinen Kräften umgehen muss. Die Frage war und ist immer: ‚Wie fühle ich mich? Was brauche ich als Ausgleich, wenn ich pro Tag drei Vorträge halte? Oft arbeite ich vormittags mit Schülern, die sehr lebendig sein können. Nicht selten stehe ich vor 800 bis 900 Menschen in einer Halle. Am Nachmittag schule ich oft die Lehrerschaft derselben Schule. Diese Gruppe muss ich auch oft erst einmal überzeugen. Am Abend arbeite ich noch einmal 2,5 Stunden mit den Eltern der Kinder. Und dann fahre ich häufig noch hunderte von Kilometern zum nächsten Veranstaltungsort.

Dann noch bei Kräften zu sein geht nur, wenn ich zwischen den Vorträgen Ruhe habe und meditiere. Da brauche ich mein Hotelzimmer, ziehe mich komplett zurück und falle fast in Trance – das heißt, ich bin dann völlig entspannt und zwei Stunden ‚weg‘. Danach bin ich wieder vollkommen wach und fit.

Ich habe als Ausgleich zu den wirklich sehr intensiven Tournee-Zeiten relativ viel freie Zeit und mache fast vier Monate Urlaub im Jahr. Ich achte sehr auf meine innere Stimme und lasse meinen Körper entscheiden, was er braucht. Im Urlaub mache ich sehr viel Körperarbeit. Dann bin ich wirklich gut ‚beieinander‘. Ich mache nicht zu viel, aber für mich das Richtige. Dieser Ausgleich ist enorm wichtig.“

Entspannen

Der Wechsel zwischen An- und Entspannung

Druck, Stress, Hektik, das ist Normalität in unserem Alltag. Häufig fühlt es sich erst einmal gut an, unter Strom zu stehen, vieles zu erledigen und dabei zu erleben, was man unter höchstem Zeitdruck zu leisten vermag. Aber auch hier leben der Erfolg und die Freude von dem Wechsel zwischen Anspannung und Entspannung. Was im Alltag meist zu kurz kommt, ist typischerweise die Entspannung. Doch wie bei der Ernährung gibt es auch hier keine Leitlinien, jeder hat eine andere Stress-Sensibilität und ein anderes Wohlfühl-Niveau in Hinblick auf Anspannung und Entspannung. Dennoch sind für den turbulenten Alltag folgende Punkte entscheidend:

▶ Sie nehmen Ihren aktuellen Spannungszustand wahr.
▶ Sie wissen, wie Sie sich schnell und überall entspannen können.
▶ Sie beherrschen den Wechsel zwischen schneller Entspannung und Anspannung – oder fokussierter Aufmerksamkeit.
▶ Sie akzeptieren und nutzen den natürlichen Rhythmus zwischen intensiven Arbeitsperioden und Erholungsphasen.

O-Ton

Wie Prof. Dr. Lothar Seiwert seinen Geist beruhigt.

„Auf der privaten Ebene muss ich immer ein bisschen aufpassen, dass mein unruhiger Geist zur Ruhe kommt und ich mit meinen Kräften haushalte. Ich ernähre mich sehr gesund und mache einmal im Jahr eine Ayurveda-Kur. Auch kleine Kurzurlaube helfen mir, Entspannung zu finden. Ich habe alles in allem auch riesiges Glück: Wenn Sie etwas mit wirklicher Leidenschaft tun und sehen, wie der Erfolg nach und nach wächst, empfinden Sie Ihr Leben gar nicht als so stressig. Im Gegenteil: Es ist erfüllt, und jeder Tag ist spannend."

Nachfolgend einige konkrete Übungen und Hinweise – wählen Sie die für Sie passenden Methoden aus.

Drei Maßnahmen für die schnelle Entspannung zwischendurch

▶ Machen Sie alle 60 bis 90 Minuten eine kleine Pause, auch während der Trainings: Öffnen Sie das Fenster, trinken Sie eine Tasse Tee, gehen Sie zum Briefkasten, zur Rezeption, atmen Sie einige Male tief durch oder dehnen Sie Ihren Rücken.

Schnelle Entspannung

▶ Planen Sie Ihren Tag, wenn möglich, nach Ihrem individuellen Leistungszyklus, z.B. Konzentration fordernde Strategiearbeit am Vormittag, Laufeinheit in der flauen Mittagszeit und Telefonate, Post, E-Mails am Nachmittag.

▶ Trainieren Sie regelmäßig Entspannungs- und Achtsamkeitsübungen wie unten beschrieben, mit deren Hilfe Sie im Alltag auch in wenigen Minuten oder gar Sekunden entspannen können.

Drei Maßnahmen für längere Erholungsphasen

▶ Planen Sie nach intensiven Arbeitswochen eine entspannte Bürowoche oder einige freie Tage zum Auftanken ein.

Nachhaltige Entspannung

▶ Was ist Ihr Wochen-/Monats- und Jahresrhythmus in puncto Erholung? Mindestens einen völlig arbeitsfreien Tag pro Woche; ein Wochenende pro Monat abtauchen in die Natur und das Nichtstun; ein Wellness-Tag ganz für Sie alleine; mindestens ein dreiwöchiger Urlaub im Jahr? Legen Sie hier Ihren Bedarf fest – und planen Sie die Zeiten fest im Kalender ein.

▶ Falls ein Urlaub dann doch kurzfristig verschoben werden muss, sollten Sie sich gleich entsprechende Wochen als „Ausweichtermin" freihalten, damit Sie in dem Jahr ausreichend auftanken können.

Zwei Ansätze für dauerhafte Entspannung

Gerade für Trainer, die in ihrem hektischen und unregelmäßigen Alltag auf einen geübten Wechsel zwischen An- und Entspannung angewiesen sind, sind Meditation und Entspannungsübungen wirkungsvolle Methoden, um anhaltende Stressreaktionen des Körpers zu verhindern und die Warnsignale erster Anspannung schnell zu erfassen. Regelmäßig zu meditieren reduziert Anspannung, Angst, beruhigt – und schützt vor stressbedingten Erkrankungen. Je mehr Sie sich der Vorgänge in Körper und Geist bewusst sind, desto klarer wird der Blick auf Ihr Leben und die eigene Entwicklung. Es fördert das Erkennen und Loslassen hinderlicher Gedanken- und Reaktionsmuster, den angemessenen Umgang mit Gefühlen und die Beziehungen zu Mitmenschen. Darüber hinaus führt es zu den von vielen Menschen angestrebten erweiterten Bewusstseinszuständen.

Verändern Sie den Zustand von Bewusstsein und Körper

Wer sich in der Meditation übt, verändert den aktuellen Zustand von Bewusstsein und Körper. Zudem ist Meditation eine Methode zur Persönlichkeitsentwicklung. Das Prinzip ist immer das Gleiche: Sie lenken die Aufmerksamkeit auf bestimmte (mentale) Objekte.

Worum geht es bei der Meditation? Der US-amerikanische Psychologe und Bestseller-Autor Daniel Goleman unterscheidet zwei wesentliche Kategorien der Meditation („Emotionale Intelligenz". dtv, 1997):

Konzentrative Meditation

Bei der konzentrativen Meditation nehmen Sie klar definierte Objekte wahr wie das Ein- und Ausströmen des Atems, Mantra/Laute, eine Wortfolge oder Bilder (Visualisierungen, Fantasiereisen), wiederholende Bewegungen, meditative Tänze oder den Schein einer Kerze. So lenken Sie die Aufmerksamkeit weg von unangenehmen Empfindungen oder Gedanken und reduzieren kreisende Gedanken, damit verbundene Bewertungen, hypothetische Gedanken oder Probleme, die ohnehin gerade nicht aktuell oder lösbar sind. Die bewusste Konzentration auf neutrale oder angenehme Inhalte reduziert Stresssymptome und schult die Selbstwahrnehmung und Selbstregulation (siehe auch Seite 270).

Achtsamkeits-/Gewahrseinsmeditation

Die so genannte Achtsamkeits- oder Gewahrseinsmeditation baut auf der konzentrativen Meditation auf: Wenn die Konzentrationsfähigkeit gewachsen ist, steht nicht mehr ein konkretes Objekt im Fokus, sondern die Aufmerksamkeit wird allem geöffnet, was von Augenblick zu Augenblick auftaucht. Entscheidend ist dabei eine annehmende Grundhaltung, das heißt, Gefühle, Gedanken, Körperempfindungen kommen und gehen, ohne bewertet oder beurteilt zu werden. Es geht hier um die *innere Haltung*, mit der Sie die unterschiedlichen Sinneseindrücke, Gedanken und Gefühle wahrnehmen, um wache Präsenz, Achtung und Selbstwahrnehmung. Damit trainieren Sie, im Hier und Jetzt zu sein und Gefühle wie Empfindungen liebevoll und achtsam zuzulassen, zu akzeptieren und einfach da zu sein (ohne sich zu einer Reaktion verleiten zu lassen). Das ist gar nicht so leicht – aber wenn es klappt, liegt hierin eine Quelle tiefer Ruhe, Gelassenheit und Kraft.

Voraussetzung für Meditation und Achtsamkeitspraxis sind lediglich Interesse, Offenheit und ein Mindestmaß an Entspannungsfähigkeit. Sind Sie unruhig, können Sie die Entspannung mit Musik und/oder Alphawellen unterstützen (siehe CD-Tipps, Seite 275).

Die Funktionsweise dieser Praxis: Sie entspannen „von oben nach unten", lösen also die Entspannung über die Ebene der Gedanken oder die Lenkung der Wahrnehmung aus. Von dort aus wirkt sie auf das vegetative Nervensystem und die Muskulatur. Methoden sind neben der Meditation und Achtsamkeitspraxis autogenes Training, Visualisierung und Imagination sowie Qigong-Übungen (in Ruhe).

Sie entspannen „von oben nach unten" ...

Werden Sie beim Sitzen oder Liegen dennoch schnell kribbelig, ist es erfahrungsgemäß sinnvoll, mit bewegten Methoden zu beginnen wie Hatha-Yoga, Qigong (in Bewegung) oder Bewegungstherapie und dann zu ruhigeren Methoden wie der progressiven Muskelentspannung oder Meditation überzugehen: Denn psychische Anspannungen gehen mit erhöhter Muskelspannung einher. Entspannen Sie also Ihren Körper, reguliert sich auch das zentrale Nervensystem. Auf diese Weise entspannen Sie *von unten nach oben"*. Der Körperimpuls, das bewusste Entspannen der Muskulatur, reguliert die vegetativen Prozesse und die gedankliche Ebene.

... oder von „unten nach oben"

Schulen Sie Ihre
Körperwahrnehmung

Ein weiterer schöner Aspekt dieser Techniken: Sie schulen die Wahrnehmung für den Spannungsgrad Ihres Körpers. Anspannungen und Verspannungen nehmen Sie rascher wahr und können sofort mit gezielter Entspannung reagieren. Bei der Progressiven Muskelentspannung beispielsweise spannen Sie einzelne Muskelgruppen bewusst an, um sie anschließend wieder zu entspannen. Sie ist leicht erlernt, der Erfolg schnell spürbar und kann problemlos in den Traineralltag integriert oder gar als Übung im Seminar selber eingesetzt werden. Sie ist empfehlenswert für Menschen mit hohem Spannungs-Level, hohem Aktivitätsbedürfnis oder körperlichen Symptome wie Muskelverspannungen, Rückenbeschwerden, Stresskopfschmerz etc. Verankert mit einem Ruhewort, lernen Sie, die Entspannung auf Knopfdruck herbeizuführen.

Noch mehr „Futter"

Neben der Ernährung, dem richtigen Maß an Bewegung und Entspannung brauchen wir natürlich noch mehr „Futter", um gesund und kraftvoll zu sein. Genau wie Sie körperlich Nahrung aufnehmen, vielleicht einmal fasten, um den Körper zu reinigen und zu entschlacken, sollten Sie sich auch um Geist, Herz und Seele kümmern. Sie nähren, entmüllen und pflegen ... Was das konkret bedeutet, erfahren Sie anhand der folgenden Leitfragen.

Geist, Herz und Seele

Futter und Pflege

... für den Geist
▶ Welchen Gedankenmüll laden Sie sich auf über Fernsehen, Zeitungen oder Gesprächsthemen, die Sie eigentlich nicht interessieren?
▶ Welche Gespräche möchten Sie nicht mehr führen?
▶ Welche Seminare oder Fortbildungen möchten Sie besuchen?
▶ Gibt es Bücher, die Sie gerne lesen möchten?
▶ Haben Sie ausreichend intellektuellen Austausch mit anderen?
▶ Möchten Sie ein konkretes Thema konzeptionell erarbeiten oder niederschreiben?

... für das Herz
▶ Pflegen Sie harmonische, liebevolle Beziehungen?
▶ Gibt es Dinge, die Sie mit anderen klären sollten?
▶ Zeigen Sie Menschen, die Ihnen nahe sind, Ihre Gefühle?
▶ Sind Sie mit Hingabe bei dem, was Sie tun?
▶ Unterstützen Sie hilfsbedürftige Menschen?

... für die Seele
▶ Widmen Sie sich Ihrer eigenen Entwicklung?
▶ Widmen Sie sich den Dingen, die Sie in Ihrem Inneren wahrnehmen, z.B. in der Meditation?

- ▶ Üben Sie Achtsamkeit sich selbst und anderen gegenüber?
- ▶ Sorgen Sie ausreichend für Ihr seelisches Wohl?
- ▶ Verstärken Sie Ihre positive Grundausrichtung, z.B. durch Absichts-
  erklärungen (siehe Seite 296).

Machen Sie sich diese Elemente bewusst und nutzen Sie ab und zu diese Fragelisten als Anregungen, um festzustellen, was Sie gerade am dringendsten brauchen, um kraftvoll und glücklich zu sein. Sie werden merken – sie gehen Ihnen bald in Fleisch und Blut über.

Was brauchen Sie?

Sie sind so gut wie startklar: Alle wesentlichen Informationen und Übungen zum Krafttanken stehen Ihnen zur Verfügung. Nun können Sie Taten folgen lassen. Wie Sie Zeit für sich gekonnt in Ihr Selbstmanagement einbauen, erfahren Sie im nächsten Kapitel – jetzt heißt es erst einmal, Ihr Vorhaben verbindlich zu fixieren, in Pakt mit Ihnen selbst.

Schließen Sie Ihren Ich-Pakt!

Wie ein solcher Pakt aussehen kann, erfahren Sie aus Sicht des US-amerikanischen Psychologen und Potenzialforschers Michael Murphy (Integrale Transformativen Praxis, George Leonard/Michael Murphy „The Life we are given". Tarcher Jeremy Publ., 2005):

Beispiel eines „Ich-Paktes"

1. *Ich übernehme die volle Verantwortung für alle Übungen und Entwicklungen, die meinen Körper und mein Leben betreffen.*
2. *Ich schaffe mir die Rahmenbedingungen und das soziale Umfeld, um optimal arbeiten und leben zu können.*
3. *Ich mache meinen Übungsplan mindestens fünfmal pro Woche.*
4. *Ich verschaffe mir jede Woche mindestens zwei Stunden Bewegung und drei Krafteinheiten.*
5. *Ich bin mir allem bewusst, was ich esse und wie es auf meinen Körper wirkt.*
6. *Ich fordere meinen Geist, indem ich lese, schreibe und diskutiere, und achte bewusst darauf, mit welchen Einflüssen und Informationen ich mich umgebe.*
7. *Ich öffne anderen mein Herz in Liebe und Hingabe. Ich teile Menschen, die mir nahe stehen, meine Gefühle mit und kümmere mich achtsam um deren emotionalen Bedürfnisse und hole mir Rat und Unterstützung, wenn ich sie brauche.*

8. *Für alle 6-12 Monate nehme ich mir mindestens einen Leitgedanken (s. Absichtserklärung) vor, der mich und mein Leben wesentlich beeinflusst. Zudem mache ich die folgende Affirmation: „Mein gesamtes Wesen ist ausgeglichen, vital und gesund." Ich integriere meine Affirmationen während praktischer Visualisierungen und suche Wege, sie angemessen im Alltag umzusetzen.*

Datum, Unterschrift

Was sind Ihre Vorhaben? Formulieren Sie Ihren Ich-Pakt und unterzeichnen Sie ihn.

Mein Ich-Pakt

1. ...

2. ...

3. ...

4. ...

5. ...

6. ...

7. ...

8. ...

Datum, Unterschrift

Geben Sie Ihrem Geist positive Rückmeldungen   Ziel dieses Paktes ist es, dass Sie vor allem für sich sorgen. Wichtig ist: Es geht nicht darum, sich zu verurteilen, wenn Sie ihn nicht immer wie geplant einhalten. Planen und schätzen Sie auch Ihre kleinen Schritte ein, und geben Sie Ihrem Gehirn in jedem Fall positive Rückmeldungen

wie: „Ich habe gemerkt, dass ich mehr Fett gegessen habe, als ich wollte" – „Ich habe es geschafft, das zweite Eis ohne schlechtes Gewissen zu essen" – „Ich merke, dass ich mich unwohl fühle ohne Sport, und nehme mir vor, morgen früh laufen zu gehen".

Sind Sie motiviert, sofort anzufangen? Das ist gut. Dann müssen Sie nur noch dafür sorgen, dass Sie bei der Umsetzung Ihrer neuen Vorhaben auch durchhalten oder beständig sind! Wie Sie das sicherstellen, erfahren Sie im folgenden Kapitel.

Literaturtipps

- ▶ Vera F. Birkenbihl, „Freude durch Stress". mvg, 2002.
- ▶ Daniel Goleman „Emotionale Intelligenz". dtv, 1997.
- ▶ Gay Hendricks, „Das Bingo! Prinzip. Wie Sie mit kleinen Erkenntnissen wichtige Weichen in Ihrem Leben stellen". Goldmann, 2000.
- ▶ Rolf Herkert, „Das kleine Yoga- und Meditationsbuch". dtv, 2002.
- ▶ Rolf Herkert, „Das kleine Wellness-Buch". dtv, 2007.
- ▶ George Leonard/Michael Murphy, „The Life we are given. A Long-Term Program for Realizing the Potential of Body, Mind, Heart, and Soul". Tarcher Jeremy Publ., 2005.
- ▶ Kai Romhardt, „Slow Down your Life. Vom Glück der Gelassenheit". Econ, 2004.
- ▶ John Selby, „Arbeiten ohne auszubrennen – Spirituelle Berufstechniken für den Alltag". dtv, 2004.
- ▶ Martin E. P. Seligman, „Der Glücks-Faktor. Warum Optimisten länger leben". Lübbe, 2005.
- ▶ Thich Nhat Hanh, „Jeden Augenblick genießen – Übungen zur Achtsamkeit". Theseus, 2007.

Medientipps

- ▶ „Begegnungen 2 – Loslassen, Zulassen, Entspannen". Media Consulting, 2004.
- ▶ Michael Hutchison, CD „Mega Brain Zones Vol. 4, 5 und 6". Bornhorst, 1999.
- ▶ Werner Eberwein, „Loslassen". Hypnos, 2007.

Erfolgsfaktor 7: Beständig sein

Was den Erfolg ausmacht ...

▶ Sie schaffen den ersten Schritt vom Entschluss zum Tun genauso wie die langfristige Integration in den Alltag.

▶ Sie setzen die richtigen Prioritäten – nach dem, was Sie wirklich wollen.

▶ Sie sind auf mühevolle Phasen gefasst und wissen, wie Sie auch dann am Ball bleiben.

Seien Sie gerüstet für den Marathon. Eine lange Strecke liegt vor Ihnen: 42 Kilometer und eine absolute Herausforderung für den Körper. Eine Herausforderung zwischen Qual und Glückseligkeit. Bereits auf den ersten fünf Kilometern drehen Sie richtig auf. Gefährlich wird es, wenn Sie in der anfänglichen Euphorie zu schnell starten, das zieht Ihren Energielieferanten, den „Kohlenhydrat-Speicher", leer. Die Muskeln übersäuern, oder Sie vergeuden wichtige mentale Kraft durch unnötige innere Anspannung und ständige Kontrolle von Zwischenzeiten und Herzschlag. Also: Die Strecke genießen, locker bleiben, es entspannt angehen lassen – das ist gerade zu Beginn wichtig. Nur so haben Sie ausreichend geistige und körperliche Stärke, wenn es drauf ankommt.

Traineralltag ist wie ein Marathon

Denn der härteste Teil eines Marathons beginnt ab Kilometer 30. Hier kommt „der Mann mit dem Hammer", auf einmal sind die Beine schwer, Sie fühlen sich immer schlechter. Dieses „Tal der Qualen" überstehen Sie nur mit ausreichend Training, richtigem Essen und Trinken und entsprechender mentaler Vorbereitung. Wenn Sie für diesen Einbruch gewappnet sind und Sie wissen, wie er sich anfühlt, dann stehen Sie diese Phase viel gefasster durch.

„Der Mann mit dem Hammer"

Traineralltag ist wie ein Marathon. Sie brauchen klare Ziele, das nötige Training für Ausdauer und Schnellkraft, volle Energiespeicher für Körper, Geist und Seele sowie die mentale Vorbereitung, mit der Sie durchhalten, auch wenn es beißt. Die meisten Trainingselemente haben Sie bereits erhalten, jetzt geht es vor allem um die Umsetzung Ihrer Vorhaben ... trotz des Alltagssoges. Ihre Ziele erreichen Sie nur, wenn Sie *kontinuierlich* dranbleiben. Natürlich gibt es immer mal Schwankungen und auch den Kilometer 30, der Sie auf die Probe stellt. Aber solange Sie wissen, dass er kommt und weiterhin Ihre Ziele vor Augen haben, schaffen Sie auch den und finden in einem gleichmäßigen Trab Ihren Weg ins Ziel.

Abb.: Fakten der Studie „Was Deutschlands Trainer bewegt".

Wie konsequent setzen Deutschlands Trainer Wichtiges um?

Bei den meisten Trainern kommen im Alltag allerdings wichtige Dinge häufig zu kurz – seien es nun persönliche Interessen, Bewegung und Entspannung oder das eigene Marketing (s. Studie, Seite 28 und Grafik unten). Wie schaffen Sie es also, Ihr Marketing auch im hektischen Alltag nicht untergehen zu lassen? Sich ausreichend Zeiten einzuräumen zum Auftanken, für Dinge, die Ihnen neben der Arbeit wichtig sind.

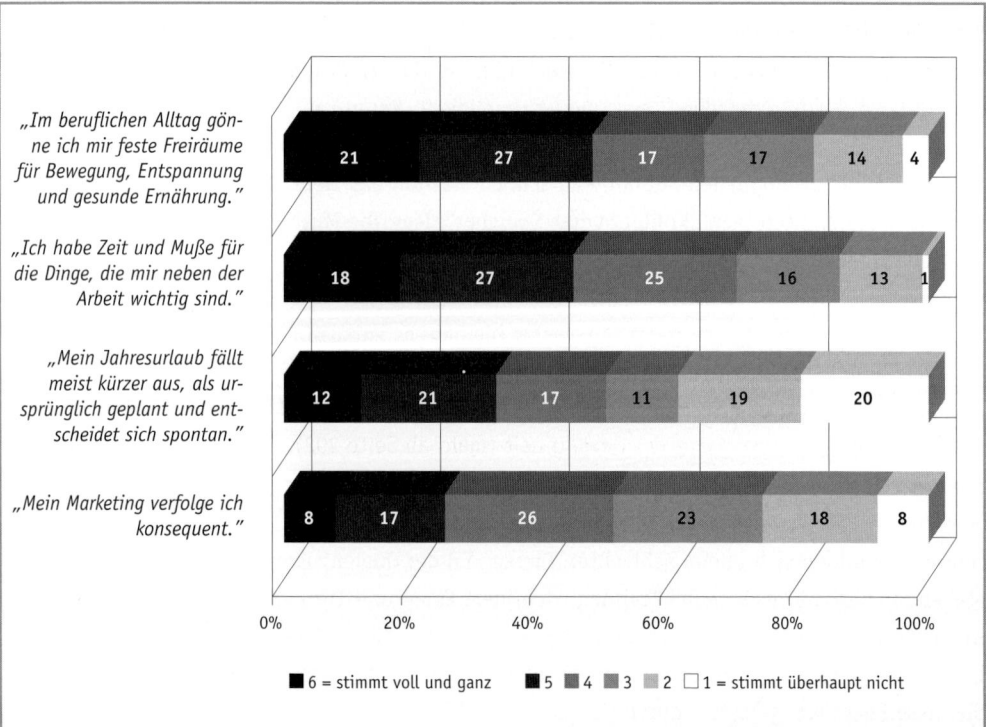

„Im beruflichen Alltag gönne ich mir feste Freiräume für Bewegung, Entspannung und gesunde Ernährung." 21 | 27 | 17 | 17 | 14 | 4

„Ich habe Zeit und Muße für die Dinge, die mir neben der Arbeit wichtig sind." 18 | 27 | 25 | 16 | 13 | 1

„Mein Jahresurlaub fällt meist kürzer aus, als ursprünglich geplant und entscheidet sich spontan." 12 | 21 | 17 | 11 | 19 | 20

„Mein Marketing verfolge ich konsequent." 8 | 17 | 26 | 23 | 18 | 8

■ 6 = stimmt voll und ganz   ■ 5 ■ 4 ■ 3 ■ 2 □ 1 = stimmt überhaupt nicht

Nadine Hamburger: Glücklich als Trainer

Die wirkungsvollsten Methoden zum Durchhalten finden Sie in diesem Kapitel:

Methoden zum Durchhalten

Selbstorganisation im Traineralltag

… Das Handwerkszeug für die wöchentliche Planung, in der Sie Ihre Ziele für die wesentlichen Lebensbereiche regelmäßig im Blick haben und Sie gleichzeitig die Tage frei nach Ihrer Intuition, Ihrer persönlichen Leistungskurve und mit Raum für Unvorhergesehenes gestalten können (mehr ab Seite 281).

Nicht aller Anfang ist schwer!

… Einige Tricks, wie Sie bei neuen Vorhaben den ersten Schritt schaffen und den inneren Schweinehund überlisten (mehr ab Seite 288).

Aufschieberits entlarven

… Einen ganz pragmatischen Umgang mit der „Aufschieberitis" – falls im Laufe der Zeit wichtige Dinge wie von Zauberhand doch wieder und wieder nach hinten rutschen (mehr ab Seite 290).

Härtetest fürs Marketing

… Einen Härtetest, damit Sie meistern, was für viele Trainer kaum umsetzbar scheint: konsequentes Marketing (mehr ab Seite 292).

Bestätigen Sie Ihre Vorhaben

… Neue Vorhaben und Ziele nicht nur kognitiv erfassen, sondern auch emotional und in Ihrem Unterbewusstsein verankern: mit Ihrer Absichtserklärung (mehr ab Seite 296).

Stärker sein als Tiefs und die Macht der Gewohnheit

… Und wie Sie letztlich überwinden, was uns unweigerlich begegnet: das Tal der Qual und die Macht der Gewohnheit (mehr ab Seite 302).

O-Ton

Wie Designerin und Kreativ-Trainerin Sigrid Engelbrecht ein
anspruchsvolles Sachbuchprojekt bewältigt.

*„Die größte emotionale Herausforderung: Als ich den Ver-
lagsvertrag in Händen hielt und wusste, dass ich das Buch auch
tatsächlich konsequent und konzentriert fertig schreiben muss. Auch im Wissen darum, dass
ein erfolgreiches Sachbuchprojekt meine Tätigkeit als Trainerin und Coach unterstützen
wird. Ich habe mir einen täglichen Arbeitsplan aufgestellt. Hinten stand der Abgabetermin.
Und dann habe ich Stück für Stück von hinten nach vorne die Etappen eingeteilt. Die wichtigste Herausforderung war, ‚in der Spur' zu bleiben und die Arbeit nicht von irgendwelchen
Eingebungen oder Erleuchtungen abhängig zu machen. Sondern einfach schreiben, schreiben, schreiben.*

*Der Prozess war eine große Bestätigung für mich, denn ich bin jemand, die gerne von Blüte
zu Blüte tanzt, und das möglichst mühelos ;-) Ich habe genau bis zum Stichtag gebraucht,
um das Buch fertigzustellen, keinen Tag weniger, aber auch keinen Tag mehr. Das Wissen
darum, dass es geht, dass es erfolgreich geht, spornt natürlich zum Veröffentlichen weiterer
Bücher an."*

Selbstorganisation im Traineralltag

Wie können Sie Ihre Ziele trotz hektischen Alltags konsequent verfolgen? Was machen Sie, wenn ständig Anrufe, Anfragen und Aufgaben eintrudeln und Sie gar nicht zu Ihren „großen Themen" kommen? Wie können Sie trotz straffer Planung in Ihrem Arbeitsfluss bleiben und Ihrer Intuition folgen? Wie gewinnen Sie Zeit für das, was Sie sich jetzt noch „zusätzlich" vorgenommen haben wie in Ruhe essen, Pausen und die Bewegungseinheiten? All das gelingt mit dem entsprechenden Selbstmanagement. Einen bewährten Ansatz hat Steven Covey geliefert (s. Buchtipp Steven R. Covey, „Die sieben Wege zur Effektivität". Gabal, 2005"), das enthaltene Prinzip der vier Quadranten (auch „Eisenhower-Prinzip") wurde ursprünglich von US-Präsident und Alliierten-General Dwight D. Eisenhower praktiziert und gelehrt. Hier ist es natürlich für weniger kriegerische Situationen optimiert ...

Das Eisenhower-Prinzip

Eine kurze Frage vorab

Was schieben Sie schon viel zu lange auf, was müssten Sie dringend erledigen?

Persönlich:

Beruflich:

Ziel des gekonnten Selbstmanagements (das Ihnen viele Freiräume bescheren wird!) ist, aktiv handeln zu können und dem Teufelskreis der Fremdbestimmung zu entkommen. Wer das erreicht, hat genügend Raum für die Dinge, die wirklich wichtig sind, und spart etliche Energie: Er ist in der Lage, ausreichend für sich selber zu sorgen und auch im hektischen Alltag den eigenen Rhythmus beizubehalten.

Leichter gesagt als getan: Wichtiges zuerst!

Jedem ist klar: Beim Selbstmanagement geht es darum, das Wichtigste voranzustellen. Daher gilt es zu wissen, was wirklich wichtig ist, also den eigenen Zielen und Werten entspricht, und das nötige Management zu betreiben, um dies Tag für Tag und Stunde für Stunde sicherzustellen. Warum fällt es vielen so schwer, genau das umzusetzen? Eine reine Disziplinfrage. Denn Management bedeutet Disziplin, auch die Dinge zu erledigen, die vielleicht keinen Spaß bereiten, aber nötig sind, um Visionen und Ziele zu verwirklichen. Da heißt es, am Ball zu bleiben und sich den Sinn und Zweck zu verdeutlichen – und gegebenenfalls mit kleinen Tricks wie *Mikroschritten* (Seite 288) oder den *Tipps gegen die Aufschieberitis* (Seite 290) nachzuhelfen.

Was ist wichtig? Im ersten Schritt geht es darum, seine Tätigkeiten zu unterscheiden: Was ist wichtig und was nicht? Was ist dringend und was nicht? Die folgende Einteilung Ihrer Tätigkeiten in vier Quadranten macht es deutlich und ist eine gute Basis für gelungenes Selbstmanagement.

Tätig-keiten	Dringend	Nicht dringend
Wichtig	Krisen Dringliche Probleme Projekte mit bevorstehendem Abgabetermin I	Vorbeugendes, Pflege/Wartung Beziehungsarbeit Neue Möglichkeiten erkennen Planung Erholung II
Nicht wichtig	Unterbrechungen, einige Anrufe Manche Post, einige Berichte Einige Treffen Unmittelbare, dringliche Angelegenheiten Beliebige Tätigkeiten III	Triviales, Geschäftigkeiten Manche Post Einige Anrufe Zeitverschwender Angenehme Tätigkeiten IV

Stecken wir mal wieder in der Tretmühle und fühlen uns fremdbestimmt, beschäftigen wir uns in der Regel mit vielen Tätigkeiten, die wichtig *und* dringend sind – an ihnen geht in dem Moment kein Weg vorbei, sie müssen einfach erledigt werden (Quadrant I). Das sieht dann an einem Montagmorgen in etwa so aus: Das Auto ist liegen geblieben und muss in die Werkstatt, die Seminarvorbereitung für den nächsten Tag muss noch abgeschlossen werden, ein Kunde fragt nach dem überfälligen Angebot und das Steuerbüro nach den Umsatzsteuerbelegen ... und das, wo einem die Erschöpfung nach dem Wochenendseminar noch in allen Knochen steckt.

Was ist wichtig und dringend?

In der Regel widmen wir uns im normalen Alltag zu wenig den *wichtigen* Themen *ohne Termindruck* (Quadrant II). Die Folge: Sie verursachen (weil zu lange vernachlässigt) Probleme, gar Krisen oder werden dringend und wandern in Quadrant I, wo sie uns dann wieder zum Rotieren bringen und noch weniger Zeit für diese Tätigkeiten übrig lassen ... Dieser Quadrant ist das Herz Ihrer Arbeit: Beziehungen aufbauen und pflegen, die eigenen Ziele klar formulieren und überprüfen, Ihre langfristige Planung, Ihre eigenen Fähigkeiten trainieren, Vorbeugen (die regelmäßige Datensicherung Ihres Computers, Wartung des Autos, bevor es liegenbleibt), Vorbereiten (von Trainings, Präsentationen oder der Unterlagen für das Finanzamt), für das eigene Wohl sorgen, das eigene Marketing ... All die Dinge, von denen wir wissen, dass wir sie tun müssen, die wir aber meist liegen lassen, weil sie nicht dringend sind. Was sind Ihre beiden Antworten zu den eingangs gestellten Fragen? Das sind zwei Tätigkeiten aus diesem zweiten Quadranten. Glauben Sie mir: Sie vollbringen Quantensprünge, wenn Sie diese regelmäßig erledigen.

Widmen Sie sich den Quadrant-II-Aktivitäten

▶ Widmen Sie sich aktiv den „vorbeugenden" Quadrant-II-Aktivitäten, so werden Sie nach dem *Pareto-Prinzip* 80 Prozent Ihrer Ergebnisse in 20 Prozent Ihrer Zeit erledigen.
▶ Planen Sie jede Woche mindestens zwei bis drei Tätigkeiten aus dem Quadranten II ein!

Eine zweite Falle verbirgt sich in Quadrant III (*dringend*, aber n*icht wichtig*), in den viele Menschen gerne flüchten, wenn sie von Problemen gebeutelt werden. Es ist gleichzeitig Flucht und Erholung, sich unterbrechen zu lassen durch Telefonate, dem Blättern im Versandka-

*Investieren Sie
Ihre Zeit mehr in
sinnvolle Aktivitäten*

talog oder unnötigem Feilen an der im Grunde fertigen PowerPoint-Präsentation. Also gilt: Brauchen Sie Erholung, machen Sie lieber eine Pause bei einer Tasse Tee, als Ihre Zeit mit Quadrant-III- oder gar Quadrant-IV-Tätigkeiten (*weder dringend noch wichtig*) zu verbringen – und üben Sie, „nein" zu sagen oder das Telefon einfach mal klingeln zu lassen! Quadrant-III-Tätigkeiten sollten Sie nach Möglichkeit delegieren oder schnell in einem großen Block erledigen. Die des vierten Quadranten sind sinnlose Aktivitäten, mit denen Sie Ihre Zeit verschwenden. Sie sollten direkt in den Papierkorb wandern, wie beispielsweise: blättern in der Werbepost, lesen von unspezifischen Newslettern, sinnlose oder sinnlos lange Gespräche mit manchen Kollegen/Freunden/Familie, bei Treffen/Gesprächen dabeisitzen, ohne dass einem die Unterhaltung oder das Essen guttun, alte Unterlagen aufbewahren und sortieren, die man ohnehin nie wieder benötigt ...

▶ Fragen Sie sich bei jeder Tätigkeit: Ist das wirklich wichtig? Bringt mich das meinen Zielen näher?

Als Trainer werden Sie natürlich nie nur einen Quadranten „bedienen", daher ist die folgende Grafik etwas überspitzt. Sie zeigt die Auswirkungen, wenn Sie sich fast nur in einem der Felder bewegen.

Tätig-keiten	Dringend	Nicht dringend
Wichtig	▶ Stress ▶ Ausgebranntsein ▶ Krisenmanagement ▶ Immer am Feuerlöscher I	▶ Vision, Perspektive ▶ Ausgewogenheit ▶ Disziplin ▶ Kontrolle ▶ Wenige Krisen II
Nicht wichtig	▶ Kurzfristige Orientierung ▶ Krisenmanagement ▶ Chamäleon-Charakter ▶ Hält Pläne und Ziele für wertlos ▶ Fühlt sich als Opfer, ohne Kontrolle ▶ Flache oder zerbrochene Beziehungen III	▶ Völlige Verantwortungslosigkeit ▶ Verliert Kunden und Kontakte, da nichts passiert ▶ Abhängigkeit von anderen Menschen oder Institutionen IV

Hier werden sehr schön die Symptome deutlich, falls Sie sich doch zu sehr nur in einem der Bereiche aufhalten. Also: Seien Sie wachsam und steuern Sie rechtzeitig gegen. Bauen Sie vor allem Dringendes und Wichtiges ab und widmen Sie sich in erster Linie Quadrant II – dann sparen Sie sich viel Stress und können wieder mit Freude proaktiv handeln!

Wochen- und Tagesplanung mit Flow

Planung im Traineralltag sollte Spontaneität, Freiraum und Flow-Zustände ermöglichen und natürlich dafür sorgen, dass Sie Ihre (Lebens-)Ziele erreichen. Bewährt hat sich eine Wochenplanung, in der Sie lediglich die festen Termine den jeweiligen Tagen zuordnen (siehe *Wochenplan auf* Seite 286). Alle anderen Aktivitäten notieren Sie in einer Wochenliste. So können Sie Tag für Tag wählen, mit welchem Thema aus der Wochenliste Sie sich beschäftigen wollen und was Ihrer Tagesform entspricht. Damit sind Sie nicht auf (zumeist wenig motivierende) Effizienz ausgerichtet, sondern können Ihre eigenen Bedürfnisse erfüllen, Ihrer Intuition folgen, menschliche Beziehungen pflegen sowie Spontaneität und Freude bei der Arbeit genießen.

Flexiblere Planung Ihrer Aktivitäten mit der Wochenliste

Um sicherzugehen, dass keiner der Lebensbereiche zu kurz kommt, teilen Sie Ihre To-do-Liste am besten entsprechend ein. Die Unterteilung kann nach Aufgaben oder Rollen erfolgen und je nach Person, Lebensphase und Monatszielen ganz unterschiedlich ausfallen, z.B.:

Beispiel 1	**Beispiel 2**
▶ Persönliche Entwicklung	▶ Individuum
▶ Ehemann/Vater	▶ Ehefrau
▶ Trainer	▶ Mutter
▶ Kooperationspartner	▶ Coach
▶ Geschäftsführer/Controller	▶ Trainerin
▶ Organisator/Verwaltung	▶ Geschäftsfrau
▶ Freund/Kumpel	▶ Vorsitzende Musikschule

Ihre Wochenziele bzw. -aktivitäten ordnen Sie dann gleich diesen Rollen zu.

Natürlich sollte jeder Wochenplan auch Ihre persönlichen Kraft-Tank-stellen enthalten und Aktivitäten, die Sie leistungsfähig(er) machen. Covey beschreibt sehr anschaulich, wie der Holzfäller tagelang am Baum sägt. Auf die Frage eines Vorbeiziehenden: „Willst Du nicht mal Deine Säge schärfen? Sie ist doch schon ganz stumpf", antwortet er: „Ich habe keine Zeit" – und sägt weiter. Also: Schärfen Sie regelmäßig Ihre Säge, und planen Sie jede Woche entsprechende Aktivitäten ein, mit denen Sie sich fit halten: körperlich, geistig, spirituell, emotional.

Das Wochen-Arbeitsblatt		Woche von 27.10.	Montag	Dienstag	Mittwoch	Donnerstag	Freitag	Samstag	Sonntag
Rollen	Ziele	Prioritäten der Woche	Prioritäten heute						

(Das folgende handschriftlich ausgefüllte Wochenarbeitsblatt enthält u. a. folgende Einträge:)

Prioritäten der Woche / Rollen und Ziele (handschriftlich):

- **Persönliche Entwicklung** – Coaching vorb., Reflexion, last minute; *Workshop, Planung 2008, Reflexion*
- **Ehemann/Vater** – Tisch reservieren f. Donnerstag, Max Fußballspiel?; *Familientag*
- **Trainer** – Workshop: Erwartungen sichten, Nachbereitung
- **Kooperations-partner** – Projektfeedback Klaus, Netzwerke recherchieren
- **Geschäfts-führer** – Steuerfragen klären, Planung 2009, 3. Quartal kontr.
- **Organisator** – Beamer überprüfen!
- **Freund** – Heike treffen, Tel Peter + Geschenk kaufen

Prioritäten heute (Spalten Montag–Sonntag):
- Montag: Coaching termin bestätigen, Tisch reservieren, Workshop vorbereiten
- Dienstag: Controlling, Planung 2009
- Mittwoch: Peter Geburtstag!! anrufen!!, Prüfungs-Vorbereitung
- Freitag: Reflexion, Workshop + Nachbereitung, Woche
- Samstag: Workshop Nachbereitung
- Sonntag: Familien-tag

Verabredungen / Verpflichtungen:

Zeit	Montag	Dienstag	Mittwoch	Donnerstag	Freitag	Samstag	Sonntag
8	Coaching	laufen	8	8	8	8	8
9	vorbereiten		9	9	9	9	9
10		10	10 Coaching	10	10	10	10 Max Fußball!!
11	11 Tel Genscher o.ä.	11	11 (Tel)	11	11	11	11
12	12	12	12	12 Workshop	12 Workshop	12	12
13	13	13	13	13 D.C.	13 D.C.	13	13
14	14	14	14	14	14	14	14
15	15	15	15	15	15	15	15
16	16	16	16	16	16	16 Rad-tour!	16
17	17	17	17	17	17	17	17
18	18	18	18	18	18	18	18
19	19	19	19	19	19	19	19
20	20 Heike Rolaio	20	20	20	20	20	20
Abend	Geschenke kaufen!	Abend	Abend schwimmen	Abend Babysitter Abend zu 2	Abend	Abend	Abend

Die Säge schärfen
- körperl. *3x Sport*
- geistig *jeden Morgen 1/2 Std. 2x in der Woche lesen*
- spirituell *4x Meditation/Stille, Aussprache Silke*
- soz./emot. *So = Familientag!*

Eine Vorlage für den Wochenplan zum Ausdrucken erhalten Sie als Download auf www.beratercoach.info.

Tipp: Genießen Sie Ihr Leben. Bleiben Sie gelassen.

▶ Tun Sie jeden Tag etwas, das Ihnen sehr viel Freude bereitet.

▶ Tun Sie jeden Tag etwas, das Sie Ihren persönlichen Zielen spürbar näher bringt.

▶ Tun Sie jeden Tag etwas, das Ihnen einen Ausgleich zur Arbeit verschafft (Sport, Familie, Hobby etc.)

Nicht aller Anfang ist schwer!

Sie sind höchst motiviert, wissen genau, was Sie tun wollen und dass es gut für Sie ist – aber Sie handeln nicht danach? Dann ist es Zeit, einen kleinen Trick anzuwenden, den die US-amerikanische Lebensbalance-Expertin Mary LoVerde in ihren Büchern beschreibt (Mary LoVerde: „Wege aus der Stressfalle". mvg, 2001) und der meiner Erfahrung nach sehr wirksam ist:

Mikrohandlungen schaffen den ersten Schritt

Dieser Trick hilft Ihnen bei inneren Widerständen, also im Umgang mit Ihrem inneren Schweinehund. Hinter Startschwierigkeiten bei neuen Vorhaben steckt häufig (so komisch es erscheinen mag) die unbewusste Angst zu versagen, es nicht zu schaffen oder durch diese Veränderung im Leben die Kontrolle zu verlieren. Also lässt man es lieber gleich *Beginnen Sie* ganz. Und dem Unterbewusstsein ist es da offenbar egal, ob es um eine *mit minimalen* (rein logisch) nur minimale Veränderungen geht, es reagiert wie pro-*Veränderungen* grammiert. Aber mit diesem kleinen Trick ist das kein Problem: Setzen Sie die Hürde zum allerersten Schritt einfach so niedrig an, dass Sie sie in jedem Falle schaffen und Ihr Unbewusstes keinerlei „Angst" haben muss, dass etwas „Dramatisches" passiert:

Sie wollen wieder joggen gehen – dreimal pro Woche
Nehmen Sie sich vor, an drei Tagen in der Woche einfach nur Ihre Laufkleidung anzuziehen. Weiter müssen Sie nichts tun, um Ihr Ziel zu erreichen. (Wenn Sie dann den Wunsch verspüren, draußen eine kleine Laufrunde zu absolvieren, können Sie das natürlich machen!)

Sie wollen jede Woche mindestens drei Kunden anrufen
Nehmen Sie sich vor, die drei Nummern im Telefon einzutippen – und dann mal schauen, was passiert.

288

Sie wollen einen ersten Entwurf Ihres Fachartikels schreiben
Dann nehmen Sie sich vor, das Dokument zu erstellen und die Überschrift zu schreiben.

Es klingt kurios, wirkt aber phänomenal. Genau das ist das Prinzip der positiven Rückkopplung ans Gehirn: Sie haben Ihr Ziel erreicht, Ihr Alltag und Ihre neuen Vorhaben werden nicht durch Zwang („Ich muss") bestimmt, sondern durch einen positiven Antrieb („Ich will"). Ganz einfach. Ich horche mittlerweile jedes Mal auf, wenn ich anderen gegenüber die Worte verwende oder denke „Ich muss noch …" und kontere innerlich gleich mit der inneren Gegenfrage: „Muss ich das wirklich?" In 95 Prozent der Fälle bekomme ich ein „nein" zur Antwort und verbessere meine Worte zu: „Ich will …", „Ich möchte …" oder „Er/sie möchte, dass ich …" So bleibe ich aufmerksam und nehme bewusst wahr, wann ich meinen eigenen Zielen und wann ich vermeintlichen Zwängen oder den Zielen anderer folge.

Das Prinzip der positiven Rückkopplung ans Gehirn

▶ Was wollen Sie in Ihrem Leben ändern? Was behindert Sie dabei?
▶ Welche Mikrohandlung könnten Sie dazu nutzen, sich vom „Muss-ich-noch-tun" zu einem „Das-mache-ich-weiter" zu bewegen?

Viel Freude bei Ihrem ersten Schritt …

Aufschieberitis entlarven

Wer kennt sie nicht, die „Aufschieberitis"? Der Bereich, der von ihr bei Trainern wohl am stärksten betroffen ist, ist das eigene Marketing. Aussagen wie „Oh ja, die Website-Überarbeitung, die wollte ich schon vor einem Jahr in Angriff nehmen ...", „Ach je, jetzt sind schon wieder vier Monate vergangen, seit der letzte Newsletter erschienen ist" oder „Die Pressearbeit, dazu komme ich einfach nicht", sind an der Tagesordnung. Wie schaffen Sie es, so wichtigen Aspekten Ihres Berufs oder Privatlebens dauerhaft genügend Zeit zu widmen – auch wenn die Aufschieberitis droht?

Sechs Gründe für das Aufschieben – und ihre Lösung

Die US-amerikanische „e-zine queen" Alexandria K. Brown hat sich diesem Thema gewidmet (Informationen und Newsletter unter www.ezinequeen.com). Mit einem erleichternden Ergebnis: Es ist oft gar nicht so schwer, wie es scheint, sofern man die folgenden sechs Gründe samt den simplen Lösungen für das Aufschieben von anstehenden Aufgaben beachtet und für sich nutzt:

Ich schiebe auf ...

Grund 1: ... weil ich die gesamte Aufgabe nicht mag

Lassen Sie diese Aufgabe endgültig bleiben. Delegieren Sie. Oder automatisieren Sie sie. Eine herrliche Perspektive! Von nun an erledigen Sie nur noch Dinge, die Ihnen Freude bereiten oder die Sie besonders gut können. Alles andere überlassen Sie anderen, die ihre Sache gut machen bzw. Freude an der Tätigkeit haben.

Oder: Sie reservieren sich beispielsweise feste Zeiten in der Woche, in der Sie sich der Aufgabe widmen. Versüßen Sie sich diese unliebsame Tätigkeit mit entspannender Musik, einem Besuch im Café oder einer anschließenden Belohnung.

290

Grund 2: ... weil ich einen Teil der Aufgabe nicht mag

Wenn Sie das gesamte Projekt vernachlässigen, obwohl Sie nur einen Teil nicht erledigen wollen, versuchen Sie, diesen zu umgehen, indem Sie ihn wie zuvor delegieren oder automatisieren.

Grund 3: ... weil ich nicht weiß, wie ich eine Sache handhaben soll

Die Lösung wird Ihnen nicht von alleine in den Schoß fallen. Holen Sie sich daher Unterstützung. Konsultieren Sie einen Berater, lesen Sie ein Buch zum Thema, belegen Sie einen entsprechenden Kurs, oder – noch besser – geben Sie die Angelegenheit jemand anderem, der diese für Sie erledigen kann.

Grund 4: ... weil ich einfach nicht die Zeit dafür finde

Planen Sie feste Zeiten für diese Aufgabe ein. Entledigen Sie sich ggf. anderer Zeit fressender Tätigkeiten, damit Sie die nötige Zeit gewinnen. Wenn das partout nicht funktioniert, suchen Sie sich wieder jemanden, der die Aufgabe für Sie übernimmt.

Grund 5: ... weil ich das Gefühl habe, festgefahren zu sein

Möglicherweise benötigen Sie einfach den richtigen Schwung, um wieder weiterzukommen. Erlauben Sie sich, einen Schritt nach dem anderen zu gehen. Probieren Sie, mit dem einfachsten Teil zu beginnen. Häufig gewinnt man so die erforderliche Motivation, und Sie erledigen vielleicht plötzlich viel mehr als ursprünglich geplant.

Grund 6: ... weil ich es im Grunde nicht tun will

Diese Begründung kann ein Hinweis darauf sein, dass Sie die falschen Ziele oder Strategien verfolgen! Ist es etwas, was Sie wirklich machen müssen, oder nur etwas, von dem Sie *meinen*, dass Sie es erledigen sollten? Ist es vielleicht ein altes Ziel, das in Ihrem derzeitigen Geschäft längst an Relevanz verloren hat? Eventuell überrascht Sie die Antwort. Überdenken Sie Ihre Ziele, und schauen Sie, was passiert ... Schenken Sie Dingen, die Sie regelmäßig aufschieben, Ihre Aufmerksamkeit. Sobald Sie damit beginnen, werden Sie ein feineres Gespür dafür entwickeln, zu welchen Aufgaben Sie sich unbedingt motivieren und für welche Sie möglichst andere Lösungen finden sollten, sei es, sie zu delegieren oder sie womöglich gleich ganz von der Aufgabenliste zu streichen.

Verfolgen Sie die richtigen Ziele oder Strategien?

Härtetest fürs Marketing

Der schwerste Marathon für Trainer ist das eigene Marketing. Wer dieses Aufgabenfeld vernachlässigt, spürt schnell die Auswirkungen auf den Geschäftserfolg, die Honorare und die Freude an der Arbeit – denn die sind fatal. Wieso aber fällt es vielen Trainern so schwer? Meiner Erfahrung nach haben die meisten, die sich damit schwertun, einfach noch nicht die richtige Marketingstrategie für sich gefunden: Die Positionierung am Markt ist noch nicht stimmig, die Marketingkanäle passen nicht zu ihnen, oder es ist schlichtweg unrealistisch, diese im Sog des Alltags umzusetzen. Selbst das beste Marketinginstrument bringt nichts, wenn es mit der Zeit im Sande verläuft oder nur schnell mal nebenbei erledigt wird – ohne die individuelle Note, ohne spürbares Interesse für Ihre Kunden und Netzwerkpartner oder die eindeutige persönliche Ansprache.

Besteht Ihr Marketing den Traineralltag?

Überprüfen Sie, welche Chancen Ihr Marketing hat

Anhand des folgenden Leitfadens können Sie überprüfen, welche Chancen Ihr Marketing hat, und eine konkrete Strategie erarbeiten, welche Lösungen und Rahmenbedingungen Sie benötigen, damit Sie es kontinuierlich und motiviert umsetzen können – und so seine volle Wirkung erzielt.

Ihr Marketing wirkt erst,

... wenn Sie es konsequent in Ihrem Berateralltag umsetzen können.

▶ Wie viel Zeit benötigen Sie einmalig (Konzeption, Beratung, technische Umsetzung, Briefing von Dienstleistern) und regelmäßig (Ideen generieren, Inhalte verfassen, Reaktionen beantworten, Erfolge überprüfen)?

292

▶ Für welche Marketing-Aufgaben benötigen Sie Zeiten mit hoher Konzentration oder längeren Einheiten? Welche Aufgaben können Sie in Freiräumen „zwischendurch" erledigen?

▶ Wie schaffen Sie sich diese Freiräume?

▶ Welche Möglichkeiten haben Sie, um Auszeiten und Engpässe (Urlaub, Krankheit, hohe Auftragsdichte) professionell zu überbrücken?

▶ Können Sie die einzelnen Marketing-Aufgabe mit der bestehenden Infrastruktur (Räume, Technik, Organisation) gut umsetzen? Was sollten Sie ändern oder optimieren?

... wenn es Ihnen als Person voll und ganz entspricht.

▶ Wie können Sie Ihre persönlichen Stärken und Erfahrungen in Ihr Marketing einfließen lassen?

▶ Entspricht Ihr Marketing Ihren persönlichen und beruflichen Werten?

▶ Für welche Aspekte wünschen Sie sich einen Berater/Coach, ein Seminar oder einen Dienstleister zur Unterstützung? Wie können Sie das realisieren?

... wenn es Ihre ganz persönliche Note enthält.

▶ Würden Freunde, Kollegen und Kunden mit voller Überzeugung über Ihr Marketing sagen: „Das ist Frau/Herr xy, wie sie leibt und lebt?"

▶ Welche Eigenschaften zeichnen Sie und Ihre Arbeit besonders aus? Ist das für den Kunden auch erlebbar?

▶ Welches „gewisse Extra", welche persönliche Note können Sie Ihrem Marketing noch geben?

... wenn Ihre Vision eine ausreichend große Schnittmenge mit der Ihrer Kunden aufweist.

▶ Entspricht Ihre Vision den Bedürfnissen Ihrer Kunden?

▶ Was möchten Sie Ihren Kunden bieten? Was ist der konkrete (Zusatz-)Nutzen, den Ihre Kunden erhalten? Hat Ihr Kunde das Gefühl, von Ihnen ein „Geschenk" zu bekommen?

▶ Wie möchten Sie von Ihrem Kunden wahrgenommen werden?

... wenn es genau die Kunden anspricht, mit denen die Chemie übereinstimmt.

▶ Sprechen Sie konkret Ihre Lieblingskunden an?

▶ Was interessiert Ihre Lieblingskunden besonders (beruflich und pri-

vat)? Welche Persönlichkeitsmerkmale haben sie?

▶ Wie können Sie diese Informationen für Ihr Marketing nutzen?

▶ Entspricht Ihre Marketingkommunikation Ihrem Ton im persönlichen Gespräch?

... wenn Sie davon überzeugt sind.

▶ Was überzeugt Sie an dem Marketinginstrument und seiner Aufbereitung?

▶ Was sind die kritischen Erfolgsfaktoren? Und wie können Sie diese gewährleisten?

▶ An welchen Stellen haben Sie Zweifel? Wie können Sie diese überprüfen, ausräumen oder konstruktiv mit ihnen umgehen?

... wenn Sie mit Begeisterung dabei sind.

▶ Was begeistert Sie?

▶ Was sind Ihre beruflichen und privaten Interessen und Leidenschaften?

▶ Wie können Sie diese in Ihr Marketing einfließen lassen?

▶ Was können Sie tun, damit Sie während der Marketingaktivitäten Ihre Leidenschaft spüren?

▶ Wodurch spüren Kunden und Interessenten Ihre Begeisterung?

▶ Was sollten Sie beachten, damit das Feld „Marketing" dauerhaft interessant für Sie (und Ihre Kunden!) bleibt?

... wenn Sie damit Ihren persönlichen *und* beruflichen Zielen näher kommen.

▶ Was bringt Ihr Marketing Ihrem Geschäft?

▶ Welche Meilensteine wollen Sie in Zukunft erreichen? Und wie werden Sie sich dafür belohnen und die Marketingerfolge feiern?

... wenn Sie es flexibel handhaben.

▶ Was sind Ihre *Muss-*, was Ihre *Kann*-Ziele? Wann sollten Sie aussteigen?

▶ Welche Hindernisse könnten kommen, und wie können/werden Sie mit diesen umgehen?

▶ Wie und wann überprüfen Sie Ihre Zielerreichung?

... wenn Sie Ihre persönlichen Bedürfnisse berücksichtigen.

▶ Wie stellen Sie sicher, dass Sie gesund und bei Kräften bleiben? Was brauchen Sie dafür?

▶ Was sind Ihre Minimalanforderungen? Wie schaffen Sie einen Ausgleich, wenn es mal hoch hergeht? Wie tanken Sie wieder auf?

▶ Welche persönlichen Ruhe- und Erholungsphasen berücksichtigen Sie?

▶ Haben Sie genügend Zeit mit Freunden, Familie, Partner und für Ihre persönlichen Interessen vorgesehen?

Bestätigen Sie Ihre Vorhaben

Ihre Ziele sind klar definiert, und es geht an die Umsetzung. Sie haben womöglich bereits in den anderen Kapiteln erfahren, Ihren Gedanken eine positive Ausrichtung zu geben und Ihre (Wunsch-)Zukunft zu visualisieren. Das Prinzip ist immer dasselbe: Sie verankern Ihre Ziele im Unterbewusstsein, als wären diese längst erreicht. Zum Ausrichten Ihrer Gedanken, dem Visualisieren und Erleben des Zielzustands kommt hier noch ein wirkungsvolles Element hinzu: Sie schreiben Ihre Absichten klar und deutlich auf, besiegeln sie mit Ihrer Unterschrift und rufen sie sich regelmäßig in Erinnerung, bis sie schließlich eingetreten sind. Die Vorteile: Sie bleiben ausgerichtet, können sich schnell immer wieder auf das fokussieren, was Ihnen wichtig ist und überwinden leichter Motivationstiefs.

Schreiben Sie Ihre Absichten klar und deutlich auf

Affirmationen

So nutzen Sie Absichtserklärungen (oder Affirmationen), um Ihre Vorhaben kontinuierlicher zu verfolgen und sicherer zu erreichen:

1. Beschreiben Sie den Zielzustand, den Sie in 12 Monaten erreicht haben wollen, in positiven, prägnanten Sätzen.
2. Damit Sie die Veränderung wahrnehmen und messen können, notieren Sie auch den jeweils aktuellen Stand im Hinblick auf Ihre formulierten Ziele.
3. Halten Sie sich Ihre Absichten regelmäßig vor Augen.
4. Nach 6 bis 12 Monaten beschreiben Sie wieder den aktuellen Stand. So können Sie Ihre Fortschritte klar nachvollziehen – und feiern!

Die Absichtserklärung

Ich, Birgit Coach, beabsichtige, die folgenden Umstände bis zum 1. Oktober 2008 zu realisieren:

1. Ich fühle mit anderen Menschen mit, fühle mich eng mit ihnen verbunden (bis hin zur „telepathischen" Verbundenheit).

2. Bei der Arbeit erlebe ich den ganzen Tag einen Flow-Zustand, ich arbeite in einem ausgeglichenen und konstruktiven Zustand mit meinen Kollegen, Auftraggebern und Teilnehmern zusammen.

3. Ich spüre Momente, in denen ich mich mit allem verbunden fühle.

4. Ich bin rundum ausgeglichen, vital und gesund.

Unterschrift Birgit Coach
1. November 2007

Aktueller Stand

Mein Zustand an dem Tag, an dem ich diese Absichtserklärung schreibe:

1. Meine Familie und Kollegen haben mir gesagt, ich würde ihre Gefühle manchmal nicht berücksichtigen. Mir ist bewusst, dass es mir oft wichtiger ist, eine Aufgabe zu erledigen, als die Gefühle anderer zu berücksichtigen. Teils liegt das sicherlich an meinen mangelnden empathischen Fähigkeiten. Den Gefühlen anderer habe ich noch nie viel Beachtung geschenkt. Aber ich hatte bereits Erfahrungen, die an so etwas wie Telepathie grenzten. Einige wenige Male habe ich im Vorfeld exakt erfasst, was ein anderer sagen würde.

2. Bei der Arbeit befinde ich mich etwa eine Stunde am Tag in einem Flow-Zustand. Für mich ist das ein Zustand, in dem mir alles leicht von der Hand geht und meine Gedanken nicht zu anderen Dingen abschweifen. Dann bin ich mühelos auf die Tätigkeit, mit der ich mich gerade beschäftige, fokussiert. Ich fühle mich weder gehetzt noch genervt, und die Arbeit mit meinen Kollegen und Kunden geht Hand in Hand.

3. Ich habe von meditativen Erfahrungen gelesen, die eine Einheit mit allen Dingen und Wesen beschreibt. Ein- oder zweimal hatte ich ein vages Gefühl solch einer Erfahrung, aber niemals in der Intensität, die in den Büchern beschrieben wird.

4. Ich spüre, dass ich zu sehr nach vorne strebe. Ich neige dazu, über mich hinaus zu eilen. Mein Schwung ist meistens gut, aber manchmal habe ich mittags oder nachmittags ein Leistungstief. Mittags trinke ich Kaffee, um einen Energieschub zu bekommen. Ein- bis zweimal pro Woche habe ich leichte Kopfschmerzen. Generell würde ich mich als recht gesund bezeichnen.

Unterschrift Birgit Coach
1. November 2007

Erreichter Stand

Mein Zustand an dem Tag, an dem die Absichten erfüllt sein sollen:

1. Mein Mitgefühl hat sich wesentlich verbessert. Das freut mich und meine Mitmenschen sehr. Entscheidend war für mich das regelmäßige Üben. Ich habe mich immer wieder bewusst in die Gefühle der anderen hineinversetzt und war ganz begeistert von meinen Fortschritten. Auf der telepathischen Ebene hat sich nichts geändert.

2. Jetzt bin ich fast den ganzen Tag im Flow-Zustand, nur manchmal ist es für kurze Momente nicht der Fall. Anstatt meinen Tag klar durchzustrukturieren (was vermutlich aus Gewohnheit und meinem Sicherheitsbedürfnis heraus entstand), habe ich diesen Kontrollwunsch aufgegeben. Stattdessen spüre ich ein großes Urvertrauen und glaube an das, was ich tue, und vertraue mir.

3. Im Juni saß ich auf einem Hügel in der Nähe meiner Wohnung. Ich spürte ein unbeschreibliches Wohlgefühl und erinnerte mich an meine Affirmation über die meditative Erfahrung. Ich richtete meine Aufmerksamkeit auf einen Baum in einiger Entfernung und sagte zu mir: „Ich bin eins mit allem, was mich umgibt." In dem Moment vertiefte sich mein Wohlgefühl zu einer Freude, wie ich sie nie zuvor erlebt hatte, und ich war überwältigt von dem Gefühl, dass ich eins bin mit allem, was ich sah, jedem Stein, jedem Baum, jedem Grashalm. Alles, was ich von diesen spirituellen Erfahrungen gelesen habe, ist wahr. Es bringt einen Frieden und eine Freude, die mit dem Verstand nicht zu erfassen sind.

4. Viel Verbesserung! Ich habe kaum noch Kopfschmerzen und brauche keinen Kaffee als Energiequelle mehr. Meine Energie fühlt sich ausgeglichener an. Da ich so viel im Flow-Zustand bin, habe ich auch nicht mehr das Gefühl des Vorauseilens.

Unterschrift Birgit Coach
1. Oktober 2008

Was ist *Ihre* Absicht?

Welche unterstützenden Absichtserklärungen möchten Sie für sich umsetzen? Überlegen und überprüfen Sie genau:

▶ Bringt die beschriebene Affirmation wirklich eine Veränderung in Ihr Leben?

▶ Entwickeln Sie sich damit weiter?

▶ Ist es eine gesunde Veränderung?

▶ Welche Auswirkungen wird es auf Ihre Mitmenschen haben? Wie werden diese reagieren? Wie können sie Sie unterstützen?

▶ Wollen Sie die Veränderung wirklich?

Affirmationen

Absicht/Affirmation 1

▶ ___

Beschreibung meiner derzeitigen Situation in Bezug auf die Affirmation:

▶ ___

Beschreibung der Situation, wenn sich meine Affirmation erfüllt hat:

▶ ___

Veränderung per Skala: „0" ist der schlechteste Zustand in Bezug auf meine Situation und 10 der beste, den ich bezüglich meines Ziels erreichen kann:

Wo auf einer Skala von 1-10 befinde ich mich jetzt?

▶ ___

Auf welcher Höhe befinde ich mich, wenn sich meine Affirmation erfüllt hat?

▶ ___

Absicht/Affirmation 2

▶ ___

...

300

Schreiben Sie Ihre Absichten auf und bewahren Sie diese im Auto, am Arbeitsplatz, im Badezimmer oder als Bild neben dem Flurspiegel auf. Sie können sich in ruhigen, meditativen Momenten daran erinnern und sie innerlich aufsagen. Lassen Sie das dazugehörige Gefühl aufleben. Sagen Sie die Absichten laut auf oder trällern Sie sie als Lied, bis sie zu Ihrem ganz persönlichen Ohrwurm werden. In Momenten der Energielosigkeit oder negativer Gedanken/Gefühle wird sich mit der Aufmerksamkeit auf Ihre Affirmationen auch Ihre Stimmung zum Positiven verändern. Sie sollten Sie mindestens einmal täglich vor Augen haben oder innerlich erleben. Wann immer Ihnen danach ist, können Sie wieder auf die Beschreibung des Ausgangszustand schauen und festhalten, was sich verbessert hat.

Erinnern Sie sich regelmäßig Ihrer Absichten

Stärker sein als Tiefs
und die Macht der Gewohnheit

Die Macht der
Gewohnheit

Gewohnheiten sind schon für Jedermann ein Hemmschuh des Neuen – wenn dann noch Seminartermine, Rollenvielfalt der Selbstständigkeit und fehlendes kollegiales Umfeld im Trainerberuf hinzukommen –, fällt es noch schwerer, neue Vorhaben langfristig umzusetzen und Motivationstiefs zu überwinden. Ein typisches Phänomen … Sie sind voller Elan, haben Ihre neuen Vorhaben begonnen, das eigene Leben erfolgreich umgestellt, der Alltag ist eingespielt, und Sie spüren bereits wesentliche Veränderungen. Doch dann kommt der Einbruch: Plötzlich wollen Sie einfach mit dem Sport, der gesunden Ernährung und dem Weblog aufhören und zu Ihren alten Verhaltensweisen zurückkehren. Keine Sorge, das ist normal. Jeder von uns hat einen inneren Drang, sich den alten Gewohnheiten zu überlassen, denn Körper, Kopf und Verhalten ziehen uns unweigerlich zurück – es ist ein Teil der körpereigenen (lebenserhaltenden) Selbstregulation. Sie lassen uns bei allen Veränderungen zurückschnappen wie ein Gummiband – egal, ob es Veränderungen zum Besseren oder Schlechteren sind.

Aber auch das eigene soziale Umfeld hat diese Neigungen – es steht Änderungen grundsätzlich erst einmal skeptisch gegenüber und versucht, uns in alte Bahnen zu lenken. Sei es bewusst und offen, indem die Vorhaben und Änderungen infrage gestellt werden: „Du warst doch schon immer so", „Das hast Du noch nie geschafft" oder „Und was ist mit uns?", „Das hört sich ziemlich egoistisch an." Andere wiederum reagieren unbewusst oder verdeckt – über Mimik, Körpersprache, unterschwellige „Manipulation" oder ganz einfach, indem sie Sie doch wieder zum stumpfen Fernsehabend verleiten oder zu einem feisten Abendessen anstelle des Fastenabends bei Tee und Wasser. Schließlich müssten die anderen sonst alleine fernsehen, oder sie spüren vielleicht selber die Notwendigkeit (samt schlechtem Gewissen), das eigene Verhalten zu ändern …

Sie müssen also stark bleiben auf Ihrem Weg: Ihre Ziele kennen und die Belohnung, die Sie am Ende erhalten, rechnen Sie mit Widerständen oder Tiefschlägen – und nehmen Sie diese erst einmal wohlwollend an.

Nehmen Sie Widerstände wohlwollend an

Widerständen widerstehen

Seien Sie bedacht auf Widerstände, die auftreten, wie Lustlosigkeit bei der gesunden (und vielleicht aufwendigeren) Ernährung, leichter Muskelkater vom neuen Laufprogramm, Zankerei mit Freunden, der Hang zur Selbstsabotage. Ignorieren Sie diese Widerstände nicht, aber Sie brauchen sie auch nicht überzubewerten. Treten Sie wie mit den inneren Stimmen in einen Dialog mit ihnen, und motivieren Sie sie wie sich selbst zur Veränderung: Der Hunger auf Süßes wird sich wieder legen, nach dem dritten oder vierten Lauf werden sich die Muskeln schon viel besser und vitaler anfühlen. In der Regel folgen Veränderungen dem bekannten Prinzip „zwei Schritte vor, einer zurück", manchmal ist es zwar auch umgekehrt, aber niemals ein Drama.

Gemeinsam sind Sie stärker

Die beste Unterstützung ist für viele Trainer nach wie vor der Zusammenschluss von Gleichgesinnten: Umgeben Sie sich mit Menschen, die Ihnen guttun. Es ist gar nicht so schwer – ein Verbündeter reicht schon. Hilfreich ist es, wenn Sie (insbesondere bei der Umstellung Ihrer Ernährungs- und Bewegungsgewohnheiten) einen „Buddy" finden, der sich gerade mit dem gleichen Thema auseinandersetzt. So erleben Sie in der Regel ähnliche Hochs und Tiefs, können sich „fachliche" Tipps geben und gegenseitig motivieren. Teilen Sie einander Ihre Ziele für die Woche mit, und telefonieren/mailen Sie dann wöchentlich. Das Telefonat muss nicht länger als 15 bis 20 Minuten dauern, ggf. können Sie auch vereinbaren, es zeitlich zu begrenzen.

Schließen Sie sich Gleichgesinnten an

Berichten Sie einander kurz:

▶ Was ist gut gelaufen in der vergangenen Woche?

▶ Was nicht so gut – was lernen Sie daraus?

▶ Was sind Ihre Ziele für die nächste Woche?

▶ Was könnte dazwischenkommen?

▶ Wie könnten Sie sich selbst (negativ) manipulieren, und wie können Sie dem schnell entgegenwirken?

Entscheidend ist, dass Sie weder sich noch Ihr Gegenüber be- oder verurteilen und durchweg positive Rückmeldungen an Ihr Gehirn und Ihr Gegenüber senden. Alles andere würde Ihre Motivation schnell versiegen lassen.

Finden Sie Ihren eigenen Halt

Nehmen Sie sich das Üben als Ziel Wie können Sie bei all den zu erwartenden Schwankungen Halt finden? Indem Sie sich – gerade bei Verhaltensumstellungen – nicht auf das absolute Ziel fokussieren (das können Sie in der Regel ohnehin nicht beeinflussen), sondern auf das (mehr oder weniger) regelmäßige Üben. Nehmen Sie sich das Üben als Ziel, denn die Gewohnheit ist das, was Ihnen tatsächliche Stabilität geben kann im hektischen und häufig unvorhersehbaren Traineralltag – nach dem etwas abgedroschen, aber durchaus zutreffenden Motto: „Das einzig Konstante in unserem Leben ist die Veränderung."

Erwarten Sie keine Wunder, aber seien Sie auf sie gefasst!

▶ Üben Sie nicht, um etwas Konkretes zu erreichen, sondern um zu üben.

▶ Genießen Sie den Weg, den Lauf der Dinge, erfahrungsgemäß passieren dann die größten Wunder.

▶ Gehen Sie in der Tätigkeit auf, anstatt daran zu denken, was Sie zu welchem Zeitpunkt erreicht haben wollen (oder gar müssen).

▶ Bleiben Sie aufmerksam bei dem, was Sie für sich brauchen, und lassen Sie sich nicht von den äußeren Umständen diktieren. Manchmal

geht es nicht anders, da gibt es eben einige Vorgaben. Aber hinterfragen Sie im Zweifel alle: Ist es wirklich so, dass ich das Angebot zu diesem Zeitpunkt abgeben muss? Dass ich es überhaupt abgeben muss? Dass ich tatsächlich zwei Tage an dem Konzept arbeiten und dafür meinen Waldlauf absagen muss? Für Herz und Seele zu sorgen ist wichtiger als Ihre Arbeit!

Nun bleibt nur noch eins: Legen Sie los!   *Legen Sie los!*

Literaturtipps

▶ Steven R. Covey, „Die sieben Wege zur Effektivität. Prinzipien für persönlichen und beruflichen Erfolg". Gabal, 2005.

▶ Werner Tiki Küstenmacher/Lothar J. Seiwert, „Simplify your life. Einfacher und glücklicher leben". Droemer-Knaur, 2008.

▶ Mary Loverde, „Wege aus der Stressfalle". mvg, 2001.

▶ Anthony Robbins, „Das Robbins Power Prinzip". Ullstein, 2004.

Verzeichnisse

Stichwortverzeichnis

A

Affirmationen 296
Aktuelle Lage erfassen 50
Angst 182,197
Antreiber 36
Arbeitsbedingungen 59
Asgodom, Sabine 230
Atemzugübung 103
Aufbauelemente 20,113
Aufschieberitis 290
Auftragspotenzial 141

B

Bauchladen 27
Backerra, Hendrik 254
Basisbausteine 18,25
Bauchgefühl 153,173
Bedürfnis-Mix 121
Belohnungen 227
Beständig sein 277
Bewegung 260
Bewertung der Gefühle 201
Bock, Dr. Petra 56,79
Böning, Uwe 144

D

Dankbar sein 221
Das Selbst 195
Daumenübung 72

Denk-Box 162
Durchhaltevermögen 157,181

E

Eigenmarketing 95
Eigenschaften 48
Eigenverantwortung 129
Einzelkämpferdasein 135
Eisenhower-Prinzip 281
Emotionale Intelligenz 209
Energie-Level 250
Energie-Tankstellen 244
Energieräuber 247
Engelbrecht, Sigrid 280
Entscheidungsmatrix 169
Entspannung 266
Erfahrungen machen 76
Erfüllungsgrad Ihrer Werte 42
Ernährungsfehler 256
Ernährungsplan 259
Essen 255
Expertengespräch 100
Expertise 136

F

Fähigkeiten 47
Fehler 152
Fremdeinschätzung 40
Fritze, Nicola 161,246
Furchtlos sein 151

Nadine Hamburger: Glücklich als Trainer

G

Gefühle 194
Geist, Herz und Seele 271
Gelassenheit 193
Gelassen sein 191
Glaubenssatz 102
Glücklich sein 17
Glücks-Formel 219

H

Haltung 79,100
Hebel zur Gelassenheit 211
Helikopterflug 17
Hofmann, Markus 202
Honorarermittlung 98
Honorarfallen 94

I

Ich-Pakt 273
Ideen 60
Innerer Dialog 207
Innerer Kritiker 204
Inneres Team 216
Inszenierung 75
Intuitiv Entscheiden 173
Irrtümer über Teamarbeit 126
Isert, Bernd 176

K

Klar sein 27
Klug sein 65
Kompetenz 32
Kompetenz-Mix 121
Kompetenzen 44
Kraft-Cocktail 242
Kraftvoll sein 237
Kundengespräch 74

L

Landauer, Adele 205
Landkarte 61,165
Lebensmotive 36
Lebensrückblick 34
Leichtigkeit 162
Leidenschaften 32,43

M

Macht der Gewohnheit 302
Mäntele, Manfred 77
Marketing 75,292
Meditation 268
Mikrohandlungen 288
Motive 37
Münchhausen, Dr. Marco Freiherr von ....
....155,243
Muster der Alarmbereitschaft 198

N

Netzwerk 117,135
Netzwerken 74
Niederlagen 158
Notfallplan 158
Notfallset 211

O

Optimismus 222

P

Persönlichkeit entdecken 29
Piarry, Sabine 71,254

Q

Qualitative Ziele 55
Quantitative Ziele 55

R

Rahmenbedingungen 58
Realtitätssinn 165
Ressourcenpool 57
Risikoentscheidung 78
Rollenvielfalt 118
Ruhleder, Rolf H. 184

S

Sackgasse 178
Säulen des Trainerdaseins 240
Scherer, Hermann 105
Seiwert, Prof. Dr. Lothar 181,266
Selbstorganisation 281
Selbstzweifel 203
Senke 179
Souveränität in Verhandlungen 97
Stärken 46
Stärken-Schwächen-Profil 167
Staub, Gregor 43,73,265
Stolperfallen bei der Zusammenarbeit 123
Strategiezeit 70
Strategische Planung 84
Strategisch abbrechen 177
Studie 23,27,65,116,239,278
Synergien 138

T

Tepperwein, Kurt 29
The Dip 177
Trainerrollen 118
Trainingsplan für Trainer 263
Tugenden 228

U

Übungen gegen Angst 214
Uneffiziente Arbeiten 136
Unternehmer im Trainerberuf 68

V

Verantwortung 159
Verbunden sein 115
Vergeben 221
Vergnügungen 227
Verhandlungsgeschick 97
Vision 32,52

W

Wachstum 71
Wahrnehmung der Gefühle 200
Walt-Disney-Strategie 163
Werte- und Motivations-Mix 38
Werte und Motive 32
Wertfalle 99
Wettbewerb 151
Wochenplan 286
Work-Life-Balance 82

Z

Ziel 53
Ziele 33,81
Zielklarheit 70
Zyklon 194

Verzeichnis der Arbeitsblätter und Übungen

Atemübung: Ruhe und Festigkeit in einer Minute 104

Auflistung: Meine Fähigkeiten und Qualitäten 47

Auflistung: Tugenden 228

Auflistung: Stärken 46

Beispiel: Affirmation 297

Beispiel: Ich-Pakt 273

Beispiel: Wochenplan mit Flow 286

Bild Ihrer derzeitigen Situation 50

CHECK: Konstruktive und destruktive Gedanken und Gefühle 210

CHECK: Meine persönlichen Werte 39

CHECK: Mein persönlicher Werte- und Motivations-Mix 38

CHECK: Wie klar sind Sie nach innen und nach außen? 32

CHECK: Wie stark wirkt Ihr innerer Kritiker? 208

CHECK: Erfolgreiches Miteinander 139

Entscheidungsmatrix 170

Erfüllungsgrad der Werte 41

Lebensrückblick 34

Liste häufiger Aufgabenbereiche und Rollen von Trainern 119

Matrix: Beweggründe für das Einzelkämpfertum: 125

Matrix: Beweggründe für eine Teamrolle   124

Matrix: Die Landkarte Ihrer aktuellen Situation 166

Matrix: Häufige Merkmale sinkender Energie 251

Matrix: Landkarte der Zielplanung 83

Matrix: Landkarte einer Situation 62

Matrix: Mögliche Energieräuber 249

Matrix: Mögliche Kraftspender 245

Matrix: Quantitative und qualitative Ziele   55

Matrix: Selbstmanagement 282

Matrix: Stärken-Schwächen-Profil 168

Schnell-Check für neue Ideen 60

Test: Wie steht es um Ihre Kraft? 237

Visions-Entdeckungsreise 52

Visualisierung: Lebensbereicherad 252

Visualisierung: Werterad 42

Vorlage: Eliminieren Sie Ihre Energieräuber 247

Vorlage: Ernährungsplan 259

Vorlage: Konkreter Ziel- und Maßnahmenplan für die nächsten 12 Monate 91

Vorlage: Meine jährliche Zielplanung für das Jahr 2009 89

Vorlage: Meine Ziele für die nächsten drei Monate 92

Vorlage: Periodenziele für die nächsten drei bis fünf Jahre 87

Vorlage: Rückblick auf das Jahr 2008 85

Empfehlungen für kraftvolle Trainer

Giso Weyand
Sog-Marketing für Coaches
So werden Sie für Kunden und Medien
(fast) unwiderstehlich
3. Aufl. 2008, 264 S.
ISBN 3-978-936075-49-6
49,90 EUR

Hannsjörg Dehner, Frank Labitzke
Praxishandbuch für Verhaltenstrainer
Das wichtigste Know-how für Akquisiti-
on, Konzeption, Intervention
2007, 320 S.
ISBN 3-978-936075-54-0
49,90 EUR

Udo Kreggenfeld
Direkt im Dialog
Professionelle Gesprächsführung in
Unternehmen und Organisationen
4. Aufl. 2009, kt., 256 S.
ISBN 3-978-936075-66-3
24,90 EUR